纺织服装高等教育“十四五”部委级规划教材

FUZHUANG JIEGOU SHEJI TIGAOPIAN

服装结构设计

提高篇

巴哲华　张莉　编著

扫二维码看书中PPT

東華大學出版社
·上海·

内容简介

本教材主要针对高校服装专业学生，图文并茂，结合服装结构设计教学中的实际问题，介绍女装的外套、背心、大衣、裤子等品类的结构设计方法。教材内容详实丰富，每章节配以导学问题和练习题，服装结构制图结合相应的纸样制作实例更加直观，有利于学生对照图文进行自学思考和实践，不仅可以用于“服装结构设计”的课程教学，也可以作为学生进行设计拓展时的参考资料，将服装结构纸样的理论知识灵活应用于设计创意实践。

图书在版编目(CIP)数据

服装结构设计 提高篇 / 巴哲华，张莉编著. —上海：东华大学出版社，2022.9

ISBN 978-7-5669-2015-7

Ⅰ. ①服… Ⅱ. ①巴…… ②张… Ⅲ. ①服装结构—结构设计—高等学校—教材 Ⅳ. ①TS941.2

中国版本图书馆CIP数据核字(2021)第254019号

责任编辑：杜亚玲

封面设计：Callen

服装结构设计　提高篇

FUZHUANG JIEGOU SHEJI TIGAOPIAN

巴哲华　张莉　编著

出　　版：东华大学出版社（上海市延安西路1882号，200051）

网　　址：http://dhupress.dhu.edu.cn

天猫旗舰店：http://dhdx.tmall.com

营销中心：021-62193056　62373056　62379558

印　　刷：上海均翔包装科技有限公司

开　　本：787 mm×1092 mm　1/16　印张：16

字　　数：400千字

版　　次：2022年9月第1版

印　　次：2022年9月第1次印刷

书　　号：ISBN 978-7-5669-2015-7

定　　价：65.00元

本书有PPT，请读者电话021-62373056索要

目　录

第一章

女外套的造型和衣身结构

本书中的“女外套”是指女性春秋季外穿的套装上衣总称，通常穿着在衬衫、T恤或合体毛衫之外，包括西装、夹克、运动装等不同类型，既包括严谨的职业装，也包括日常生活中穿着的便装。女外套的基本结构一般由衣身、衣领、袖子三部分组成，各部分的造型和结构设计方法相对独立，形态多样。女外套的衣身结构设计有不同分类方式，其中最重要的是纵向基本分割结构，即两片、三片、四片构成的衣身基本结构。

第一节 | 女外套的造型和结构分类

导学问题：

1. 女外套的造型和结构设计与人体有什么关系？
2. 女外套的长度通常怎么分类？
3. 女外套的衣身基本廓形怎么分类？
4. 女外套的结构分割有哪些基本构成形态？

一、女外套概述

“外套”从字面上可以理解为穿在最外层的服装，根据不同季节、气候而有各种不同的形式，如西服、夹克、连帽外套等。本章所指的“女外套”主要是与风衣、大衣等秋冬外衣相区分，特指女性春秋季外穿的套装上衣的总称，通常为前身开襟、有袖子，内穿衬衫、T恤或合体毛衫等衣物，与裙子或裤子配套穿着，搭配形式多样。

女外套的设计风格多样，既包括严谨的职业装西服，也包括日常生活中穿着的便装——夹克、运动装、围裹式外套等不同类型。

现代女西服的造型由男装演变而来，应用场合广泛，是国际通用的正装形式。在20世纪初，女士开始采用男装三件套作为户外运动服，完全沿用男装的造型和结构设计方法，呈现较宽松的H型或V型廓形。第二次世界大战之后，女西服开始出现合体的H型、X型廓形，突出女性柔美的曲线形态，应用于各种工作和正式活动场合，逐渐形成了与男西服不同的结构设计方法和制作工艺。

便装女外套的造型主要来源于户外服、运动装和某些民族传统服装，多用于日常休闲、旅游、体育运动等场合，具有良好的机能性和实用性。便装女外套的造型和结构设计通常与同类型的男装相似，区别主要体现在版型、尺寸和装饰细节上，根据款式风格的差异而呈现各自独特的造型和结构设计特点。

由于身体形态和手臂活动的限制，女外套的结构可以分为衣身、袖、领三部分，在功能合理的前提下，各部分的造型设计相对独立。本章讨论女外套的衣身造型和结构设计时，主要根据廓形、衣长、前襟造型、经典女外套款式特点、基本分割结构等进行分类。

二、女外套的衣身长度分类

女外套按照衣身的长度通常分为三种主要类型，造型风格和结构特点各有一定差异，实际应用时的衣身长度灵活多变。

（1）短外套：长度在腰节线下10cm以内，往往搭配裙装或高腰裤，简洁轻便，偏向于中性化的设计风格。

（2）中长外套：长度至臀围线附近，经典实用，款式变化灵活，造型风格多样。

（3）长外套：长度略超过大腿根部，款式多样，宽松造型的风格休闲舒适，合体造型的风格沉稳优雅，呈现收腰阔摆的X廓形。

三、女外套的衣身廓形分类

女外套按照衣身的合体程度可以分为合体型和宽松型两大类，常见的外套廓形主要有以下几种，通常对应着不同的纸样基本结构，参见图1-1-1。

（1）X型外套：腰围线以上的衣身形态贴合人体或适当宽松，腰围紧身合体，腰线以下明显扩展，强调女性化的优美曲线，整体风格经典优雅。

（2）H型外套：衣身基本呈直线H型，不强调人体曲线，使身材更显修长，风格简洁自然。

（3）T型外套：肩部加衬垫材料塑造宽肩形态，衣身从肩部到下摆逐渐变窄，偏向于男性化风格。

（4）A型外套：窄肩，从胸部至下摆均衡扩展呈现A型，可以有效掩盖腹凸等不足体型，短款俏皮可爱，长款舒适优雅。

图1-1-1　女外套的衣身廓形分类

（5）O型外套：小领口，肩部呈圆润的流线型，衣身宽松，下摆、袖口收紧，整体风格轻松活泼。

四、外套的前襟造型分类

女外套大多采用前身开门襟的设计，穿脱方便，门襟敞开时也更加利于活动。如果采用套头式或半开门襟等设计时，工艺缝合的面料层叠量较多而厚，适合采用较轻薄的面辅料制作。女外套常见的前开襟造型主要分为以下四类，参见图1-1-2。

（1）单排扣外套：外套最简洁常见的门襟形态，女西服主要有一粒扣、两粒扣、三粒扣等形式，其中一粒、两粒扣的西服显得更加正式，休闲外套的纽扣数量可以更多。

（2）双排扣外套：门襟宽阔平整，中性化风格明显，适合挺括、成型性较好的面料。常见的双排扣女西服有两粒纽扣、四粒纽扣、六粒纽扣等，一般搭配戗驳领造型。

（3）拉链门襟：前襟左右两边可以有上下交叠量，也可以没有交叠量，多用于休闲风格的外套。当拉链拉合封闭时，衣身的整体受力形态比纽扣更稳定，因而可以采用斜门襟等灵活多变的造型。

（4）对合门襟：前襟左右两边没有交叠量，采用扣钩固定，门襟线条简洁利落，能够凸显内搭的服装，常用于礼服类外套。

单排三粒扣　双排两粒扣　拉链门襟　对合门襟

图1-1-2　女外套的前开襟造型分类

五、经典女外套的款式分类

现代西式女装中的外套造型主要源于19世纪之后的男装外套，许多经典款式的设计特征往往来源于特定时间、地区或个人引导的流行样式，在此简单介绍几种对现代女装发展历史影响较大的经典女外套款式，参见图1-1-3。

（1）西服套装：采用相同面料制作的西服和裙子或裤子组合的套装，源于19世纪后期的经典男西服套装，衣身和袖子整体合身，多用于正式场合，驳领和挖袋的形态随着不同时期的流行趋势而有变化。

（2）运动西服：起源于英国剑桥大学划船俱乐部的运动服，2或3个贴袋，金属纽扣，有时在左胸处饰以徽章或图纹，比正装西服更加宽松舒适。

（3）诺福克外套：源于19世纪末的英国诺福克（Norfolk）地区，衣身有过肩活褶，有固定的肩带和腰带，合体而活动机能性较好，是具有传统英式乡村风格的经典外套。

（4）斯宾塞短外套：源于英国19世纪初期的斯宾斯（Spencer）伯爵，紧身的短西服造型，常用作礼服外套。

（5）香奈儿外套：源于著名服装设计师香奈儿（Chanel），以简洁线条为基调的无领套装，采用斜纹软呢制作，领口、前门襟、下摆、袋口等处都有镶边。

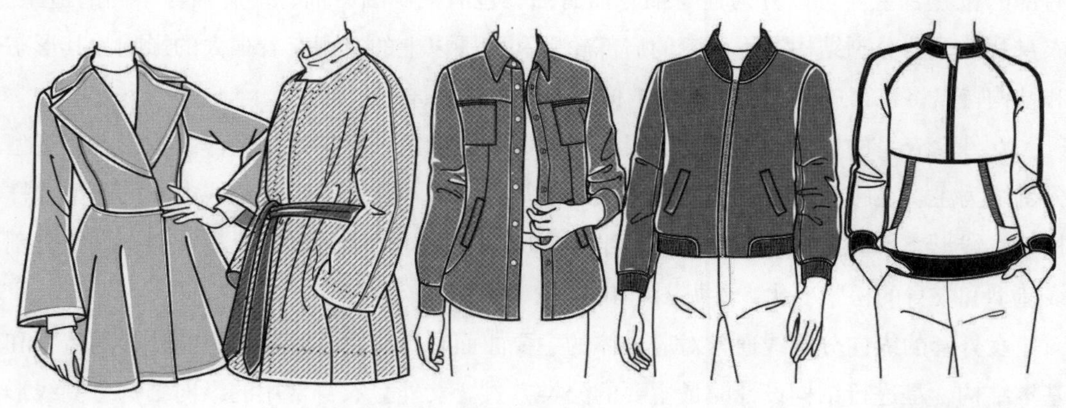

图1-1-3　经典女外套款式

（6）猎装外套：源于猎人、探险者等穿用的服装，带有立体褶的贴袋，加肩章和腰带等装饰细节。

（7）裙式下摆外套：衣身在腰围线附近分割，腰部常做褶饰，下摆扩展为裙式的设计，强调腰部曲线变化，风格优雅。

（8）束带外套：前身无扣，自然交叠后用腰带扎束固定的外套，肩线形态柔和流畅，适合采用较柔软的面料，造型风格潇洒随意。

（9）衬衣式外套：采用衬衫领和袖头形态，前中门襟类似衬衫造型的宽松长外套，适合采用单层或较柔软的面里料，风格休闲。

（10）战斗夹克：源于第二次世界大战中的战斗服，衣长至腰部，前身有拉链，衣身整体舒适且膨胀，下摆有单独腰头呈收紧的造型，具有休闲运动风格。

（11）运动外套：最初是专用于体育运动竞赛时穿着的服装，按照不同运动项目的特定要求而设计制作。运动外套的造型宽松，前中开拉链或采用套头穿着形式，现代通常采用吸湿透气的速干型功能面料制作。

六、女外套的分割构成分类

和衬衫相比较而言，女外套的面料比较厚重，内部往往还加入里料、黏合衬等，穿着时很难像衬衫一样自然贴体，不适合依靠面料自然悬垂而形成符合人体的曲面形态。因而女外套通常需要比衬衫更复杂的结构分割线，分割构成形式灵活多样，常借助分割线来塑造不同部位的造型变化。另一方面，外套中的合体省道往往包含在分割线中，较厚的外套面料收省时缝制工艺比较繁琐，同时分割线缝合熨烫后的整体外观也更平整美观。

外套分割结构中影响整体形态的首先是衣身和衣袖的组合形式，按照衣袖分割线在肩部的位置，主要可以分为连身袖、插肩袖、包肩袖、圆肩袖、落肩袖等不同的造型。衣身和袖子的分割结构对于外套的肩部轮廓和胸围以上的造型有着很大的影响，其形态和结构特点将在第三章“外套的袖结构设计”中进行详细介绍。

女外套衣身的横向分割线主要根据造型需要而确定，以不影响整体结构形态的造型分割线为主。在腰线附近的横向分割线经常具备结构功能性，即分割线上下的造型和样板轮廓线形态不同，从而使上身和下半身形成完全不同的立体形态，适合强调腰部分割线造型和衣身的松紧变化，参见图1–1–4。

女外套的纵向分割线通常对应人体的主要曲面转折位置，其直接影响外套的造型和基本结构，是进行结构设计时最主要的分类方式。女外套衣身常用的纵向结构分割线形成对应的三种基本构成形态，参见图1–1–5。

图1-1-4　女外套衣身的横向结构分割

（1）两面构成的外套：在侧缝位置设置分割线，将衣身分为前后两面，前后中线根据造型需要而确定是否分割。两面构成的外套造型多样，衣身整体宽松时呈现与衬衫相似的平面化造型，胸围较合体而不设计腰省时呈现自然的H型廓形；如果在腰部增加省道、褶裥或扎束腰带使面料折叠收缩，则可以形成强调收腰的造型。

（2）四面构成的外套：也称为四开身结构，衣身共分为七片或八片。衣身除了侧缝线和前后中线分割以外，还增加了类似于前、后公主线的分割结构，将外套的腰围分为基本均匀的8份，形成线条流畅饱满的收腰造型。

（3）三面构成的外套：也称为三开身结构，衣身共分为六片，对应人体的正、背、侧面，造型自然舒展。前身的分割位置接近于人体前腋点垂线，后身的分割位置接近于人体后腋点垂线，侧面为腋下不分割的整片结构。由于三面构成结构的前分割线远离胸点，收腰合体的造型经常需要增加前胸省。

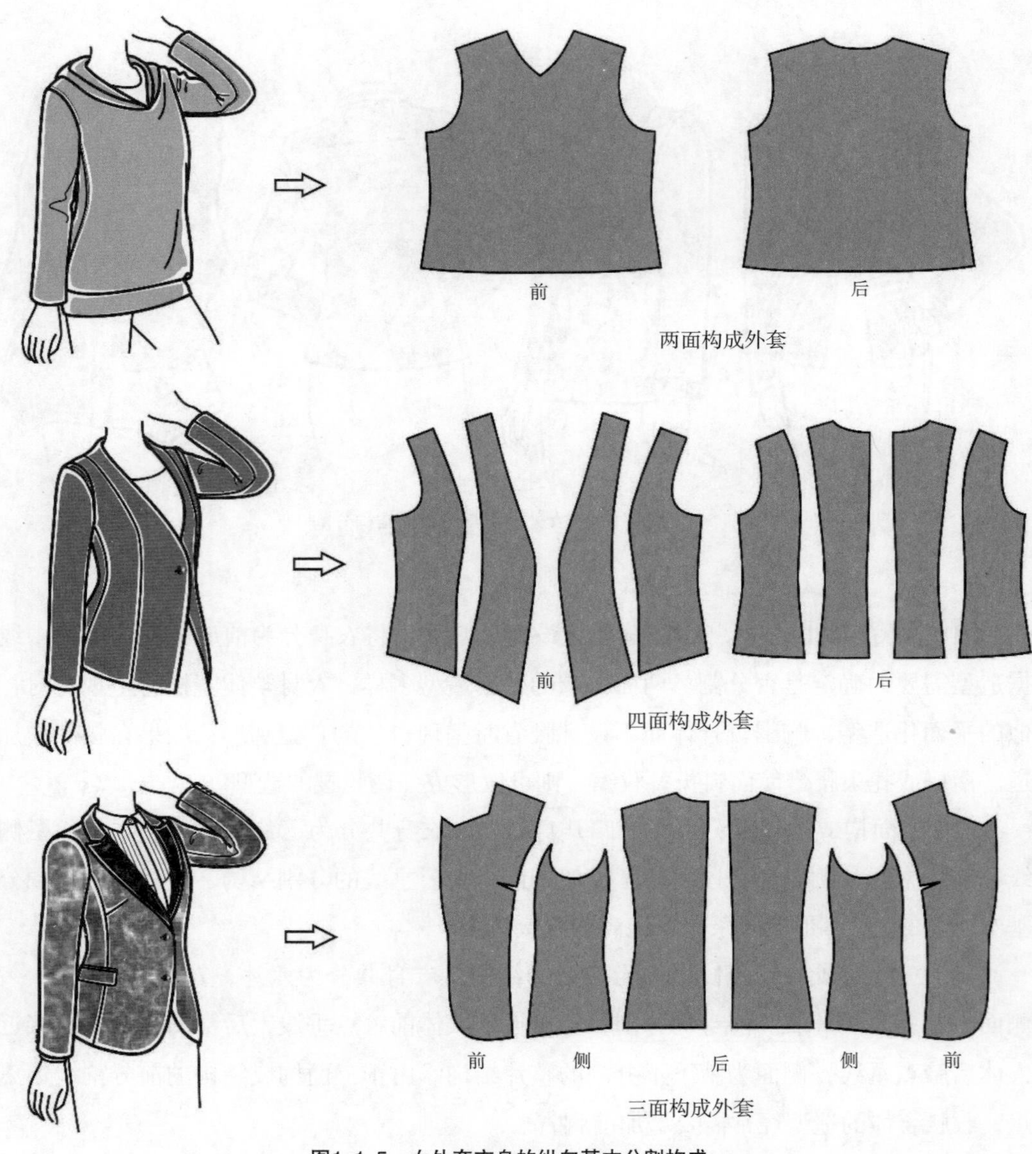

图1-1-5　女外套衣身的纵向基本分割构成

项目练习：

1. 按照衣身廓形或前开襟造型的分类方式，选择女外套着装实例图片一组，进行结构分类并标注名称。

2. 参考教材中的经典女外套款式，选择一种外套造型，收集相应的女外套设计实例图片一组，分析其造型细节和结构特点。

第二节　两面构成的H型外套衣身结构

导学问题：

1. 两面构成外套的围度宽松量与人体哪几个部位相关？

2. 两面构成外套的省道结构设计有哪些常见的变化？

一、基本造型和结构特点

两面构成的H型女外套的造型简洁，衣身共分为四片，整体造型松紧适度，呈现自然合体的H型廓形，如图1–2–1。本款基本造型采用圆领，领口形态可以直接作为无领的领口造型，也适合搭配立领或翻领结构。袖窿形态与原型接近，适合搭配较合体造型的圆装袖。

合体型两面构成外套的胸围放松量通常为10~16cm，其中包括内穿衬衫或合体毛衫时的活动松量，前片和后片的胸围宽度基本相等。外套的底摆造型基本保持水平，长度通常不超过臀围线。胸围线以上收袖窿省和后肩省，以塑造胸、肩部位自然合体的曲面，有助于穿着时衣身整体保持均衡平整，适合采用较松软的面料进行制作。

图1–2–1　两面构成的H型女外套基本造型

二、成品规格

以女装常用的中间体M码（160/84 A号型）为例，根据造型确定外套的成品部位规格，参见表1–2–1。

表1-2-1　两面构成的H型女外套的成品规格表（160/84A）　单位：cm

	衣长	胸围（B）	臀围（H）
成品尺寸	52	98	102
计算方法	38（背长）+18（腰长）-4	84（净胸围）+14	90（净臀围）+12

三、结构制图

1. 结构基础线（图1-2-2）

（1）使用文化式女上装衣身原型作为纸样设计基础，前后腰围线保持水平。

（2）从原型腰线向下取18cm为臀围线HL，从HL向上4cm作底边水平线。

（3）从原型前中线追加0.5cm作为面料交叠的厚度补充量，确定外套的前中线。

（4）从前中线向外取前中叠门宽度2 cm，确定门襟止口线。

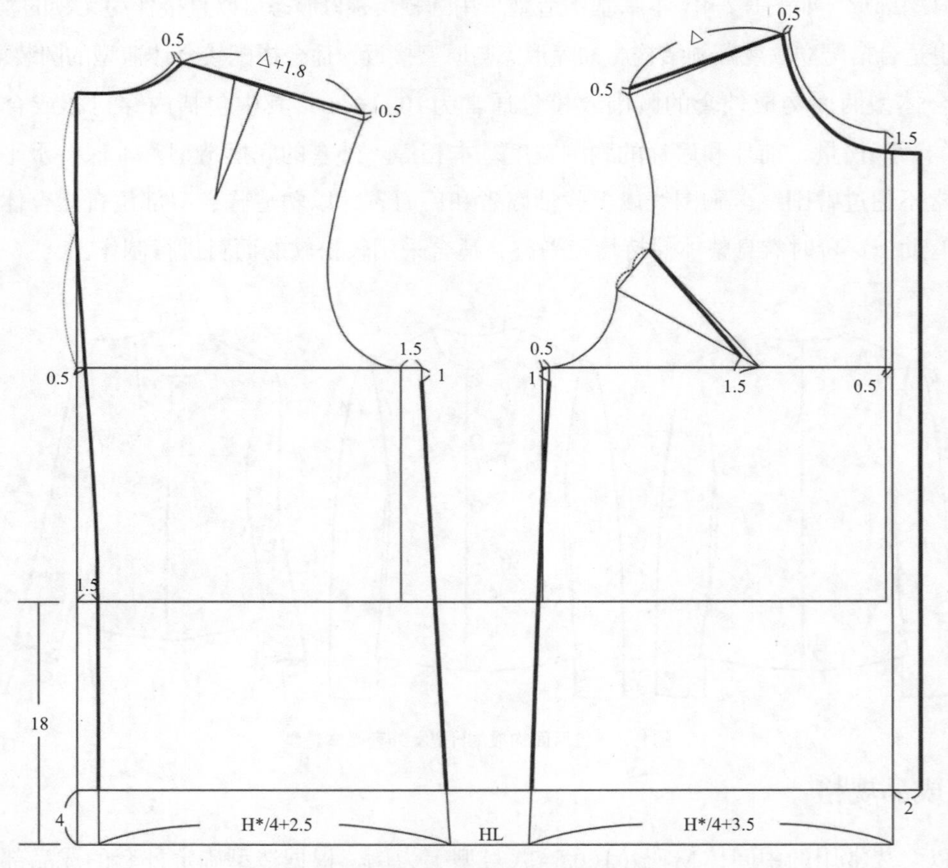

图1-2-2　两面构成的H型女外套的结构制图（一）

注：H*表示净臀围，全书同。

2. 衣片轮廓线（图1-2-2、图1-2-3）

（1）领口：前、后侧颈点都比原型领宽增加0.5cm，前领深增加1.5cm，为内穿的衬衫领部适当增加厚度松量。

（2）肩线：前、后肩端点垂直向上抬高0.5cm作为垫肩松量，先绘制前肩线，后肩线比前肩线长1.8cm，长度差量包括后肩省1.5cm加肩线吃缝量0.3cm。

（3）后中线：收腰1.5cm，胸围线内收约0.6cm，胸围线至领口的上部基本为直线，腰线以下垂直至底边。

（4）胸围宽：前胸围宽比原型减0.5cm，袖窿下降1cm；后胸围宽加1.5cm，袖窿下降1cm。

（5）臀围宽：在HL上从前中线取前臀围宽为H*/4+3.5=26cm，从后中弧线位置开始取后臀围宽为H*/4+2.5=25cm。

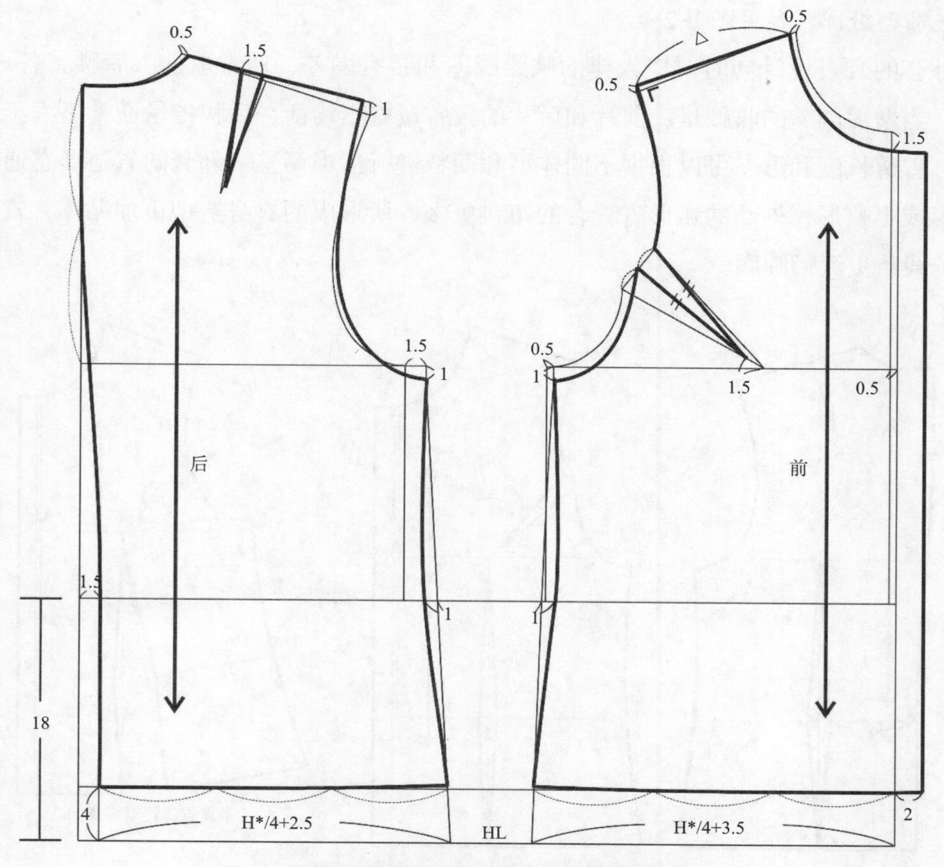

图1-2-3　两面构成的H型女外套的衣身结构制图（二）

（6）侧缝：前、后胸围宽与臀围宽分别相连，腰围线收1cm，弧线画顺至底边线。

（7）后肩省：参考原型肩省靠近中线边，取肩省量1.5cm适当调整方向使省道两边长度相等，省尖点可以略上移。

（8）前袖窿省：将原型袖窿省的1/2保留作为袖窿松量，省尖点适当侧移，省道两边长度相等。

（9）袖窿弧线：画顺后袖窿弧线，袖上端与肩线保持垂直；重新画顺省道以下的前袖窿弧线，使省道拼合后保持弧线圆顺，袖上端与肩线保持垂直。

（10）底边弧线：根据面料性能在侧缝起翘0.3~0.5cm，画顺前、后底边弧线，尽量与侧缝线保持垂直。

四、两面构成的H型女外套的省道结构变化

1. 腰省设计

在图1-2-3的基础上，前片和后片都可以增加腰省的设计，获得更加凸显女性曲线的收腰造型纸样，参见图1-2-4。

外套的腰省设计同时对应人体的胸腰围差和腰臀围差，通常取前、后腰省各一个，同时适当增加侧缝的收腰量。前片和后片的腰省量基本均衡，后腰省量通常略大于前腰省量，省道长度和形态可以根据不同体型和面料进行适当调整。外套的省道形态通常呈现菱形或枣核形，外凸的弧形省缝合的布料更多，所形成的衣身造型更加贴体，省道缝合后的线条更流畅圆润。

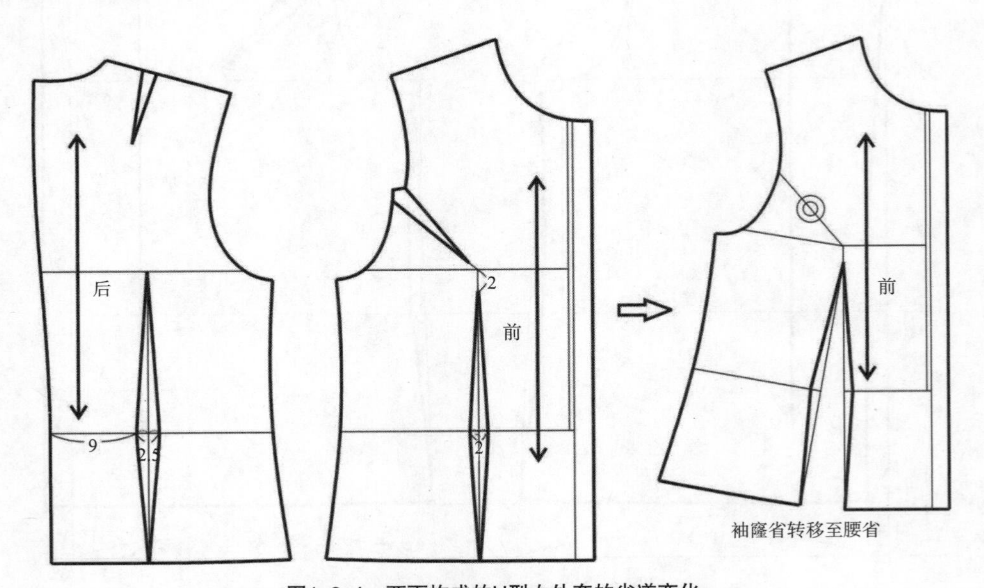

图1-2-4　两面构成的H型女外套的省道变化

2. 袖窿省转移

女外套收袖窿省的设计有助于胸围线以上形成自然合体的曲面，将袖窿省转移至领口或肩线也可以达到同样的合体效果，但领口和肩部的省道缝合后比袖窿省更加明显，往往需要增加装饰性设计进行遮挡或美化。

将袖窿省转移合并至腰省，是合体型两面构成外套最常见的省道结构变化。省道转移后的底边呈开口形态，缝制时将腰省部位的面料剪开，仅留出足够的缝头，缝合后的腰省比不剪开面料时更加平薄均匀，整体曲面造型柔和流畅，如图1-2-4中前片的省道转移变化形态。

项目练习：

收集两面构成的女外套着装实例图片一组，包括正、背、侧面的照片形态，绘制对应的服装款式图，比较分析其基本结构分割线和省道的设计。

第三节 | 四面构成的合体外套衣身结构

导学问题：

1. 四面构成的合体外套的分割线位置根据什么来确定？

2. 四面构成外套的胸围宽松量和臀围宽松量怎么确定？

一、基本造型和结构特点

四面构成的合体女外套的衣身分割位置包括前中线、后中线、侧缝线和前公主线、后公主线，形成线条流畅自然的X型合体收腰造型。制图时将衣身宽度分为基本均匀的四部分，因而也被称为四开身结构。本款外套经过前、后袖窿位置设计曲线型公主线，常被称为刀背缝女西服，如图1-3-1。

进行外套衣身的基本造型制图时，暂时将领口和前中线保留原型形态，后期可以搭配各种不同的领型和门襟造型，根据实际造型确定领口和门襟止口线的结构轮廓线。袖窿形态与原型接近，适合搭配合体的两片袖结构。

四面构成女外套的胸围基本放松量通常为8~14cm，前胸围宽略大于后片胸围宽，强调胸凸的曲线造型。由于分割线造成的胸围损失量较大，成品胸围和腰围更适合采用纸样实测的方式进行计算，腰围的放松量略小于胸围放松量。四面构成女外套的长度灵活多样，臀围的放松量与胸围放松量接近，当臀围放松量略大于胸围放松量时，可以凸显细腰丰臀的x型廓形；当臀围放松量略小于胸围放松量时，更适合简洁干练的职业装。

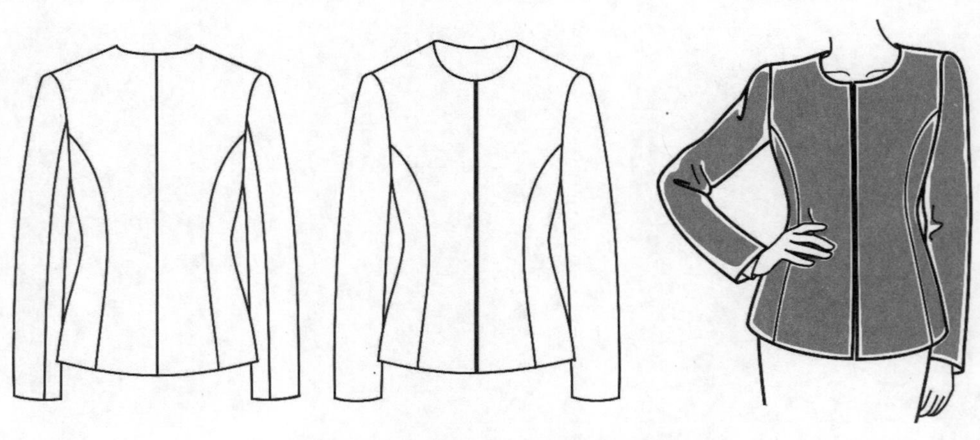

图1-3-1 四面构成的合体女外套基本造型

二、成品规格

以女装常用的中间体M码（160/84 A号型）为例，根据造型确定本款四面构成外套的成品部位规格，参见表1-3-1。

表1-3-1　四面构成的合体女外套成品规格表（160/84A）　单位：cm

	衣长（L）	胸围（B）	腰围（W）	臀围（H）
成品尺寸	60	≈94	≈79	102
计算方法	38（背长）+18（腰长）+4	84（净胸围）+12−2	66（净腰围）	90（净臀围）+12

三、结构制图

1. 结构基础线（图1-3-2）

（1）使用文化式女上装衣身原型作为纸样设计基础，前后腰围线保持水平。

（2）后片肩省的1/2转移作为袖窿松量，剩余1/2肩省量保留作为肩线吃缝量。

（3）从原型的腰线向下取18cm为臀围线HL，从HL向下4cm做底边水平线。

（4）从原型前中线追加0.5cm作为面料交叠的厚度补充量，确定外套的前中线。

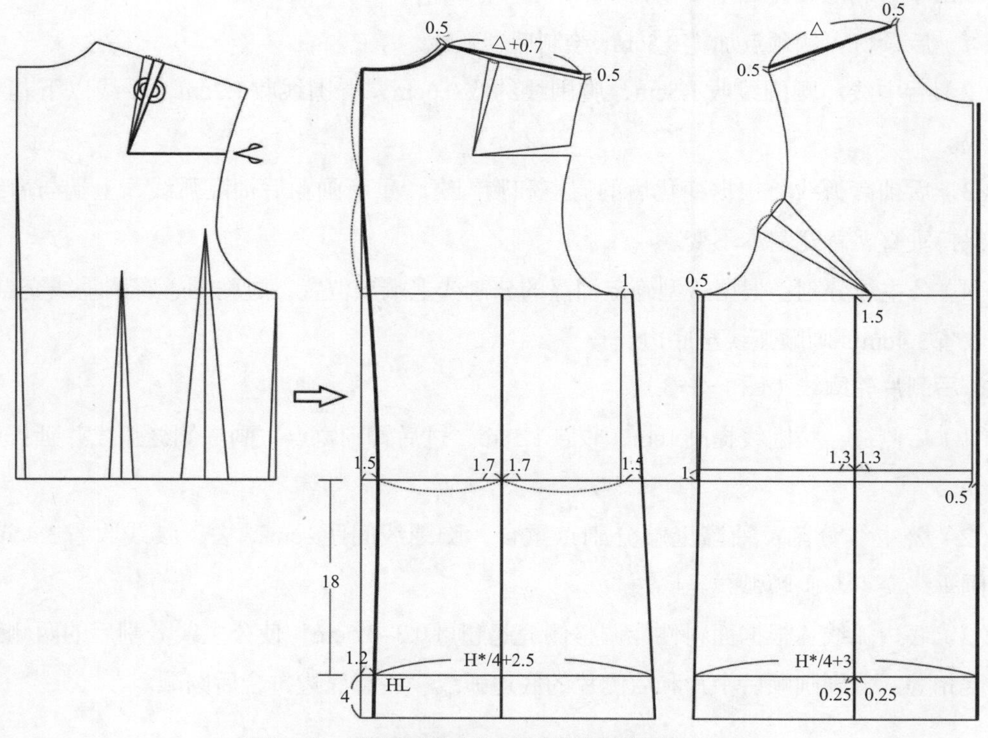

图1-3-2　四面构成的合体女外套衣身结构制图（一）

2. 肩线

侧颈点加宽0.5cm，前肩端点抬高0.5cm垫肩松量，先绘制前肩线并测量肩线长度△。从转移后的后肩端点抬高0.5cm垫肩松量，绘制后肩线，长度=实测前肩线长△+0.7缩缝量。

3. 侧缝辅助线

前胸围宽比原型减0.5cm，前臀围宽为H*/4+3=25.5cm，连接直线并向下延长至底边为前侧缝辅助线；后胸围宽比原型加1cm，后臀围宽为H*/4+2.5=25cm，连接直线并向下延长至底边为后侧缝辅助线。

4. 前腰围线

比原型腰线提高1cm做平行线，使上身缩短，拉长下身比例。

5. 前分割位置辅助线

从BP点向侧缝方向1.5cm做垂线至底边线；在提高后的腰围线上收省2.6cm，垂线两边等分；臀围线交叠0.5cm，垂线两边等分。

6. 后分割位置辅助线

后腰围宽度先在后中线和侧缝各收腰1.5cm，然后等分，过中点做垂线至胸围线和底边，腰线收省3. 4cm，垂线两边等分。

7. 后中片轮廓线（图1–3–3）

（1）后领口：侧颈点加宽0.5cm，绘制后领弧线。

（2）后中线：腰围线收1.5cm，胸围线约收0.6cm，臀围线收1.2cm，腰线以下基本呈直线。

（3）后袖窿弧线：根据变化后的肩点和胸围宽，重新画顺后袖窿弧线，上端与肩线基本保持垂直，背宽基本不变。

（4）公主线分割：根据造型确定袖窿的分割线上端点位置，过胸围、臀围垂线交点，腰线收省3.4cm，画顺弧线至底边。

8. 后侧片轮廓线（图1–3–3）

（1）后侧缝：腰围线提高1cm，收腰1.5cm，过后臀围宽点，画顺侧缝弧线并延长至底边线。

（2）公主线分割：袖窿上端分割点重合，胸围线间距1cm减去，腰线收省3.4cm，过臀围垂线交点，画顺弧线至底边。

（3）底边弧线：根据面料性能调整侧缝起翘量0.3~0.5cm，使公主线分割后的两侧弧线长度相等，分别画顺后中片和后侧片的底边弧线，注意底边拼合后圆顺。

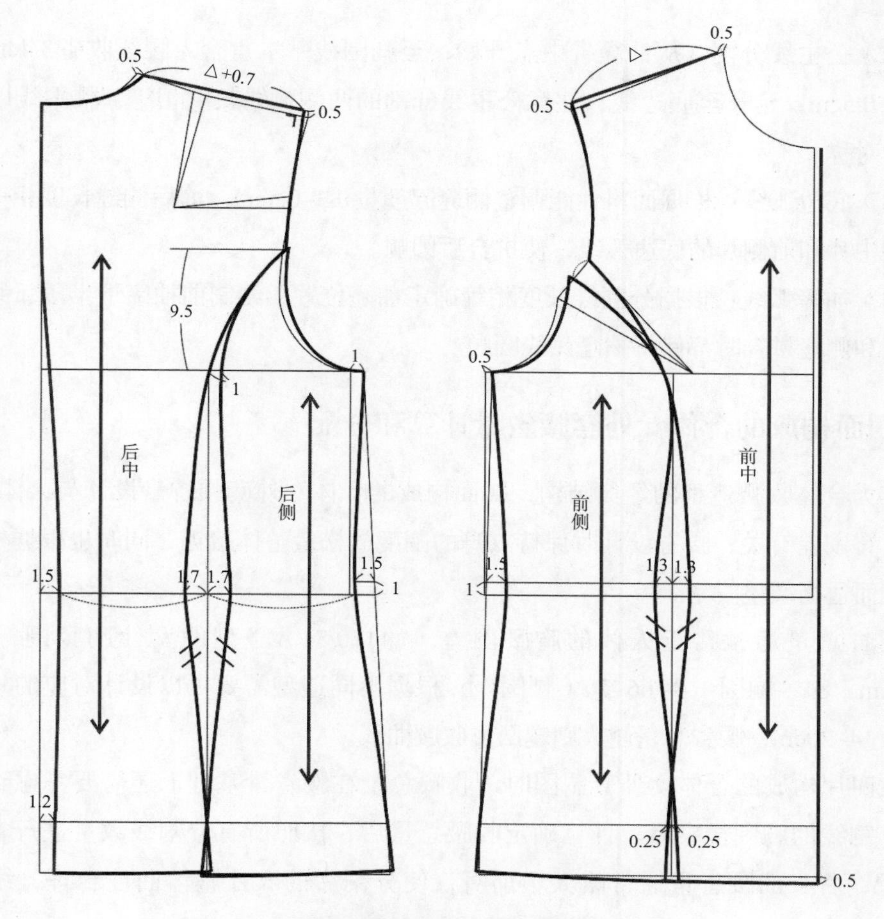

图1-3-3　四面构成的合体女外套衣身结构制图（二）

（4）后袖窿弧线：根据分割线长度调整后的位置，微调后袖窿弧线，注意侧缝拼合时弧线圆顺。

9.前中片轮廓线（图1-3-3）

（1）前中线：领口暂时保留原型形态，前中线增加0.5cm为门襟开口的交叠松量。

（2）公主线分割：从袖窿省上边开始画顺分割线，距离BP点最近距离2~3cm，腰线收省2.6cm，臀围线交叠0.5cm，延长至底边线。

（3）前袖窿弧线：根据调整后的肩点重新画顺袖窿上半段弧线，上端与肩线基本保持垂直。

10.前侧片轮廓线（图1-3-3）

（1）前侧缝：腰围线提高1cm，收腰1.5cm，过前臀围宽点，画顺侧缝弧线并延长至底边线。

（2）公主线分割：从袖窿省中点开始，至胸围线基本重合，腰线收省3.4cm，臀围线交叠0.5cm，延长至底边线，注意公主线分割的两侧弧线长度相等，腰围线以下的弧线基本对称。

（3）底边弧线：根据面料性能调整侧缝起翘量0.3~0.5cm，前后侧缝长度相等；分别画顺前中片和前侧片的底边弧线，使拼合后圆顺。

（4）袖窿弧线：根据分割线长度相等确定袖窿位置，绘制前袖窿下半段弧线，注意分割线和侧缝拼合时都保持袖窿弧线圆顺。

四、四面构成的合体女外套腰省量计算和分配

作为合体收腰造型的经典结构，四面构成的合体女外套腰省量设计与人体的胸围、腰围、臀围差有关，腰省设计时保持衣身的围度放松量整体接近，同时也根据外套的造型变化而适当调整。

腰省总量通常接近人体的胸腰围差，如160/84 A号型的女性胸腰围标准差为14~18cm［84（胸围）— 66~70（腰围）］，根据不同造型需要可以设计对应的外套腰省总量为14~20cm，腰省总量越大则越凸显收腰曲线。

在四片构成的合体女外套制图时，收腰总量在腰省量基础上还需要考虑到后中线和后分割线的胸围损失量。计算确定收腰总量后，按照所有分割线数量进行省量的均衡分配，后身的腰省量通常略大于前身，使分割后的衣片整体曲度合理，线条形态优美。

由于女性人体测量时臀围通常大于胸围，并且不同个体的胸围和臀围差较大，外套的臀围设计松量需要根据实际体型而调整，但成品臀围尺寸通常不小于成品胸围尺寸。制图时的臀围宽一般略大于胸围宽，臀围大于胸围的差量均衡地分配到两条分割线上，确保底边受力均衡，当成品臀围明显大于成品胸围时，纸样的分割线下摆交叠量也需要适当加大。

五、四面构成的合体女外套衣身净样板

在四片构成的合体女外套结构制图的基础上，按照每个衣片的轮廓线进行结构分解，从而获得本款合体基本造型的四面构成外套净样板，参见图1–3–4。

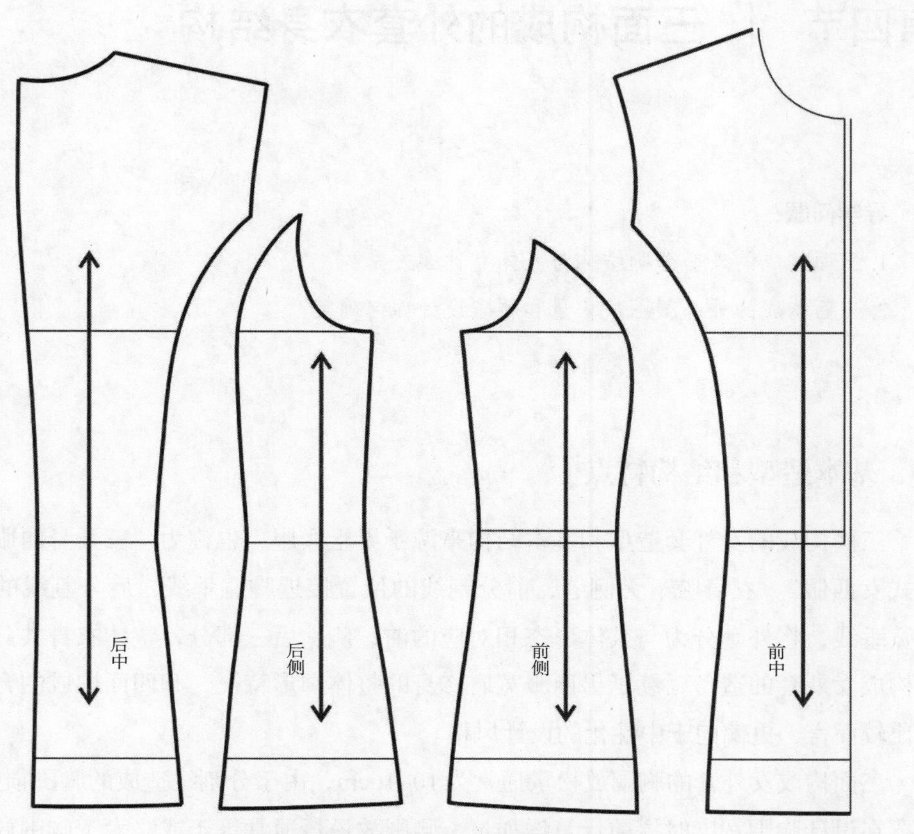

图1-3-4　四面构成的合体女外套的衣片净样板

项目练习：

收集四面构成的女外套着装实例图片一组，包括正、背、侧面的照片形态，绘制对应的服装款式图，分析衣身的纵向基本结构分割线与人体的关系。

第四节 | 三面构成的外套衣身结构

导学问题：

1. 三面构成的外套分割结构与人体有什么关系？
2. 三面构成的外套腰围放松量和腰省设计如何确定？

一、基本造型和结构特点

三面构成的女外套造型和基本结构来源于男士西服，也称为“三开身西服”或“男装式女西服”。衣身腋下无侧缝，前分割线的位置接近胸宽垂线，后分割线的位置接近背宽垂线，将外套分为与人体形态相对应的前、侧、后三部分，整体衣身共分六片。三面构成女外套的造型延续了男西服宽肩修身的整体廓形特征，和四面构成的合体女外套相比较而言，更偏向于中性化的设计风格。

三面构成女外套的胸围放松量通常为10~16cm，由于分割线造成的胸围损失量较大，需要在设计胸围宽度时提前计算增加量。腰围放松量通常等于或略大于胸围放松量，臀围放松量略小于胸围放松量，衣身整体偏向于自然合体造型。

本款基本造型的衣身纸样制图在前领口和前中线暂时保留原型形态，实际应用时可以根据造型设计领口和驳领、门襟止口的结构轮廓线。袖窿形态与原型接近，适合搭配合体的两片袖，如图1-4-1。

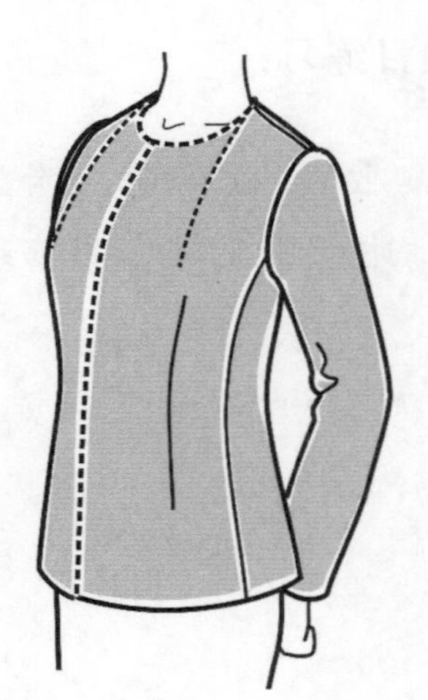

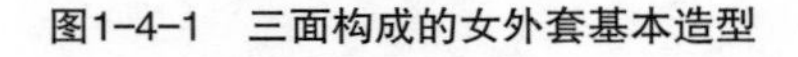

图1-4-1 三面构成的女外套基本造型

二、成品规格

以女装常用的中间体M码（160/84 A号型）为例，根据基本造型确定本款三面构成的女外套的成品部位规格，参见表1-4-1。

表1-4-1 三面构成的女外套的成品规格表（160/84A）

单位：cm

	衣长（L）	胸围（B）	腰围（W）	臀围（H）
成品尺寸	62	约96	约82	101
计算方法	38（背长）+18（腰长）+6	84（净胸围）+12+5-5	66（净腰围）	90（净臀围）+11

三、结构制图

1. 结构基础线（图1-4-2）

（1）使用文化式女上装衣身原型作为纸样设计基础，前后腰围线保持水平，前后侧缝间距2~4cm，对应胸围放松量12~16cm。

（2）将后肩省的1/2转移作为袖窿松量，剩余1/2省量保留作为肩线吃缝量。

（3）保留前袖窿省的1/2作为袖窿松量，剩余1/2省量转移至前领侧颈点，暂时预留作为领省。

（4）从原型腰线向下取18cm为臀围线HL，从HL向下6cm做底边水平线。

（5）从原型腰线提高1cm做平行线，确定外套收腰最细的位置。

（6）从原型前中线追加0.5cm作为门襟面料交叠的厚度补充量，确定外套的前中心线。

（7）从原型前侧缝向前中线方向4.5cm，胸围线以下做垂线至底边，作为前身分割辅助线。

（8）从原型后侧缝向后中线方向5cm，腰围线以上做垂线至胸围线，腰围线以下间距1cm做垂线至底边，作为后身分割辅助线。

2. 肩线（图1-4-3）

（1）后肩线：侧颈点沿肩线加宽0.5cm，从转移后的后肩端点抬高0.5cm垫肩松量，根据面料性能向下0.2~0.3cm绘制后肩线呈下凹的弧线，测量后肩线长度△。

（2）前肩线：从转移后的原型侧颈点加宽0.5cm，前肩端点抬高0.5cm为垫肩松量，取前肩线长度=后肩线长△-缩缝量（0.8~1cm），根据面料性能向上0.2~0.3cm绘制前肩线呈上凸的弧线。

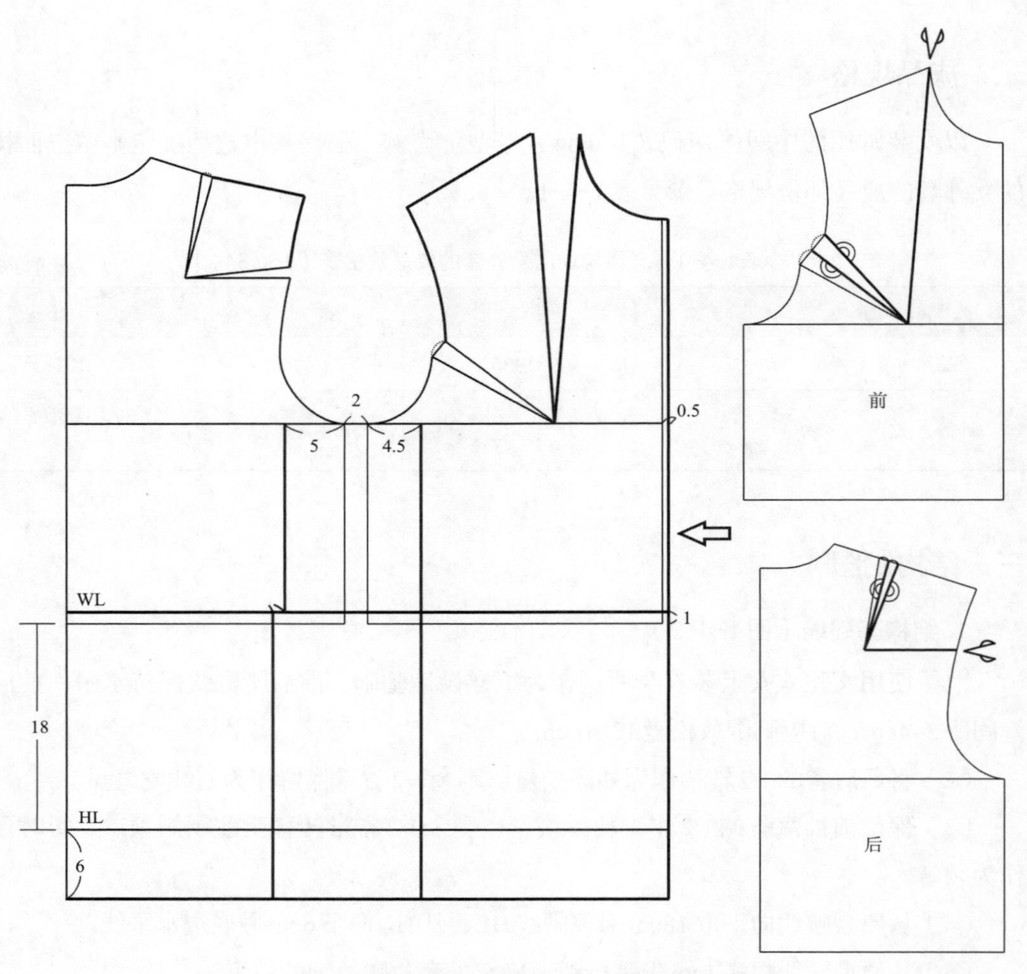

图1-4-2　三面构成的女外套结构基础线

3. 袖窿弧线

过前、后肩点，上部与肩线基本保持垂直，背宽增加约0.6~0.7cm，过胸围线侧缝间距的前1/3等分点（袖底对位点），画顺袖窿弧线。

4. 后领口

侧颈点加宽0.5cm，绘制后领弧线。

5. 后中线

收腰1.5cm，胸围线约收0.7cm，腰线以下为垂直线。

6. 后片分割线

根据造型确定袖窿的分割线上端点位置，胸围线从垂线交点取1.3cm，腰线收省4.5cm垂线两边等分，过垂线臀围交点，画顺弧线至底边。

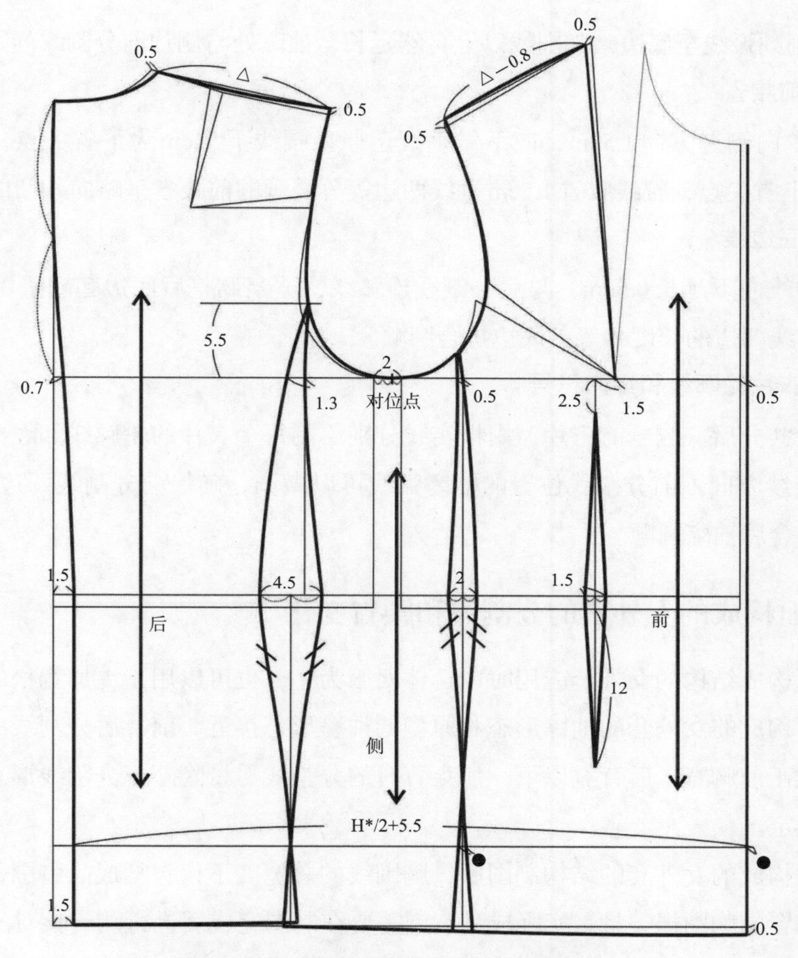

图1-4-3　三面构成的女外套的衣身结构制图

7. 侧片后分割线

袖窿分割线上端点位置重合，过胸围线垂线交点，腰线收省4.5cm垂线两边等分，过垂线臀围交点，画顺弧线至底边。

8. 计算臀围叠合量

从后中弧线交点取臀围宽=$H^*/2+5\sim6$cm，测量臀围宽超出前中心线的长度为●，作为前分割线所需要增加的臀围叠合量（图1-4-3中● =0.5cm）。

9. 侧片前分割线

胸围线从垂线交点取0.5cm，腰线收省2cm垂线两边等分，臀围交点两边各取臀围叠合量●的1/2，画顺弧线至底边，胸围线以上基本保持竖直。

10. 前片分割线

胸围线过垂线交点，腰线收省2cm垂线两边等分，臀围交点两边各取臀围叠合量●

的1/2，画顺弧线至底边，胸围线以上自然延长，袖窿处与侧片前分割线间距0.2~0.3cm。

11. 前腰省

从BP向侧缝方向1.5cm，向下做垂线至原型腰线下12cm为下省尖点，距离胸围线2.5cm为上省尖点，腰线收省1.5cm垂线两边等分，画顺前腰省呈略向外凸的弧线。

12. 底边线

前中线向下延长0.5cm，与后分割线连弧线，适当调整后底边起翘量0.2~0.4cm，确保后分割线两边的长度相等，底边拼合圆顺。

13. 衣片轮廓线和经向符号

衣片共分后、侧、前三片，用粗实线分别绘制每个衣片的轮廓线和经向符号，中线方向为经纱方向。前分割线位置的袖窿弧线可以微调，确保前分割线两边的长度相等，分割线拼合后袖窿圆顺。

四、三面构成的女外套的分割线和腰省变化

三面构成结构的女外套应用时以合体西服为主，也可以用于更加宽松的学生装等款式。三面构成的女外套的袖窿形态和原型的袖窿形态接近，前、后分割线的袖窿端点位置通常位于前胸宽、后背宽以下，使穿着时的分割线尽量隐蔽，分割线形态根据外套的造型而确定。

三面构成的女外套的结构制图中，胸围线的总宽度不仅包括成品胸围，还需要包含分割线位置的胸围损失量，实际成品胸围需要在制图完成后进行测量核对。例如在图1-4-3中，设定其成品胸围放松量为12cm，制图时首先在前、后原型之间增加胸围损失量2cm，在前中线增加0.5cm。由于胸围放松量主要增加在腋下部位，胸围宽松量的变化对于侧片形态的影响较大，对前片和后片形态的影响较小。

三面构成的女外套通常比四面构成的女外套更宽松，腰围放松量一般大于或等于胸围放松量，和人体的胸腰围差接近，所形成的收腰曲线流畅舒展，腋下褶皱较少。计算收腰总量时与分割线的胸围损失量有关，实际收腰量＝制图腰省总量−胸围损失量。例如在图1-4-3中，制图中的实际收腰量7cm=制图腰省总量9.5−胸围损失量2.5，对应A型人体的标准胸腰围差18cm时，成品腰围放松量略大于胸围放松量。确定腰省总量后，在所有分割线位置将省量均衡分配，后身收省量略大于前身收省量，使分割后的衣片整体曲度合理、线条流畅。

五、三面构成的女外套的衣身净样板

在图1-4-3结构制图的基础上，按照每个衣片的轮廓线进行结构分解，获得基本造

型三面构成的女外套的衣身净样板，参见图1-4-4。由于三面构成的外套经常搭配驳领造型，因而本款衣身基本型结构设计时没有确定前身门襟和领子的造型，所以本制图的前领口和门襟止口线暂时空缺，领省也需要根据实际造型进行省道转移或合并处理。

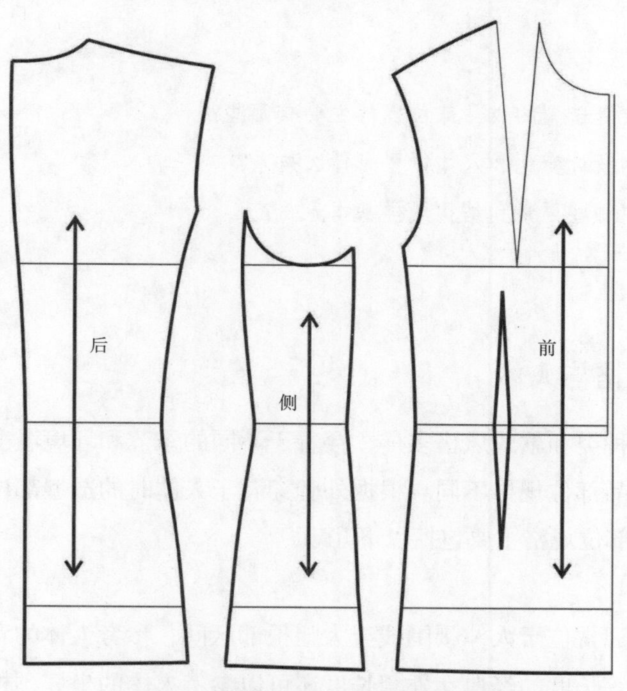

图1-4-4　三面构成的女合体外套的衣片净样

项目练习：

收集三面构成的女外套的着装实例图片一组，包括正、背、侧面的照片形态，绘制对应的服装款式图，分析衣身基本结构分割线与人体的关系，观察领子和衣身的不同结构组合方式。

第五节 | 女外套的衣身造型和结构变化

导学问题：

1. 影响女外套衣身造型的成品部位规格主要有哪些？
2. 女外套的结构设计变化和人体体型有什么关系？
3. 女外套设计中哪些要素和结构纸样基本无关？

一、成品部位规格与人体

女外套的面料种类和款式风格多样，穿着于不同的季节和环境温度，造型的差异首先体现在外套的成品部位规格不同。根据外套穿着于人体时的造型部位，女外套直接影响衣身造型的成品部位规格主要包括以下几项：

1. 衣长

女外套的长度通常位于人体腰围线至大腿根部区间，参考人体的背长、腰长、股上长等尺寸获得。中等长度的经典女外套长度还可以参考人体的坐姿颈椎点高，确保坐姿直立时外套底边略高于椅面，活动方便，不易起皱变形。对于合体收腰造型的女外套，采用较硬挺的面料时门襟重叠部位难以自然垂顺，需要适当增加前中衣长，否则容易造成前身起翘。

2. 腰围线高

对于合体收腰型外套而言，服装收腰最多的位置可以位于人体腰围线，也可以略高于人体腰围线。外套的收腰位置较高时，后腰线通常仍根据人体背长确定，侧缝和前身的收腰位置适当提高，更符合丰满型成熟妇女的体型特征。

3. 胸围

女外套的胸围放松量除了考虑外观廓形外，和面料性能、内部着装都有很大的关联，女性个人的着装习惯也直接影响胸围宽松量的选择。开门领轻薄外套穿着时往往不系纽扣，胸围放松量最少至4cm都可以穿着，而常规合体外套的胸围放松量通常为8~14cm。对于宽松造型的外套而言，硬挺型面料的胸围放松量过大容易显得臃肿也影响舒适性，而柔软的面料则可以采用更大的胸围放松量，自然垂落后形成柔和的衣褶。

4. 腰围

对于合体收腰型外套而言，腰围的放松量和胸围放松量密切相关，呈现自然合体和紧身收腰两种不同形态。当腰围放松量等于或略大于胸围放松量（通常8~14cm）时，衣身整体呈现自然收腰的半合体造型；当腰围放松量小于胸围放松量（通常4~8cm）时，衣身呈现更强调女性化曲线形态的合体收腰造型。宽松型外套不需要考虑腰围尺寸，可以在侧缝少量收腰使整体衣身保持直线形态而更为合身。

5. 臀围

当胸围尺寸一致时，女性的臀围尺寸差异很大，中国女装标准中码体型对应的臀围大于胸围4~6cm，实际上大部分女性的臀围往往大于胸围0~10cm。半合体收腰外套的臀围放松量通常等于或略小于胸围放松量，腰臀部的衣身形态呈现较合体的S廓形；紧身收腰外套的臀围放松量往往大于胸围放松量，使下摆自然外翘，衣身呈现曲线鲜明的X廓形。

6. 肩宽

原型的肩点通常对应标准体型的人体肩点，女外套的肩宽对应圆装袖的袖窿顶部位置，根据不同的造型可以大于或略小于人体肩宽。超过人体肩点的肩宽往往需要增加垫肩等衬垫材料，呈现平直而偏向于中性化的造型风格；小于人体肩宽的设计通常和泡泡袖、包肩袖等袖山结构相搭配，呈现更加女性化的造型风格。

7. 胸宽和背宽

女外套的胸宽和背宽尺寸通常不会直接标注在成品规格表里，但对于外套的肩、胸部受力形态有明显的影响。原型的胸宽、背宽通常略大于标准体型的人体胸宽、背宽，当外套的肩宽和胸围增加时，胸宽和背宽通常也适当增加；当外套的肩宽和胸围减小时，胸宽和背宽适当减小或不变，通常不小于人体的净胸宽和净背宽。

在进行女外套结构设计之前，先分析确定造型所对应的成品部位规格，有利于高效准确地完成相应的结构制图。采用原型制图法时，外套的成品规格可以在制图后测量获得，有时并没有直接标注在结构图上。而应用比例裁剪法制图时，必须首先确定成品规格表，然后根据各部位的成品规格直接制图。

二、造型分割线变化

1. 造型分割设计

在两面构成和三面构成的外套结构的基础上，适当增加胸围和下摆围，减少收腰量，就能获得更加宽松、直线化的女外套造型（参见第四章“宽松式女西服”的纸样设计）。

外套门襟止口线的造型也可以视为特定的分割线，在前中线基础上增加叠门宽，常见的单排扣和双排扣造型对应的叠门宽度不同，也可以呈现斜线、曲线或不对称的门襟造型（参见第四章“双排扣戗驳领女西服”“两用领斜门襟外套”的纸样设计）。

在基本结构衣片的内部还可以按照造型进一步增加分割线，衣片缝合后的形态还原为基本衣身结构。女外套的造型分割结构往往结合不同面料或色彩的拼接，形成更多的设计变化。

2. 分割与纸样拼合设计

将外套基本结构进行分割后，把相邻的部分结构线进行纸样拼合，可以形成更丰富的衣身结构变化（参见第四章“腰线拼接的公主线外套”纸样设计）。基于整体衣身结构的概念，我们也可以认为三面构成的衣身结构是将两面构成外套进行纸样分割拼合而获得，相应的结构线设计更加灵活多变（参见第四章收褶的连身立领外套纸样设计）。

三、褶皱设计

女外套的褶皱设计一方面可以代替腰省起到收腰合体的效果，另一方面褶皱打开时形成局部的面料松量，增加活动量的同时形成立体化的装饰效果。褶皱结构设计时通常先完成基础纸样，然后根据造型需要进行相应的纸样剪切变化。

女外套的褶皱按照外观通常可以分为缩褶、定位褶和波浪褶，其形态设计和面料的性能密切相关，参见图1-5-1。轻薄柔软的面料适合采用自然缩褶，褶皱外观细密而形成局部膨出的立体装饰效果，适合应用于胸、肩、背等贴体受力部位。秋冬季外套常用

图1-5-1　女外套常见的褶皱形态

较厚重的面料，前身通常还需要整体烫烫黏合衬，更适合采用相对平整伏贴的定位褶，不受力时的定位褶裥收拢，随人体活动而自然打开形成局部的形态变化。波浪褶的下部为自然舒展的外翘形态，只适合应用于衣身底边、袖口、局部装饰的荷叶边等，适用的面料类型多样，缝合部位也可以增加缩褶（参见第四章“腰线拼接的公主线外套”纸样设计）。

四、口袋设计

女外套的口袋根据外观可以分为贴袋、插袋和挖袋三种类型，兼具造型装饰和实用功能。具有实用功能的口袋的袋口尺寸需大于人体掌围，袋口位置便于手部活动，通常位于前身侧面略低于腰线的位置，参见图1-5-2。

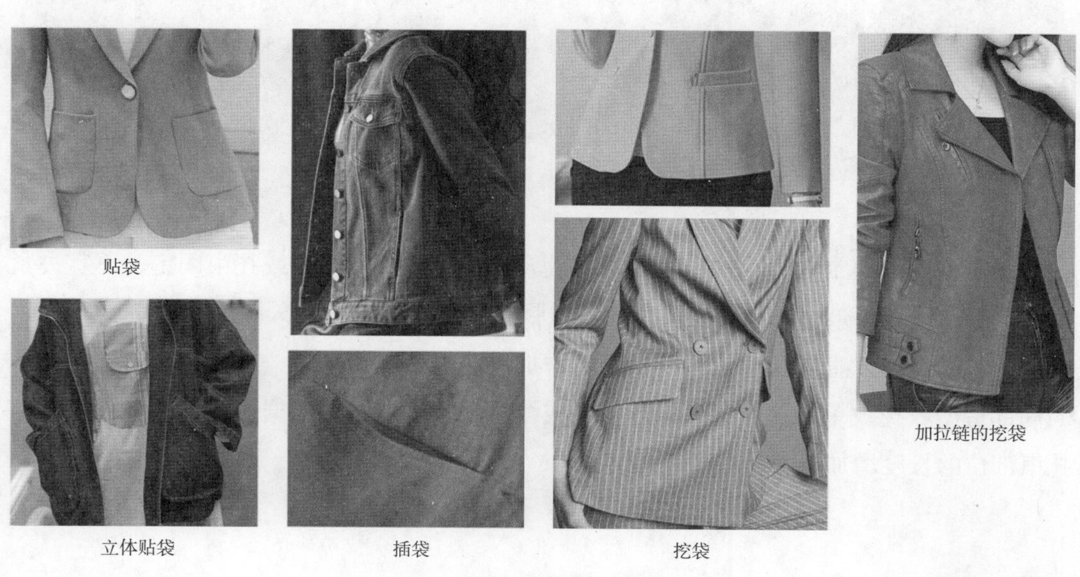

图1-5-2　女外套常见的口袋形态

贴袋、插袋和挖袋的缝制工艺各自不同，需要考虑服装面料和衣身整体造型而确定口袋的形态，也要考虑手臂活动方便、不易变形等实用功能性因素。女外套口袋的具体结构和纸样设计参见第四章女外套的纸样设计实例。

贴袋的造型简洁直观，可以呈现多种不同的形态，实用型贴袋的大小通常能容纳整个手掌。

插袋位于衣片的缝合线上，形态隐蔽而实用，可以添加袋盖、袋牌等加强装饰效果。

挖袋的缝制工艺复杂，外部仅呈现袋口开线的造型，平整美观，也可以添加袋盖、拉链等，内部加袋布满足实用功能。

五、襻带设计

女外套的襻带通常使用面料裁剪缝制而成，偏向于休闲风格的设计。襻带形态可以分为固定型襻带和单独襻带两大类，常用于腰部、肩部和底边等部位，兼具装饰性和调节长度功能，参见图1-5-3。女外套襻带的具体结构和纸样设计参见第四章、第五章纸样设计实例。

图1-5-3　女外套的襻带设计

固定型襻带通常将带子的一侧与衣身缝合，另一边采用纽扣或扎束固定，不宜过紧而使衣身变形，襻带主要起到装饰作用，对服装造型的影响不大。

单独襻带可以直接扎束也可以在一端添加硬质扣襻进行固定，束紧后可以起到明显的局部造型收拢效果，单独襻带穿过带襻或线襻固定于衣身，根据设计需要考虑垂挂和扎束部位的长度增加量。

项目练习：

收集女外套的衣身结构变化实例图片一组，结合服装风格类型，分析主要成品部位规格与人体的关系，观察外套的装饰性结构设计和衣身基本结构的关系。

第二章

女外套领的结构设计

女外套的领子造型多样，环绕包裹着脖颈部位，通常作为单独的部件和衣身缝合，领子前端可以与门襟组合形成各种造型变化。根据不同的外观形态和结构设计特点，女外套的领型主要分为领口领、立领、翻领、平领、驳领、连身领、连帽领等，其结构设计原理通常和同类型的衬衫领接近，而驳领是外套独有的、最具有代表性的造型和结构，也是本章学习的重点。

第一节 ｜ 外套领的分类和结构特点

导学问题：

1. 女外套的领型怎么分类？
2. 外套领的造型和功能与衬衫领有什么差异？
3. 外套领的结构设计与人体形态有什么关系？

女外套的领子接近于人体头部和面部，是上装中最容易吸引视觉关注的部位，外套领的设计既要考虑脸型、时尚等审美因素，又要考虑领子和颈部、肩部形态的关系，还要适合人体头颈部的活动规律，穿着舒适。本章讨论的外套领造型和结构有两种主要分类方式，各有不同的设计特点。

一、按照穿着状态分类的领型

外套领通常作为单独的部件环绕包裹于脖颈部位，领子的下口线与衣身领口缝合，领两端与衣身门里襟相连。根据衣领的两端在穿着时是否闭合，外套领可以分为关门领和开门领两大类，参见图2-1-1。

图2-1-1　按照穿着状态分类的领型

关门领的衣身门襟开口位置较高，靠近或高于锁骨窝，穿着时前领的两端交叠或并拢固定，造型包括立领、翻领等，风格庄重典雅。关门领造型受到人体颈部形态的影响较大，衣身的领口设计通常接近人体颈根围位置，衣领的长度、宽度和曲度都有一定的限制。

开门领的衣身开口位置较低，穿着时前领上部敞开，显露脖颈或者内衬的服装，典型造型有驳领和开口较低的平领等。开门领的开口形态以V型为主，自然贴体，穿着舒适活动便利。开门领的衣身领口设计通常不需要紧贴人体颈根围，受到人体颈部形态的限制较小，衣领的造型变化更加丰富。

二、按照基本结构分类的领型

外套的领口领造型由衣身领口线形态而确定，和衬衫领口领的结构设计方式基本相同，但需要考虑内穿服装的厚度和领部造型的影响，对领口的制图尺寸进行微调。

作为单独结构部件而存在时，外套领可以分为立领、翻领、平领、驳领、连身领、连帽领等不同类型，每种领型的结构设计原理不同，形态多样，是外套领结构设计的主要分类方式，参见图2-1-2。

1. 立领

直立环绕颈部的领型，呈现紧贴颈部或略宽松的形态，造型简洁挺拔，保暖性好。立领属于关门领，由于外套的面料和衬垫材料相对硬挺，外套的立领通常比衬衫立领更加宽松，确保领子闭合后穿着舒适。

2. 翻领

由领座和翻领两部分组成，领座向上直立贴颈，翻领在领座外侧，造型变化多样。翻领可以分为翻立领和连体翻领两种类型，与衬衫翻领的结构设计原理相似，其中风衣的两用翻领是最具特色的典型结构。

3. 平领

仅有翻领造型，基本无领座，领口线的位置和形态设计受限制较少。外套的平领结构设计方法与衬衫平领接近，由于面料相对硬挺难以自然下垂，领宽度通常不宜过宽。

4. 驳领

也称为翻驳领，由衣身翻折的驳头和翻领共同组成，翻领又包括领座和翻领两部分。驳领属于开门领，造型变化丰富，结构复杂，是外套领中最具有代表性的结构，也是本章学习的重点。

5. 连帽领

领型呈现帽子的形态，既可以作为装饰也具有保暖挡风的实用功能，其结构设计受到人体头部尺寸和头颈部活动方式的限制。

6. 连身领

衣身与领口局部或整体相连，呈现贴合颈部的立领或下翻的翻领造型，领结构受到衣身和人体形态的影响较大，主要通过收省或局部分割达到颈部的合体效果。

图2-1-2　按照基本结构分类的领型

三、外套领的结构特点

因为衣领下部的领底线和衣身领口缝合，所以衣领结构设计既要考虑衣身领口的位置和形态，也需要考虑领子缝合后穿着的立体形态，不同造型的衣领结构设计原理有明显差异。本节主要讨论立领、翻领、平领等和衬衫领相似的领型，分析其结构设计要素，驳领和连身领的结构设计较为复杂，将在后面两小节中进行单独分析。

1. 衣身领口与衣领造型

衣身的领口也称为领窝，主要涉及领宽、领深的尺寸和领口弧线的形态，前后身拼合后通常形成圆顺的领口弧线，如图2-1-3。原型的领口弧线理论上与人体颈根围一致，可以采用适当调整原型领宽、领深和领口弧线的方式，较直观的获得造型所需要的衣身领口线形态。

领口领的造型设计自由，结构相对简单，外套领口采用原型法制图时通常需要加大前、后领宽，同时考虑内外层衣领的组合搭配（参见《服装结构设计　基础篇》中的衬衫领口领结构设计）。

立领、翻领等造型贴合颈部，衣身的后领深与原型接近，前领口线可以适当降低。考虑到内部穿着的服装厚度，领宽通常比原型增加0.5~1cm，领口弧线的形态和原型领弧线接近。

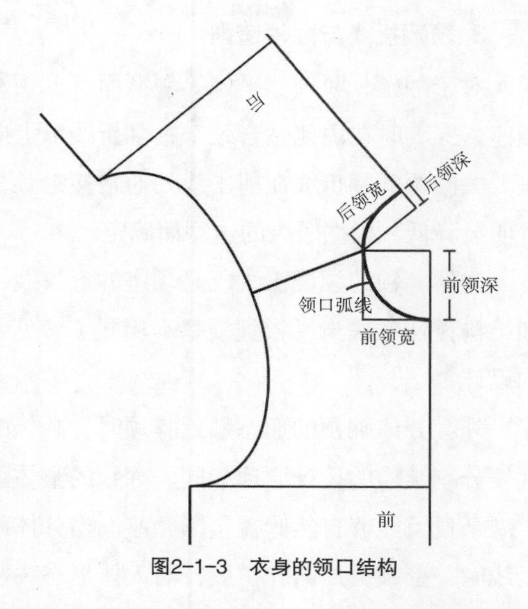

图2-1-3 衣身的领口结构

平领、连帽领等造型远离脖颈，领口形态的设计更为自由。由于外套面料较为厚重，领口不宜在活动时有明显变形，领宽加大时通常不超过肩幅宽度的1/3，使肩线前后受力均衡稳定。后领宽通常大于前领宽0.3~1cm，缝合后的领口更加伏贴。由于平领外套的脖颈部位完全袒露，必须考虑内穿服装的领型搭配，常用于披肩领、荷叶边领等造型风格突出的领造型。

2. 领座结构与人体的颈部形态

外套领穿着时呈直立状态的部位即为领座，也称为底领。根据衣领与人体颈部的相对位置不同，领座的高度、长度和曲线形态有不同形态。

中式立领等紧贴脖颈的领座，领长度与颈根围接近，后中线高度通常不超过后颈长度的2/3，前领高度与后领高度一致或适当减小，领底弧线呈上翘的曲线，前领上口不完全封闭或设计为圆角，确保低头时活动方便（参见《服装结构设计　基础篇》中的衬衫立领结构设计）。

休闲类外套常用的宽松式立领远离脖颈，领口的领宽明显加宽，而领深与原型接近，领高度通常不超过下颌，前后领中线高度相似。领底弧线呈直线或略上翘的曲线，领口两边使用拉链或纽扣完全固定，保暖防风，借助面辅料的硬挺度而保持向上直立的造型（参见第五章“立领裙式大衣”的纸样设计）。

翻领的后领座贴近脖颈，前身无领座或低领座，后身领座高度不超过后颈长度的1/2，领底弧线呈下翘或两头上翘的曲线（参见第四章翻领小香风外套的纸样设计）。

平领的后领座高度与领造型和脖颈形态无关，通常小于或等于1.2cm，主要用于解决领面和领底的内外层厚度势差，防止领底缝头外露。制图时将前后领口弧线拼合，后中线直接加领座高即可，注意领底弧线圆顺，与衣身领口弧线的长度相等（参见《服装结构设计　基础篇》中的平领结构设计）。

3. 领翻折线与翻领造型

对于翻领、驳领、平领等领型而言，领翻折线呈现自然下弯的弧线，翻折线以下为领座，穿着时在内侧贴合颈部；翻折线以上向外扩展的部位即为翻领，穿着时位于领外侧。关门领的翻折线在前中线处通常接近颈根围位置，驳领等开门领的翻折线在前身位置明显降低，根据驳头的造型而确定。

连体翻领的领翻折线既是领座的上口线，同时也是翻领的下口线，外套翻领的造型和结构设计方法与衬衫翻领基本相同（参见《服装结构设计　基础篇》中的衬衫翻领结构设计）。

外套分体翻领的形态贴近脖颈时，翻领的下口线弧度略大于领座上口弧度，与连体翻领分割结构的设计原理相同。翻领的整体弧度与领座相似而略大，使领外口有适当的扩展余量，能够自然遮盖包围领座。当分体翻领的翻领下口弧线弯度明显大于领座上口弧线时，翻领更加向外扩展，与人体形态关联不大（参见第五章插肩袖堑壕风衣的纸样设计）。

4. 领座的工艺分割

由于外套的面料通常较厚，连体翻领翻折后的内外层势差明显，容易造成后领部外翘，领子和脖颈的空隙较大而不够伏帖，因而连体翻领在进行纸样设计时常对领座和翻领部分做进一步的工艺分割处理，使领子穿着时更加合体，保型性更好，如图2-1-4。

（1）在领翻折线下方0.5~1cm处设置分割线，将连体翻领分为领座和翻领两部分。

（2）将领座的上口线剪切折叠，翻领的下口线剪切折叠，使分割线的长度适当缩短，剪切位置主要位于后领侧面，领底弧长和领外口线的长度不变。

（3）将弧线画顺形成各自独立的领座和翻领纸样，领座采用横纱或斜纱。分割线缝合后的缝头常用明线缉缝固定，可以对领子的翻折线形成一定支撑，使领座保持直立不易变形。

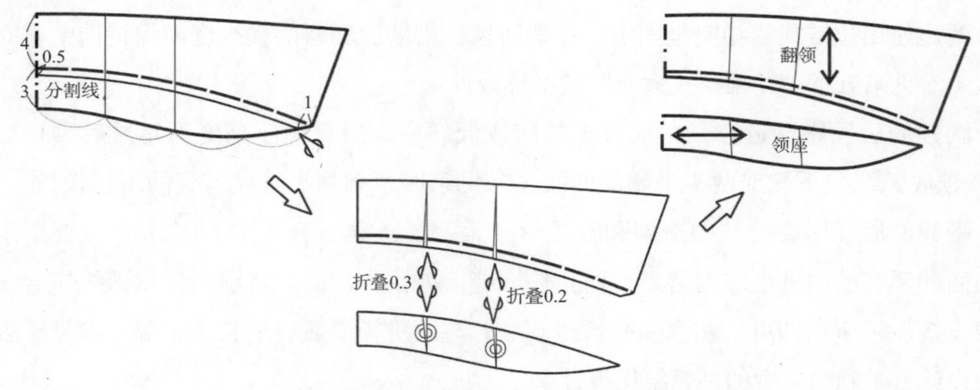

图2-1-4　连体翻领的分割结构设计

第二节 | 驳领的结构设计

导学问题：

1. 驳领的撇胸量有什么作用？
2. 驳领的翻折线怎么确定？
3. 驳领的前身造型根据什么确定？
4. 翻领倒伏量有什么作用？

一、驳领的基本结构

驳领也称为“翻驳领”“西服领”，属于开门领，由衣身翻折形成的驳头和围绕颈部的翻领共同组成。由于驳领开口较低，翻折线较长，必须在内侧加以挂面，制作工艺复杂，合体定型要求较高，因而多用于西服等工艺较为考究的外套设计。

驳领的造型变化多样，常见的有平驳领、戗驳领、青果领等。其中平驳领作为标准西服领，是最具有代表性的驳领形态，其基本造型和主要结构部位的名称如图2-2-1。

驳头的造型主要由三条线确定：驳头翻折线（也称为驳口线）与领翻折线相连形成圆顺的弧线；串口线与领底弧线相连构成衣身的领窝；驳头外口线决定了驳头的宽度和曲线，组合后形成各种不同的驳头造型。

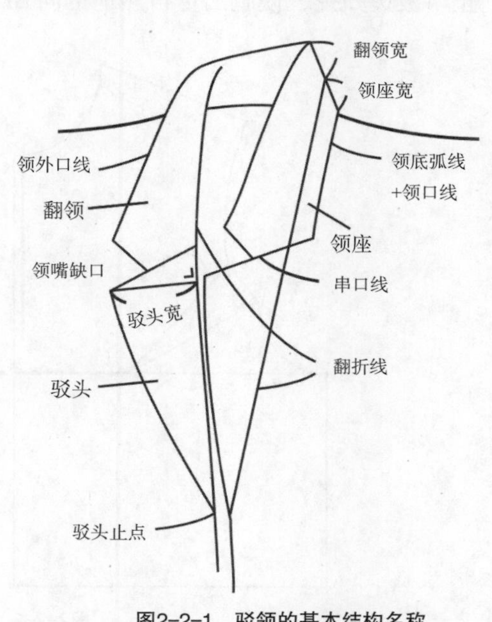

图2-2-1 驳领的基本结构名称

驳领上部的翻领为领座和与翻领相连的连体翻领组成。领部内侧的面料称为“领底”，与衣身领口缝合；翻折后露在正面的外层面料称为“领面”，与衣身挂面缝合后，共同构成驳领的造型外观。

二、前衣身的撇胸量设计

当我们观察人体时可以看到，人体从胸高至颈根处有一个倾斜的坡度，如果把

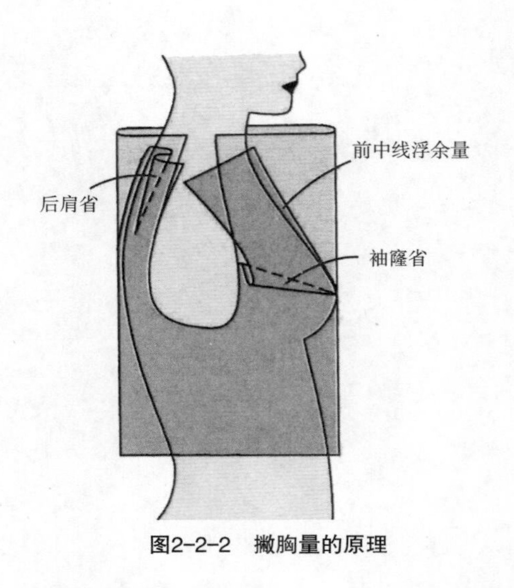

图2-2-2　撇胸量的原理

面料水平包裹覆盖于人体胸部时，领口前中心线部分会出现多余的面料浮余量，如图2-2-2。

在大部分女装中，前中线的浮余量可以作为松量保留在前片，面料垂落受力时自然贴合人体胸部，但这也容易造成前中底摆外翘。对于合体西服的驳领造型而言，翻领部位贴合脖颈，驳头开门领的造型使左右两侧的面料无法受力收拢，因此，只有将前中浮余部分的面料剪去，同时前中线长度适当增加，才能使驳领贴体平服。剪去的前中线浮余量即为“撇胸量”，也称为“撇门量”，进行驳领制图时可以通过纸样的省道转移减去撇胸量，也可以直接增加前领宽和肩宽来设定对应的撇胸量。

前中线收撇胸量的结构设计方法最初来源于男装，更适合男性胸廓饱满、均匀凸起的体型特征，形成平整挺括的外观曲线。女装的胸凸设计主要通过袖窿省、腰省来强化曲线形态，撇胸设计和BP点无关，主要用于避免驳领外套的前胸上部浮空。

撇胸设计的结构制图方法参见图2-2-3，可以视为将胸省的一部分转移到前中线上，使前中线倾斜、长度增加。女西服的撇胸量一般从前中线取0.5~1cm，缝合时将前门襟止口熨烫归拢，使胸凸量自然地推向BP点。

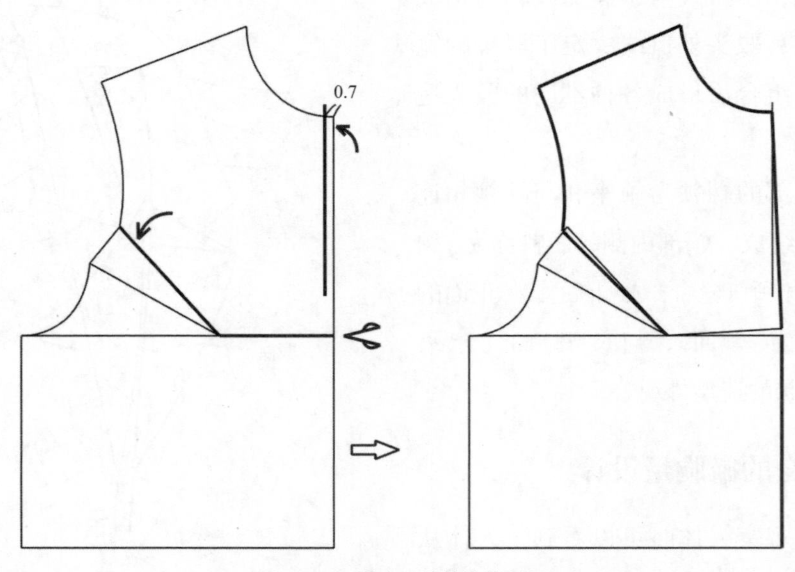

图2-2-3　撇胸设计的结构制图

三、衣身驳头的结构设计

1. 翻折线（图2-2-4）

驳领的前身翻折线通常呈直线形态，下方与衣身的止口线相交处为驳头止点，上方在肩线附近紧贴人体颈侧，侧颈部位的领座高度与后中线领座高度接近。制图步骤如下：

（1）在衣身前中线基础上，根据造型确定止口宽和驳头止点位置。

（2）从衣身肩线的侧颈点（转移撇胸量后适当加宽），根据翻折线的垂线方向取后领座高度-0.5cm，作为前领翻折线在肩部受力的定位点。

（3）直线连接驳头止点和前领翻折线定位点，确定领翻折线（驳折线）。

2. 驳头和领角的造型

根据造型设计需要确定正面观察所见的驳头和领角造型轮廓线，然后沿领翻折线进行镜像翻转，获得与止口线相连的驳头外口线和串口线外侧位置。

3. 领窝结构

适当延长串口线，使前领座高度略小于后中领座高度，串口线与衣身肩线侧颈点相连，确定折角形态的领窝结构。翻折线内部的串口线和领口线形态不影响外观，可以自由调整，当领口线的斜度与驳折线斜度接近时，制作时较平整美观。

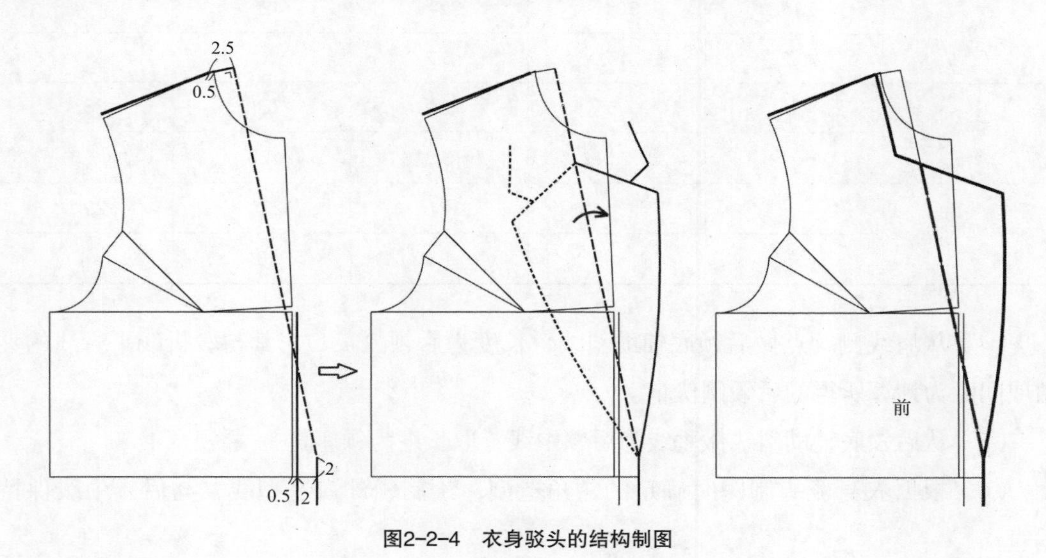

图2-2-4　衣身驳头的结构制图

四、翻领的结构设计

驳领上部的翻领有两种结构设计方法，所获得的领造型基本相同。

第一种方法在领底弧线位置增加翻领倒伏量，此方法操作简便，可以在平面制图中直接完成衣领的结构纸样，适用于翻领倒伏量变化不大，领宽度为常规尺寸的驳领造型。

第二种方法需要先绘制后领外口线的模拟造型，估测领外口尺寸，然后采用纸样剪切的方法获得衣领的结构纸样。此方法制图较复杂，适用于造型变化较大的驳领。

1. 增加后领倒伏量的驳领制图（图2-2-5）

（1）首先完成衣身的制图，适当延长驳折线，测量后领弧长。

（2）在衣身前片基础上，从侧颈点向上做驳折线的平行线，长度为后领弧长○。

（3）后领倒伏量计算：将后领底缝向下倾倒，可以使领底缝和翻折线形成下翘的弧线，倾倒量越大，领子的外口线越长，领座和翻领之间分离的角度越大。后领倾倒的量即为“倒伏量”，倒伏量可以用间距尺寸来制图，也可以采用夹角角度制图。由于各种造型的倒伏量计算方法较为复杂，本书直接给出常用驳领造型所对应的倒伏量参考数据，参见表2-2-1。

表2-2-1　常规驳领的倒伏量和夹角角度参考数据表　单位：cm

领座宽（cm）	翻领宽				
	3	4	5	6	7
2	23°	30°	37°	42°	
	3.2	4.2	5.2	6	
3		17.5°	25°	32°	38°
		2.5	3.5	4.5	5.5
4			12°	21°	29°
			1.8	3	4

（4）从肩线侧颈点做后领底辅助斜线，长度为后领弧长○，其与驳折线平行线的夹角或间距为计算所得的后领倒伏量。

（5）从后领底辅助斜线做垂线为后领中线，取长度为领座宽3+翻领宽4。

（6）根据衣身驳头制图时确定的领角造型，绘制领外口造型线，与后领中线保持垂直。

（7）绘制领底弧线，在衣身肩线处重叠约0.5cm，与后领中线保持垂直；领底弧线长度略短于领口尺寸，绱领时吃缝量主要分布在侧颈部位。

（8）绘制翻领的翻折线，与后领中线保持垂直，肩线以上的领座宽度基本不变，与衣身上的驳头翻折线自然连接顺服。

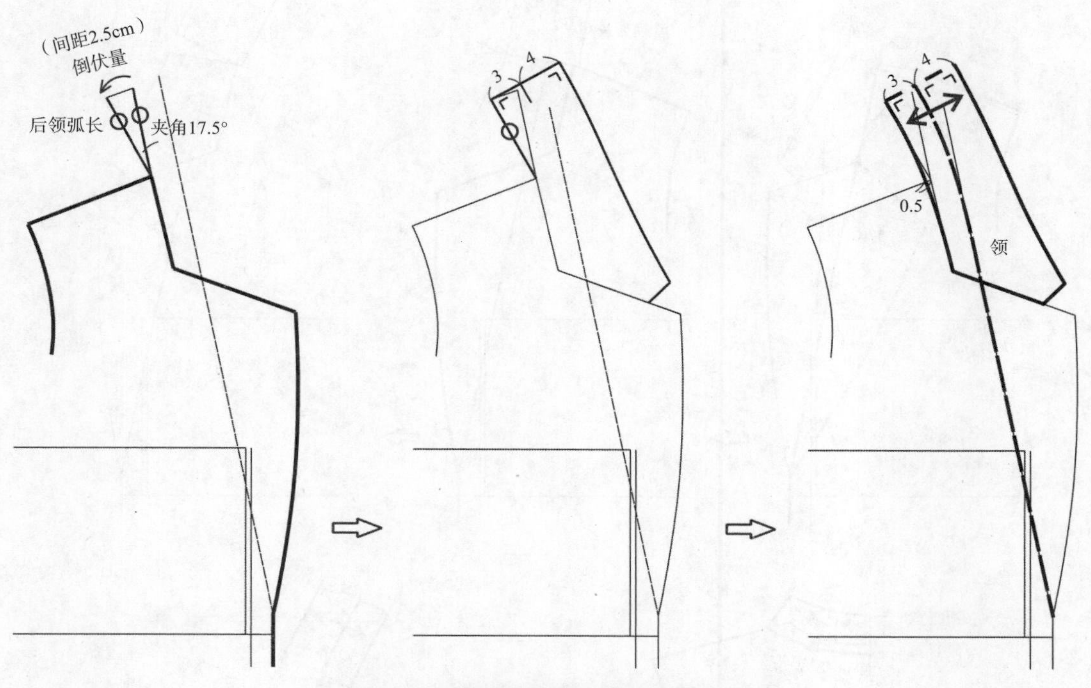

图2-2-5　根据后领倒伏量设计的驳领结构制图

2. 切展领外口长度的驳领制图（图2-2-6）

（1）在后片基础上绘制后领造型的模拟形态，分别测量后领口弧长○、后领外口线弧长●。

（2）在前片基础上绘制前领造型的模拟形态，测量前领外口线的弧长∅，延长驳头翻折线，以驳折线为对称轴进行镜像翻转，确定驳头和领外口的造型轮廓线。

（3）延长串口线，绘制前领窝折线，连接前领外口线端点与肩线侧颈点。

（4）从前翻折线对齐开始做长方形，高度为后领口弧长○，宽度为领座宽3+翻领宽4。

（5）从侧颈点的拼合位置剪开纸样，增加领外口长度至后领外口线弧长●。

（6）按照切展后的纸样位置确定后领中线。

（7）绘制领底弧线、领外口弧线、领翻折线，都和后领中线保持垂直。

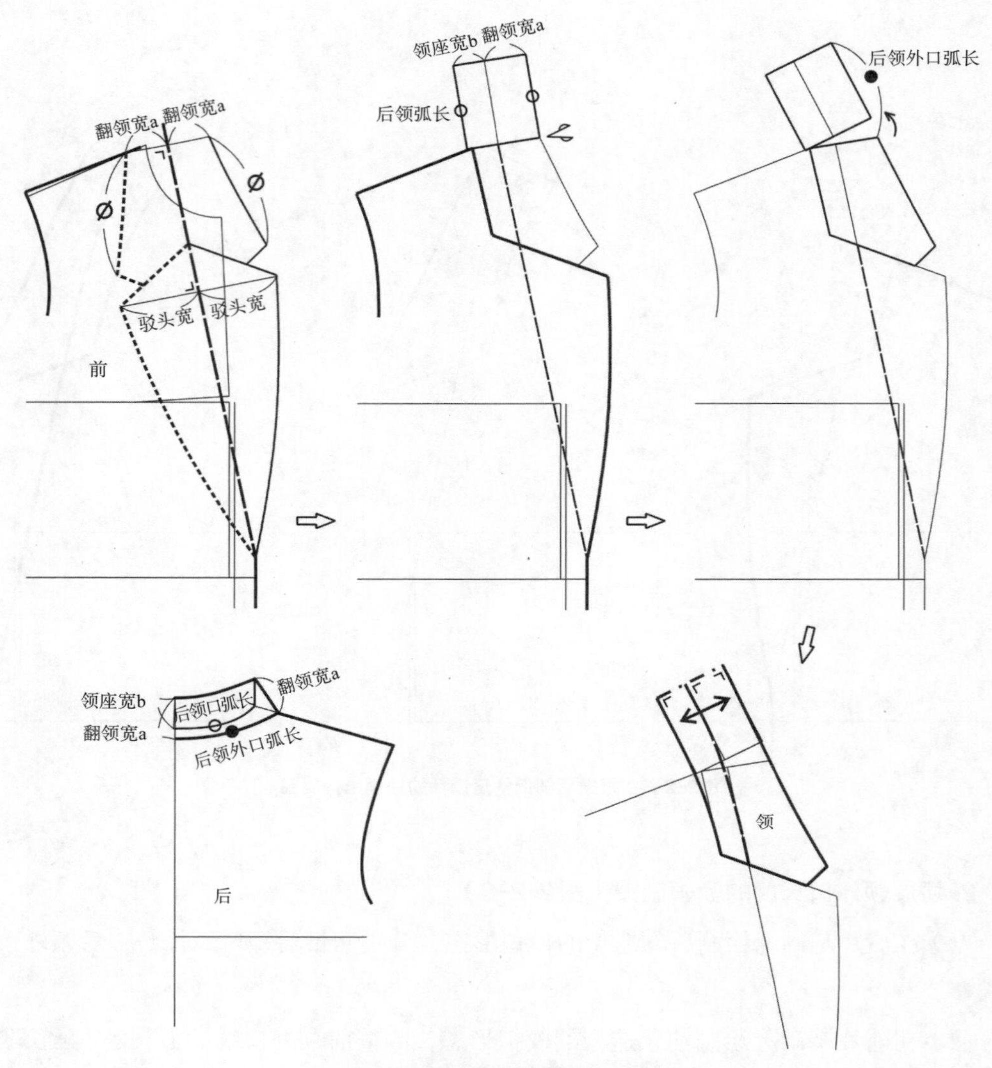

图2-2-6　领外口切展的驳领结构制图

五、驳领造型的变化与结构设计

驳领的造型变化主要涉及翻折线、串口线、驳头宽、驳头外口线、前领外口线等结构要素，由于驳领的合体度要求较高，经典领型的造型变化形态相对固定，常见的驳领造型变化和结构设计主要考虑到以下几个方面的因素：

1. 翻折线的形态变化

无论驳领采用什么造型，翻折线的肩部位置变化不大，都需要在侧颈部位紧贴颈部，因而根据后领座的高度而确定翻折线肩部位置。翻驳领的后中线领座高通常为2~4cm，考虑领底弧线与肩线的交叠量，侧颈翻折线的定位点通常取后领宽−0.5cm，使衣领和驳头翻折后贴体顺直，前身的领角和驳头更接近于平面造型。

门襟止口的宽度和驳头止点位置共同决定了翻折线的倾斜角度，左右衣片叠合量越大时，驳口线的倾斜角度越大，双排扣的翻折线倾斜角度通常大于单排扣。翻折线的倾斜角度越大，则靠近侧领的位置越宽松，同时翻领向外扩展，倾斜角度越小则领翻折线越贴合颈部。

对于常规服装而言，驳头止点即为第一粒纽扣的高度位置。通常一粒扣外套的驳头止点位于腰围线附近，两粒扣外套的上扣位置略高于腰线，两粒扣间距不宜过大；三粒扣外套的驳头止点与胸围线大致保持水平；四粒扣外套的驳头止点略高于人体胸围线位置。

2. 平驳领的结构设计

平驳领的衣身领口可以是弧线形态也可以是折线形态，因而驳领串口线造型通常呈现下倾的斜线形态。串口线的形态直接影响驳领的造型比例，串口线位置越低则翻领越长、驳头越短，串口线位置越高则翻领越短、驳头越长，参见图2-2-7。串口线与翻折线的交点最高不宜超过原型直开领的1/2，否则前领过短容易造成领翻折时受力不均衡向外翘起。

驳头宽度和外口线造型几乎不涉及合体功能，主要根据流行时尚影响而变化，驳头宽通常为5~10cm，外口线可以自由设计为直线、曲线、折线等不同形态。

翻领造型受到颈部合体功能限制，后中线翻领宽通常为3.5~5cm，经典平驳领的前领角和驳头角呈现“八字形”缺口，领嘴缺口的角度通常为60°~90°，翻折线外露的串口线长度＞驳头角长度＞领角长度，使领角穿着时受力均衡不易变形。

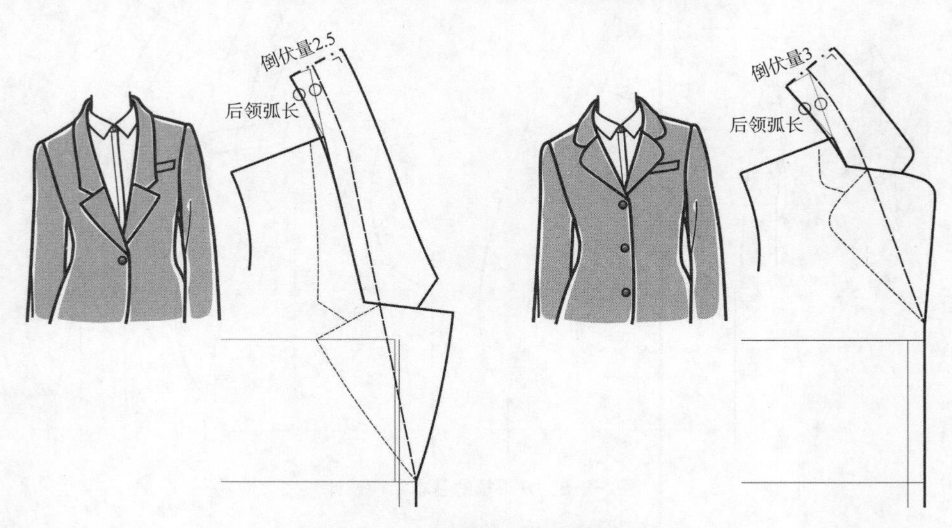

图2-2-7　平驳领的造型和结构变化

3. 戗驳领的结构设计

戗驳领造型最初来源于男士正装燕尾服的领型，比平驳领显得更加正式而偏男性化，其基本造型和结构制图参见第四章“双排扣戗驳领女西服”的纸样设计。

经典戗驳领经常搭配双排扣门襟，当领串口线高度相同时，双排扣设计比单排扣所形成的翻折线和驳头更长，翻领和驳头的比例更容易达到视觉平衡。通常而言，驳头角延伸的长度不宜超过领角宽度的1/2，使驳头角受力均衡不易变形。

除了改变驳头造型以外，由于戗驳领的领角与驳头角固定后没有了领嘴缺口，戗驳领的领外口活动余量比平驳领相对减少，因而需要适当增加领外口线长度或领底倒伏量，否则领部容易上拥起皱。

4. 青果领的结构设计

青果领也称为“丝瓜领”，驳头和领面相连为一体，外观没有串口线分割，领外口线呈现流畅的整体曲线。低开口的青果领起源于绅士吸烟装，领型合体平整，适合用于优雅精致的日间礼服外套。开口较高的青果领造型更接近于连翻驳领（参见第三节连翻驳领的结构设计），翻折线的弧度较大，穿着时在侧颈处不完全贴合颈部，结构设计更加灵活。

青果领的基本结构设计和平驳领相似，前领外口线和驳头造型连接圆顺，领底倒伏量适当加大从而提供更多的领外口线活动量，如图2-2-8。青果领的工艺样板和缝制工艺比平驳领复杂，挂面形态与平驳领不同，适合采用中等厚度、塑形性较好的面料制作，如果有衬里时还需要将领底缝和衣身肩线的重叠量补足到里料。

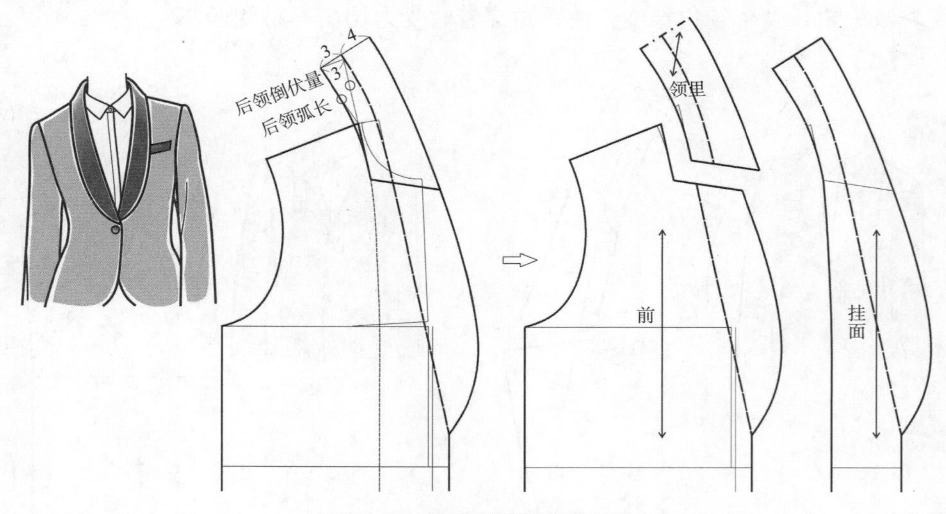

图2-2-8　青果领的基本结构设计

5. 曲线驳领的结构设计

当驳领的开口较高时，驳头内侧的翻折线有时可以设计为曲线，与领子的翻折线连接后形成流畅的弧线形态。曲线驳领的领口敞开V型部分比直线形态扩大，从而更容易吸引视线，可以强调女性胸部丰满性感之美。曲线驳领的结构设计如图2-2-9。

（1）按照一般的驳领结构确定翻折线肩点和驳领下口止点位置，连直线。

（2）在衣身正面按照造型确定曲线翻折线、串口线、驳头外口和前领外口造型线。

（3）肩线以上拼接后翻领基本呈方形，将肩侧和后领纸样适当切展，使后领外口弧长增加（参见图2-2-6，可根据面料性能适当调整切展量）和前身连接并画顺领外口造型线和领翻折线。

（4）后中线从翻折线延长取领座宽，领底弧线与后中线垂直，延伸至驳头止点画顺。

（5）以驳领的翻折曲线为对称轴，衣身减去相应的领座量，确定衣身的领口线分割位置。

（6）分别绘制前衣片、驳头、领子的净样板，驳头的经纱方向与翻折线方向基本一致。

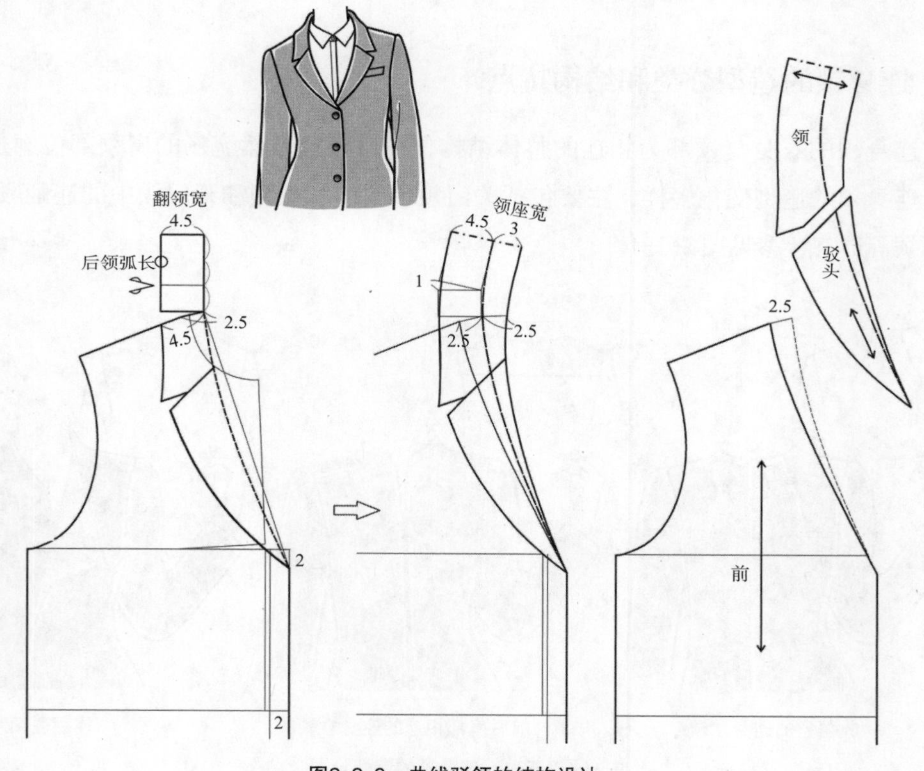

图2-2-9　曲线驳领的结构设计

项目练习：

收集立领、翻领、平领、驳领、连身领女外套的实物，对领型进行分类，分析衣领和衣身的结构组合方式，注意不同面料和制作工艺对结构设计的影响。

第三节 ｜ 连身领和连帽领的结构设计

导学问题：

1. 连身领与人体的脖颈形态有什么关系？

2. 连帽领的结构与头部的哪些尺寸有关系？

一、连身领的造型分类和结构特点

连身领的衣身与领部为相连的整体结构，可以塑造自然流畅的肩领部位廓形曲线，外套连身领的造型变化多样，主要包括关门领中的连身立领和开门领中的连翻驳领、连身翻领等形态，参见图2-3-1。

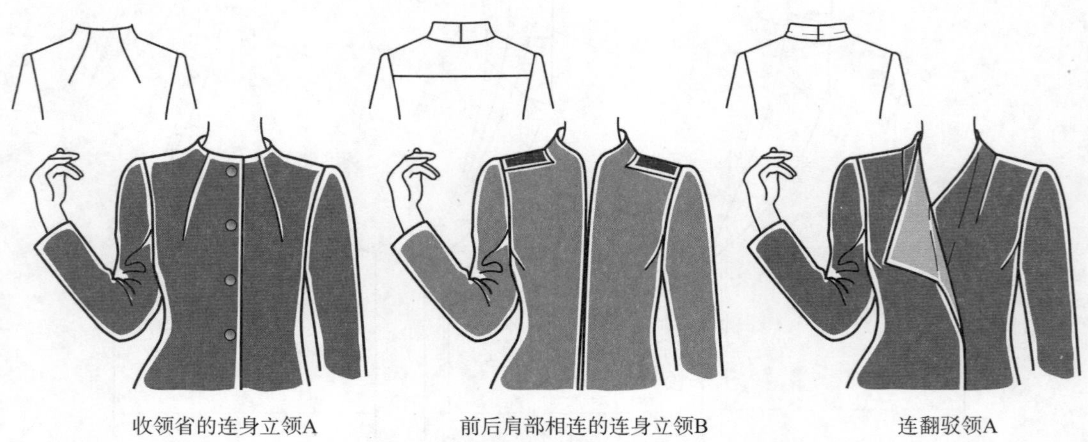

图2-3-1　连身领的造型分类

连身领的结构需要同时满足人体躯干立方体到颈部圆柱体的形态变化，必须通过收省、局部分割、收褶裥等结构形成适当的曲面造型，不同面料所形成的外观形态差异较大，很难做到高度合体。另一方面连身领的缝制工艺较为复杂，外层领面和内层领底的结构往往不同，所以很少用于衬衫，更适合用于面辅料较为厚实挺括的女外套。

二、连身立领的结构设计

连身立领的衣身上部和领部整体贴近人体，自然包裹颈部，立领高度不宜过高，领口相对加大则更加舒适。连身立领的结构设计有两种基本方法：

1. 收领省的连身立领制图

前后片分别加领座和领省形成的造型如图2-3-1连身立领A，制图步骤参见图2-3-2。

（1）将原型领口适当加大，做前、后领口的辅助设计弧线。

（2）从前、后片分别增加立领的领座高度，根据前领造型确定止口线。

（3）根据造型绘制前、后领省的剪切辅助线，前片至BP点，后片至原型肩省尖点。

（4）将原型后肩省部分转移至领口，领口辅助线收省量≤1.8cm，领口两边各增补0.3cm。

（5）将原型前袖窿省部分转移至前领口，领口辅助线收省量≤4cm，领口两边各增补0.5cm，领省尖点距离BP点5~7cm，省道两边长度相等。

（6）拷贝前、后领口辅助线以上的领部纸样，肩线拼合，在前、后领省剪切位置增加相应的省道增补量，将弧线修正圆顺，即可获得领里纸样。

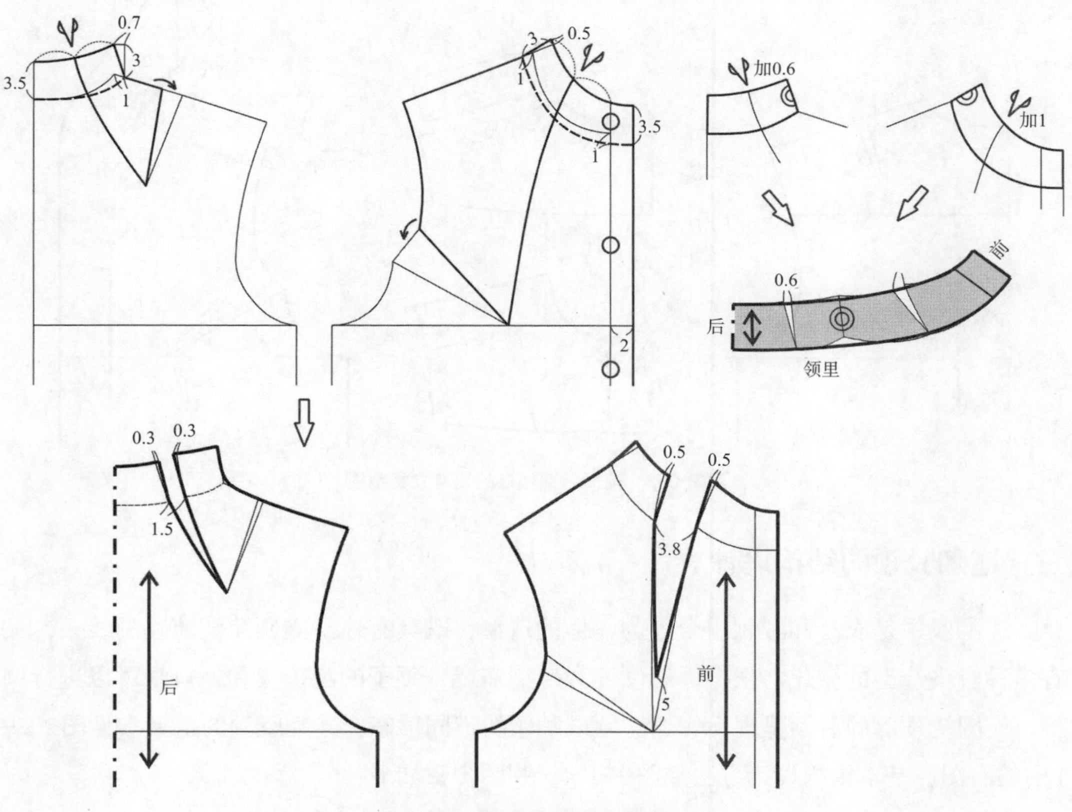

图2-3-2 收领省的连身立领制图

2. 前后肩部相连的连身立领制图

前身加立领并延伸到后中所形成的造型如图2–3–1连身立领B，制图步骤参见图2–3–3。

（1）将原型领口的横开领适当加大，做前、后领口的辅助设计弧线。

（2）根据造型确定前、后肩部的分割线位置，绘制后片纸样轮廓线。

（3）育克：将后肩省的1/2转移至分割线袖窿位置，与前肩分割后的纸样拼合，重新画顺领口和袖窿弧线，绘制前后肩部相连的育克纸样轮廓线。

（4）从原型侧颈点取1.5~3cm作为领底倒伏量，倒伏量越大则领口越宽松，倒伏量越小则领口越贴颈。过倒伏量位置与前领分割线交点相连，与弧线连接圆顺并延长育克的领弧长●+○。

（5）做垂线取后领中线宽5.5cm，按照中式立领造型画顺领外口弧线，后领宽度基本不变，完成与领部相连的前片纸样轮廓线。

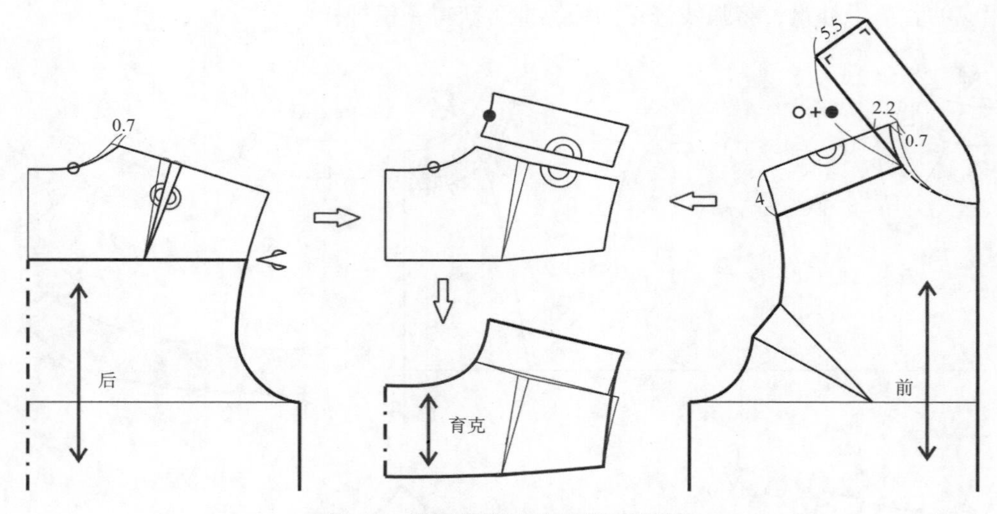

图2–3–3　前后肩部相连的连身立领制图

三、连翻驳领的结构设计

连翻驳领是衣身和驳领组合连为一体的造型，既具有连身立领简洁流畅的线条，又有多种驳头造型的变化。根据面料硬度和造型需要，领子的翻折线和外口线可以进行调整，使围绕颈部的后领呈现无领、立领或翻领的不同形态。连翻驳领的造型参见图2–3–1中的右图，基本结构设计方法如图2–3–4，制图步骤如下：

（1）将原型的横开领加大0.5~0.8cm，确定后领口弧线，测量后领弧长○。

（2）前片肩部延长3.5cm作为侧颈向上的立领高度，根据造型确定前止口线叠门宽度和驳头止点，与肩线延长线连接为领翻折线A位置（对应后领完全竖立的造型）。

（3）在肩线延长线上取侧颈领宽共5.5cm，与BP点相连确定省道转移的辅助线。

（4）将原型袖窿省部分转移至肩部辅助线，转移后的肩省宽度2~3cm。

（5）以领翻折线为对称轴，镜像对称确定衣身驳头的止口线造型。

（6）在肩线以上拼接后领基本结构，长度为后领弧长○，宽度为领宽5.5cm。

（7）领省方向接近领底缝的延长线位置，省道长度12~20cm，使省尖点位于驳头翻折造型以内，省道两边长度相等，修正后确定前肩线。

（8）在肩线处切展，增加领外口线松量1~2cm，所增加的松量越大则领口约宽松，画顺领外口线，完成与领部相连的前片轮廓线。

（9）将后领中线高度分为领座和翻领两部分，翻领宽减去领座宽大于等于1cm，绘制领翻折线B位置（对应后领呈翻领的造型，同时将前领的翻折线适当下移）。

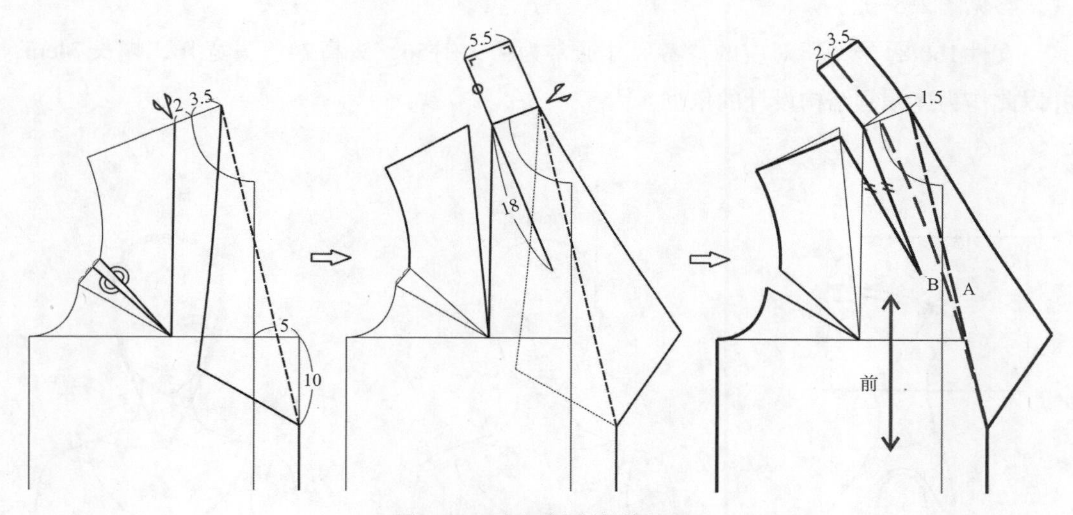

图2-3-4 连翻驳领的结构制图

四、连帽领的结构设计

1. 连帽领的造型与人体

连帽领也称为“帽领”“连身帽”，帽子和衣身领口固定，帽子向上拉起遮盖头部时具有保暖防风的功能，帽子自然垂落于后背时也有一定的装饰效果，是偏向于户外休闲风格的设计。连帽领的造型可以分为合体式和宽松式两大类，帽子可以和领口直接缝合，也可以用纽扣或拉链固定成为可脱卸的设计，主要造型参见图2-3-5。

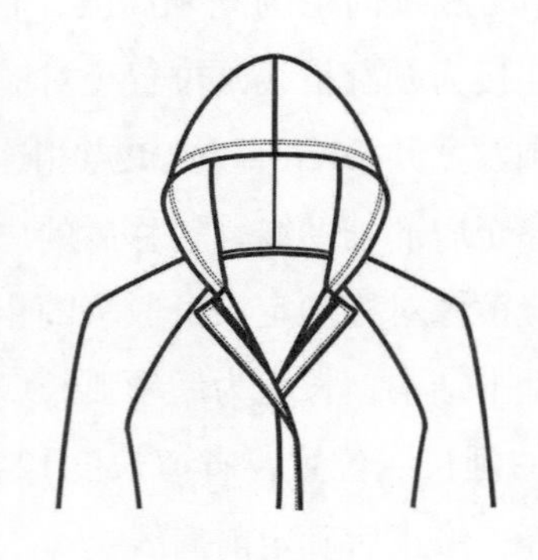
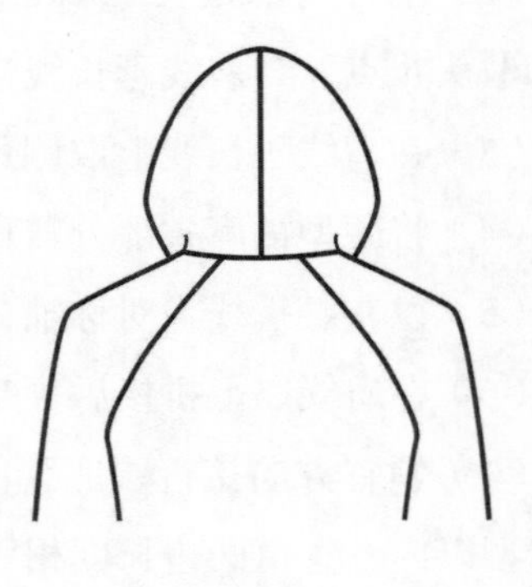

图2-3-5　连帽领的基本造型

对于具有实用功能的连帽领而言，人体头部形态是确定领造型和结构设计的基础，涉及到头围、头高、头宽等人体测量尺寸，因而也可以直接在人体上测量基本帽长尺寸，参见图2-3-6。

女性160/84号型所对应的参考尺寸通常为：头围56，头高24，头宽16，帽长74cm，并以此作为连帽领结构设计的依据。

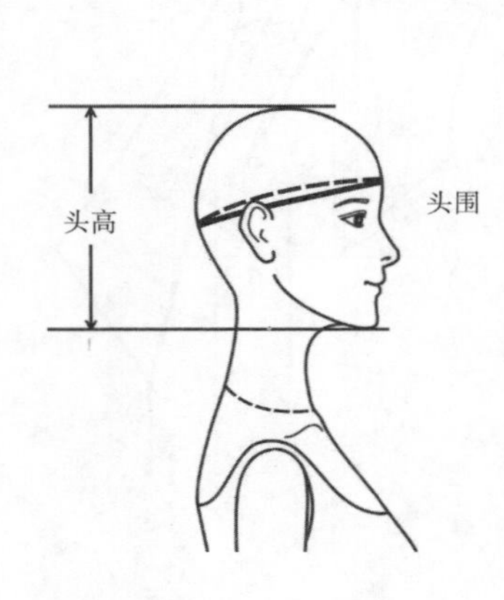

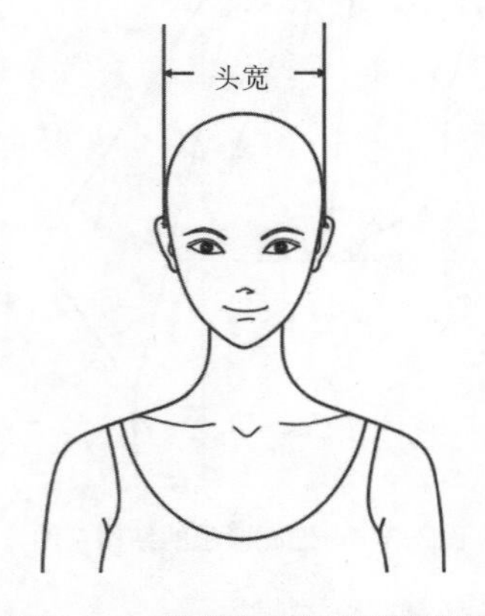

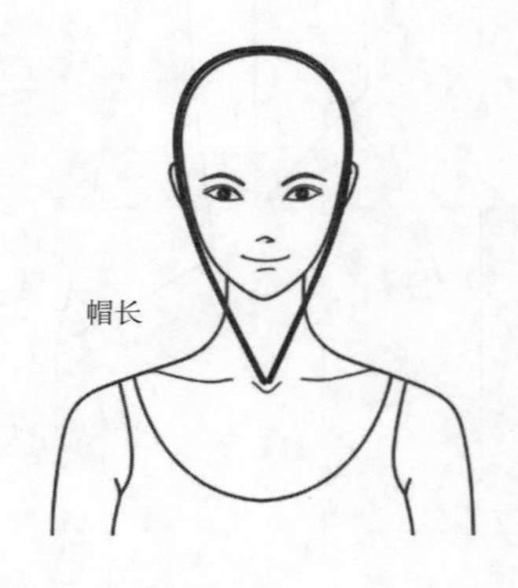

图2-3-6　连帽领对应的测量部位

2. 连帽领的基本结构制图

连帽领的分割结构主要有两片式和三片式两种形式，基本结构制图通常为较合体的两片式造型，如图2-3-7（三片式连帽领的结构参见第五章“落肩连帽短大衣”的纸样设计）。

（1）将原型领口适当加大，横开领加0.5~1.2cm，确定前、后衣身的领口弧线，测量前领口弧长●，后领弧长○。

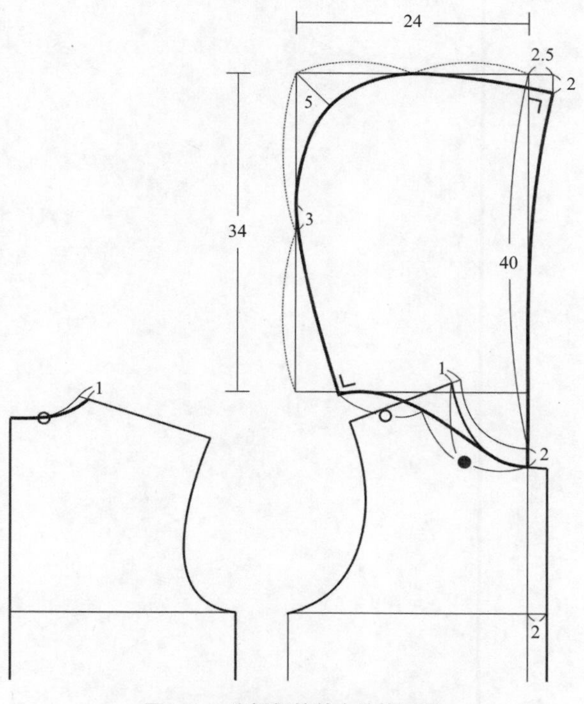

图2-3-7 连帽领的基本结构制图

（2）前中线从原型领口处向上延长，取前中长度=帽长/2+造型松量2~3cm。

（3）取帽宽=（头围−头宽）/2+造型松量3~5cm，帽后中高度=前长−6（头高+颈长+活动松量2~4cm），从帽顶位置做方形基础线。

（4）将帽宽等分，根据造型绘制帽顶前部呈下倾延伸的弧线，穿着时更容易贴合头部而不易滑落。

（5）画顺帽口边的弧线，与帽顶曲线保持垂直。

（6）绘制领底弧线：前领中部与领口弧线重合，后领呈S型曲线，长度=前领口弧长●+后领弧长○。

（7）根据造型绘制领后中弧线，与领底弧线保持垂直，弧线越长则领越宽松，垂落时堆积褶越多。

第三章

外套袖的结构设计

女外套的袖子造型多样，既有单独裁剪并和衣身袖窿缝合的装袖，也有与衣身肩部相连的插肩袖，还有与衣身整体相连的连身袖。外套袖需要考虑内部穿着的服装形态和活动空间，其结构设计方法与同类的衬衫袖既有相似之处，也有一定差异。合体两片袖和插肩袖是外套最具有代表性的袖造型和结构，也是本章学习的重点。

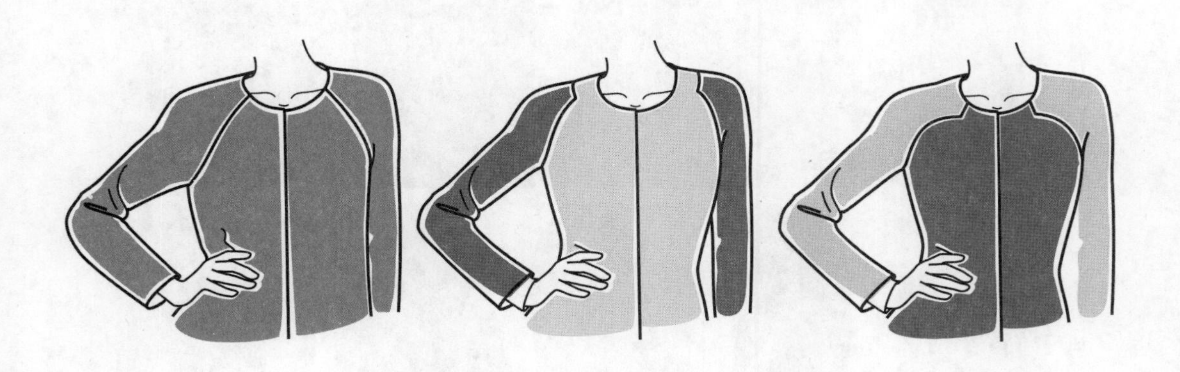

第一节 ｜ 外套袖的分类和结构特点

导学问题：

1. 女外套的袖型怎么分类？

2. 外套袖的造型和功能与衬衫袖有什么差异？

3. 外套袖的面料和制作工艺对结构设计有什么影响？

衣袖是构成女外套结构的主要部件，其造型变化直接影响整体服装风格，受流行时尚的影响极大。同时，外套袖的结构设计必须结合手臂的静态和动态活动功能需求，使穿着舒适、手臂活动方便。本章讨论的衣袖结构既包括春秋穿着的外套，也包括风衣、大衣等冬季长外套，款式造型多样，其造型和结构设计主要有两种分类方式。

一、按合体状态分类的袖型

衣袖穿着时包裹人体手臂，袖子和手臂的合体状态可以分解为三部分，由袖窿弧线、袖宽、袖身共同组成，衣袖造型整体较贴合手臂的袖型即为合体袖，其中两部分或三部分都不贴合手臂的袖型即为宽松袖，参见图3-1-1。

合体袖的袖窿弧线接近人体臂根围位置，袖宽与人体臂围接近，袖身各部位的围度宽松量差异不大，整体呈上大下小的自然合体结构，结合袖长、袖宽和袖身下半段局部

图3-1-1　按合体状态分类的袖型

形态的变化，构成各种不同的合体袖造型。

宽松袖的衣身袖窿深降低，袖窿下部远离人体臂根围，对应的袖山高度小、袖宽增加，手臂自然垂落时袖侧面和腋下会形成大量的褶皱。宽松袖的袖身受到手臂活动的影响很小，袖身和袖口的松紧度可以自由设计，形成丰富的造型变化。

二、按衣袖拼接形式分类的袖型

按照袖子与衣身拼接的形式，常见的女外套袖型可以分为三种基本类型，每种袖型的廓形差异不一定很大，但其所对应的结构设计方法各自不同，是衣袖结构设计中最重要的分类方式，参见图3-1-2。

1. 圆装袖

圆装袖也称为“圆袖”“装袖”，衣身和袖子在人体的臂根围附近缝合，是袖子最基本的结构。袖身造型多样，和衣身造型基本无关。其中当袖山的缝合位置上移至肩线时称为“借肩袖”或“包肩袖”，当袖山的缝合位置下降到手臂时称为“落肩袖”，“借肩袖”和“落肩袖”的结构设计与普通装袖有一定差异。

2. 插肩袖

袖子与衣身部分相连，袖子与衣身的活动有一定关联，肩端呈现流畅自然的曲线廓形。宽松插肩袖可以在衣身纸样上直接重叠制图获得，合体插肩袖的结构设计较为

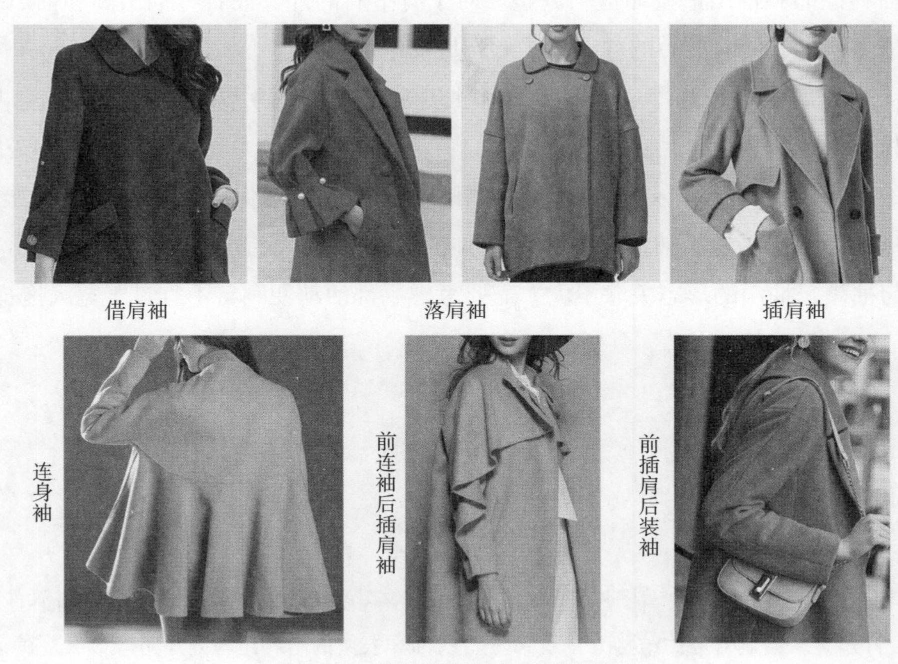

图3-1-2 按衣袖拼接形式分类的袖型

复杂，通常需要先完成合体装袖制图，再与衣身分割部位的纸样拼合。

3. 连身袖

袖子与衣身相连，袖子与衣身的活动高度关联，衣身的分割线与袖子造型基本无关。连身袖通常适合宽松的造型设计，合体连身袖可以通过添加单独的袖底插片结构而补充活动量。

三、外套圆装袖的结构特点

外套的圆装袖与衬衫圆装袖相比较而言，外套内部穿着的服装有一定厚度和袖窿活动空间，因而袖窿弧长、袖宽等需要更大的活动松量，因此两者的结构设计原理既有相似之处，也有一定差异。

外套合体圆装袖的袖窿深通常与原型袖窿深相等或稍降低，常将原型前袖窿省的部分省量作为袖窿松量，加上胸围在侧缝所增加的松量，外套袖窿长度明显大于原型袖窿弧长，从而提供足够的内层服装厚度容量，曲线形态与原型接近，外套内适合穿着合体造型的衬衫或毛衫。

外套宽松装圆袖的袖窿深比原型明显降低，肩宽的变化更加灵活（可以呈现借肩袖或落肩袖造型），袖窿多呈现较狭长的曲线形态，前、后袖窿弧线在侧缝位置不需要拼合圆顺。

圆装袖的袖山结构设计主要涉及袖山高、袖宽和袖山缩缝量三个要素，结构设计原理和衬衫袖基本相同，当衣身的袖窿弧长确定时，袖山高和袖宽呈反比关系，袖山缩缝量根据面料性能和袖山造型而适当调整。对于有垫肩的外套而言，袖山高和袖山缩缝量都需要适当增加，使缝合后的袖山肩头形态更加饱满挺拔。

由于外套的面料较为厚实硬挺，合体袖身更适合采用手臂有一定曲度的弯身袖结构，常将袖身分割为前、后或内、外两片，穿着时的面料受力更加平衡，不易变形。宽松袖身的结构设计灵活，与衬衫的宽松袖相似，但需要考虑保暖、活动变形、内穿服装的袖型搭配等实用功能。袖口部位可以添加袖头、襻带、褶皱、开衩等装饰性元素，袖口造型与袖窿、袖山的形态关联不大，需要考虑手部活动便利，不宜过于宽大拖沓。

项目练习：

收集圆装袖、借肩袖、落肩袖、插肩袖、连身袖女外套的着装实例图片一组，对衣袖的造型和结构进行分类，绘制对应的结构分割线，分析衣袖和衣身的结构组合方式对服装外观的影响。

第二节 | 合体两片袖的结构设计

导学问题：

1. 合体两片袖的两种结构制图方法有什么差异？
2. 合体两片袖的前、后偏袖线怎么确定？
3. 根据袖身造型确定的两片袖的大袖和小袖结构有什么关联？

女西服等正装外套通常搭配合体圆装袖，袖山与衣身在臂根附近缝合，手臂下垂时袖身自然前倾，袖子外观整体平整伏贴。合体圆装袖的袖身经常分割为两片，受力均衡，保型性好，更适合较为硬挺的面料，是外套最具有特色和代表性的袖结构设计。

一、合体圆装袖的袖山结构

无论合体圆装袖整体分割为几片，袖山结构设计的方法基本相同，和原型的袖山结构相似，主要包括以下制图步骤：

（1）在绘制完成的衣身结构图中，测量前、后袖窿弧长（AH）和前、后袖窿深。注意当袖窿有分割线或省道时需要先拼合袖窿，然后再测量袖窿深，参见图3-2-1。

（2）确定袖山高，通常取5/6袖窿深－*（*=0~2cm）。

（3）确定前袖山斜线和后袖山斜线长度，通常对应前AH和后AH+*（*=0.5~1cm）。

（4）绘制袖山三角形，确定袖山弧线的定位点，确保袖山弧线前后均衡合理，参见图3-2-2。

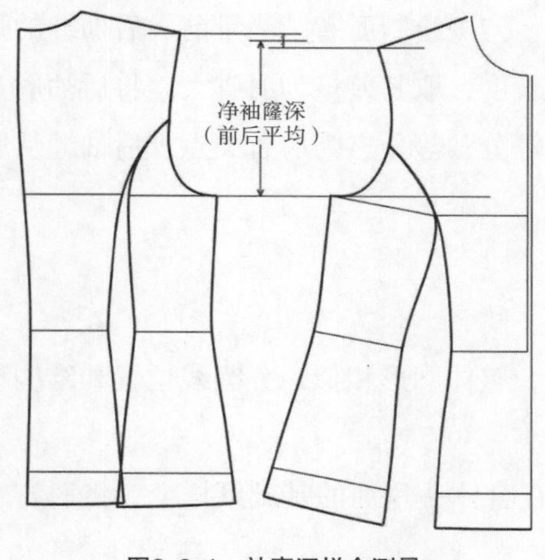

图3-2-1　袖窿深拼合测量

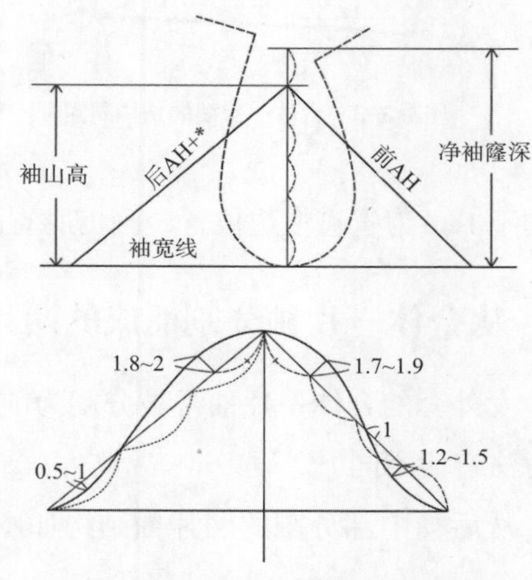

图3-2-2　合体圆装袖的袖山结构

（5）将袖山弧线绘制圆顺，测量袖山弧线长度，计算袖山缩缝量=袖山弧长−袖窿弧长，通常为2~2.5cm。如果袖山缩缝量不合适时可以重新调整袖山弧线、袖山高和袖山斜线长度。

二、合体一片袖基本结构

外套合体装袖通常按照人体手臂的形态设计，袖中线呈现略向前弯曲的袖身结构，造型简洁自然。合体一片袖从袖宽到袖口的放松量整体接近，与手臂的自然弯度基本一致，适合采用悬垂性较好而厚度适中的面料来制作，如羊毛精纺面料、针织经编面料等。

根据外套袖的造型，确定袖长和袖口宽尺寸，在已完成的袖山结构基础上绘制弯身合体一片袖的结构制图，如图3−2−3。

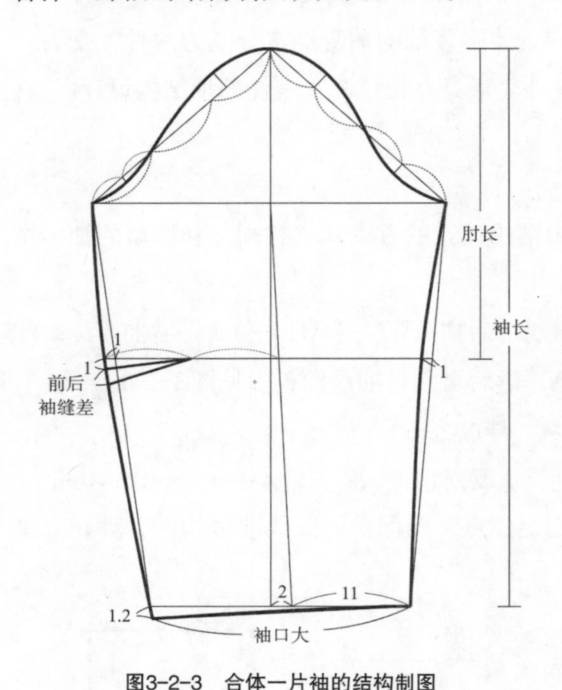

图3−2−3　合体一片袖的结构制图

（1）延长袖中线的总长度至预定的袖长（臂长+2cm），做袖口水平线。

（2）从袖山顶点向下取适当长度，做袖肘水平线。

（3）从袖宽线以下做前倾的袖中线。

（4）从前倾的袖中线分别取前袖口大（袖口大/2−1），后袖口大（袖口大2+1），袖口弧线向后下倾斜。

（5）画顺前袖缝弧线，袖肘线位置适当内收。

（6）画顺后袖缝弧线，袖肘线向外凸出量与前袖缝内凹量基本相等。

（7）绘制肘省：测量前、后袖缝的弧线长度，取其差量为肘省大。将后袖肘宽度等分，等分点为肘省尖点，后袖缝从肘线向下1cm为省道上边位置，画出肘省两边。

三、从合体一片袖分割而成的两片袖

女外套的合体一片袖常被分割为前、后两片，整体廓形相似，分割线位置和结构设计方法有所不同。

从后袖中部分割的两片袖结构如图3−2−4。在合体一片袖的基础纸样上，将肘省转移至袖口后中部，延长转移后的袖口省作为后袖分割线，袖肘线以上的分割线基本重合，可以形成前袖在外、后袖在内的两片袖结构。这种分割结构所形成的合体袖造型基本不变，分割线位置隐蔽，从正面和侧面几乎都看不见。

从袖中线分割的两片袖结构如图3-2-5。在袖中线附近做分割线，袖山缩缝量略减小，袖宽位置略重合，可以形成前后袖片基本均衡的两片袖结构。同时取消合体一片袖纸样上的肘省，通过归拔处理使前后袖缝相吻合。这种分割结构所形成的袖造型比一片袖基本结构稍宽松，分割线鲜明，袖宽处的弧线适当外凸可以形成上臂更饱满的造型，适合采用较硬挺的面料制作。

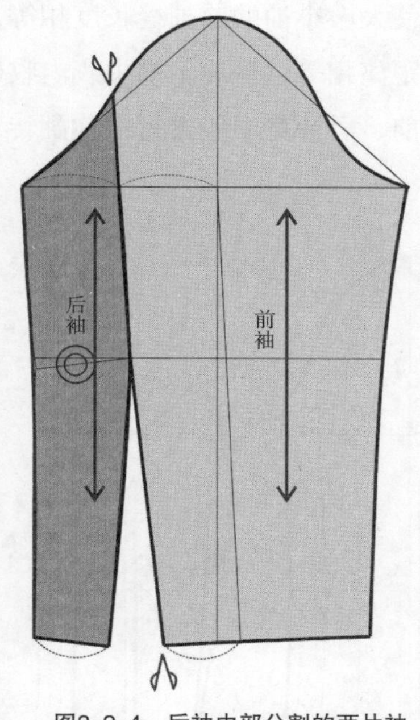

图3-2-4　后袖中部分割的两片袖

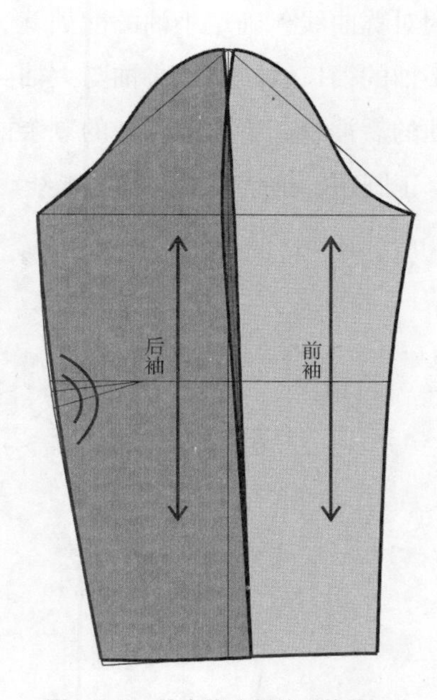

图3-2-5　袖中线分割的两片袖

四、根据前、后偏袖造型确定的两片袖

在合体圆装袖的袖山结构基础上，可以根据袖身的侧面造型辅助设定袖身造型中线，然后向外扩展确定外侧的大袖，向内收缩确定内侧的小袖。这种分割方式的两片袖没有袖底缝，大袖和小袖的纱向和形态一致，袖身保型性良好，是女西服最常用的经典袖型。袖山部分的制图与图3-2-2相同，袖身结构如图3-2-6，制图步骤如下：

（1）延长袖中线的总长度至预定的袖长（臂长+2cm），做袖口水平线和袖肘水平线。

（2）将前袖宽等分，从等分点向袖口做垂线，袖肘线内收0.5~1cm，袖口向外0.5~1cm，绘制与侧身前袖造型相对应的前偏袖中线，袖宽线以上保持垂直适当延长。

（3）袖口与手臂对应取适当斜度，按照造型确定袖口大12~14cm（1/2掌围+造型松量）。

（4）将后袖宽等分，等分点与后袖口位置相连，按照侧面后袖造型绘制后偏袖中线，袖宽线以上垂直相交至袖山弧线。

（5）大袖轮廓线：从前偏袖中线向外3~4cm做平行弧线，向上垂直相交至袖山弧线，确定大袖的前袖缝。从后偏袖中线袖宽向外2~2.5cm，袖肘线向外1~1.5cm，向上延伸至袖山弧线，确定大袖的后袖缝。由前袖缝、后袖缝、袖口线和袖山弧线共同构成大袖的轮廓线。

（6）小袖轮廓线：从前偏袖中线向内3~4cm做平行弧线，向上垂直相交至原袖山弧线的对称曲线，确定小袖的前袖缝。前袖口高度微调使大、小袖的前袖缝长度相等，确定小袖的袖口线。保持小袖与大袖到偏袖中线的水平距离相等，从后偏袖中线内收确定小袖的后袖缝。将大袖以外的剩余袖山弧线分别按照前、后袖宽中线进行对称翻转，线条修正圆顺，确定小袖的袖山弧线。

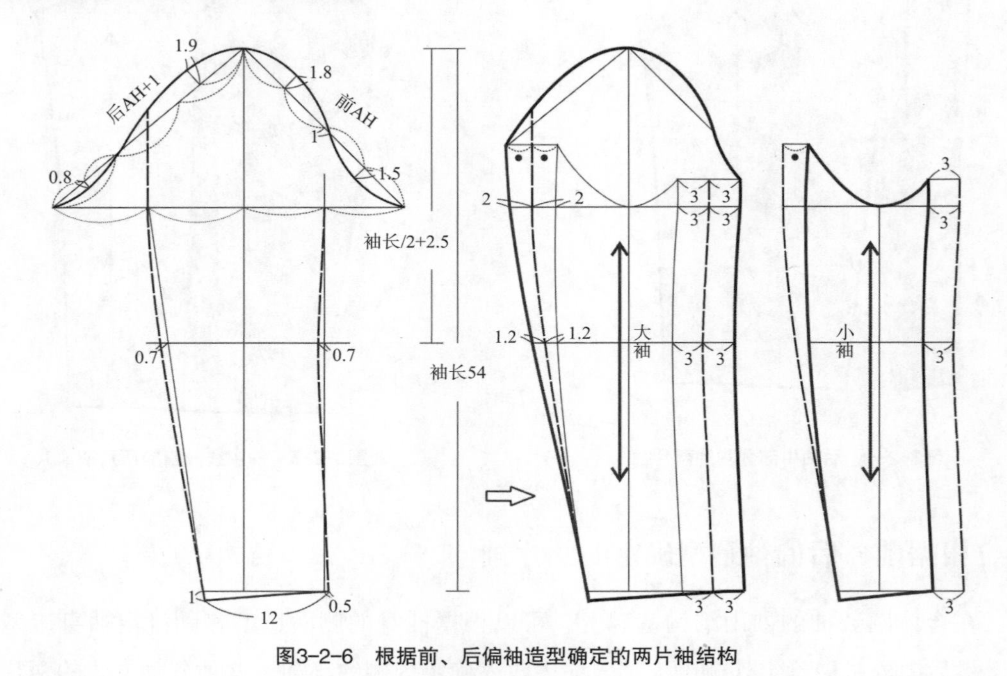

图3-2-6　根据前、后偏袖造型确定的两片袖结构

项目练习：

收集不同分割结构的女外套合体圆装袖一组，包括造型图片和结构制图，分析衣袖分割结构和衣身整体造型风格的关系。

第三节 | 插肩袖的结构设计

导学问题：

1. 插肩袖的袖中线角度对造型有什么影响？

2. 合体插肩袖和宽松插肩袖的结构设计有什么差异？

一、插肩袖的分类

插肩袖是袖子与衣身肩部相连的袖造型，其肩部线条自然流畅，在春秋外套和大衣中应用广泛。插肩袖根据外观和结构要素，有三种主要的分类方式。

1. 按照衣身和插肩袖分割线的形态分类

按照插肩袖与衣身分割线的形态可以分为全插肩袖、半插肩袖、前插肩袖、后插肩袖四种袖型，如图3-3-1。

图3-3-1 按照插肩袖与衣身分割线形态分类

全插肩袖的前、后插肩分割线延伸至领口或育克分割线，按照线条的不同曲度形成弧形或鞍型等分割造型，是插肩袖最常见的基本结构，适用造型广泛。

半插肩袖的分割线延伸至肩线中部，肩宽相应变窄，袖头造型浑圆饱满，适合较合体的衣身和合体袖造型，整体风格优雅柔和。

前插肩袖或后插肩袖是指前身和后身的袖造型结构不同，一面为插肩袖结构，另一面为装袖，肩部线条流畅而活动功能性较好，具有独特的造型结构特点。

2. 按照插肩袖的袖身分割结构分类

按照插肩袖的袖身分割结构，主要可以分为一片式、中线分割式、肩线分割式等插肩袖型。

一片式插肩袖的肩线和袖中线连为直线，前后袖相连为一体，只在袖底缝缝合。一片式插肩袖适合衣身和衣袖都宽松的休闲外套，袖中线角度通常小于或等于人体肩斜角度。

中线分割式插肩袖的前后袖分别与前肩、后肩相连，肩线和袖中线连成一体的弧线，衣身分割线的形态变化灵活，是最常见的袖身结构分割方式。

肩线分割式插肩袖的袖身前后连为一体，与衣身拼接的前、后肩部分别向左右两侧延展，缝合后的肩线类似于收省结构，适合较宽松的袖造型。

3. 按照插肩袖合体形态分类

按照插肩袖的合体形态可以分为合体插肩袖和宽松插肩袖。将插肩袖的造型分解开来，可以分为肩部、袖窿、袖山、袖身四部分，只有肩部、袖窿、袖身都较贴合人体形态的插肩袖才属于合体插肩袖。

影响插肩袖合体度最直观的结构设计要素是将衣身和袖子平展时的袖中线位置，袖中线的倾斜角度越大则袖子越合体，袖身与肩线的转折角度越明显；袖中线的倾斜角度越小则袖越宽松，袖身与肩线组成的线条越趋于直线。

宽松插肩袖的袖窿深明显降低，结构制图时袖中线和水平线的夹角较小，辅助设定的袖山高较小，袖宽较大，衣身袖窿与袖山的结构重叠量较小。宽松插肩袖对袖山和袖宽尺寸的精确度要求不高，通常在衣身纸样上直接叠加绘制袖子的制图，缝合线长度相等（参见第五章插肩袖堑壕风衣纸样设计实例）。

合体插肩袖的袖窿和袖身都贴近人体形态，辅助设定的袖山高较大，袖宽较小，手臂活动对袖子的形态影响较大，结构设计较为复杂，将作为插肩袖的重点结构进行单独分析。

二、合体插肩袖的结构设计

合体插肩袖首先按照合体装袖结构完成衣身和合体袖的基本纸样，然后在衣身纸样上根据造型确定衣身和袖的分割线，将衣身肩部分割部分与衣袖拼合后形成相应的插肩袖纸样。合体插肩袖常见的分割结构有三种主要类型：

1. 两片式合体插肩袖

两片式合体插肩袖从袖中线位置分割，是合体插肩袖的基本形态，如图3-3-2。

（1）根据衣身造型确定前、后衣身的基本纸样，按照正常装袖位置设计袖窿辅助线。

（2）按照一片式合体装袖的结构绘制袖基本纸样，从袖中线位置分为前、后两部分。

（3）取前袖中线与水平线的夹角40~65°，将前袖基本纸样与衣身袖窿拼合，肩点对位时去除前袖山缩缝量，袖山上部3~5cm的弧线不需要重合。

（4）根据造型绘制圆顺前插肩分割线弧线，使衣身分割线以上基本重合，袖宽不变，重合部位以下的袖山弧线与前侧片的袖窿弧线长度相等，确定前中片和前袖片轮廓线。

（5）取后袖中线与水平线的夹角略小于前中线夹角，将后袖基本纸样与衣身袖窿拼合，肩点对位时去除后袖山缩缝量。

（6）根据造型绘制后插肩分割线，弧线圆顺，使后刀背线分割线以上基本重合，袖宽不变，重合部位以下的袖山弧线与袖窿弧线长度相等，弧度相近，确定后中片和后袖片轮廓线。

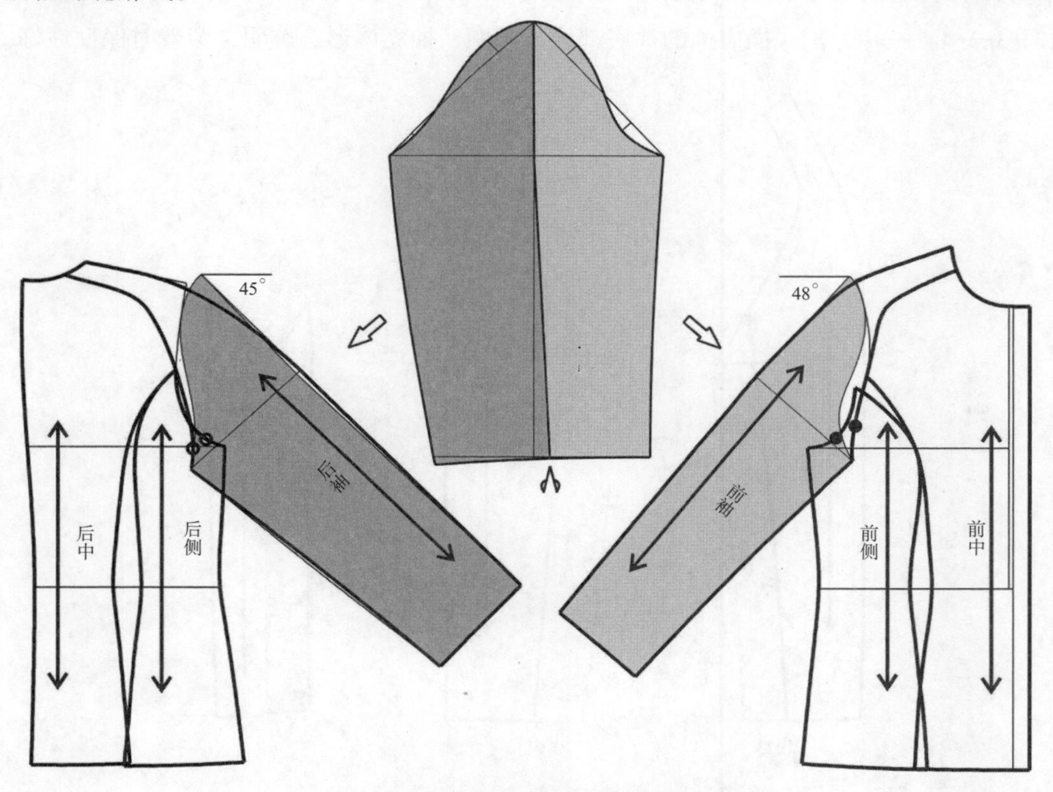

图3-3-2　两片式合体插肩袖结构

2. 肩线分割式一片插肩袖

在两片式合体插肩袖的纸样基础上，将前、后袖的中线拼合，袖山弧线减去相应的袖山缩缝量，袖山分割线逐渐合拢成为整片，分割线两边的弧线弧度相似、长度相等，如图3-3-3。

肩线分割式一片插肩袖适合采用稍硬挺的面料，肩线缝合位置的分割线形态鲜明，内加饱满的龟背型垫肩，形成强调肩部加宽的流线型设计。

前后相连的整体袖身侧面线条更加简洁，便于进行分割、剪切等纸样变化，通过进一步增加袖身褶皱、袖口边等，可以形成更多局部设计细节的造型和结构变化。

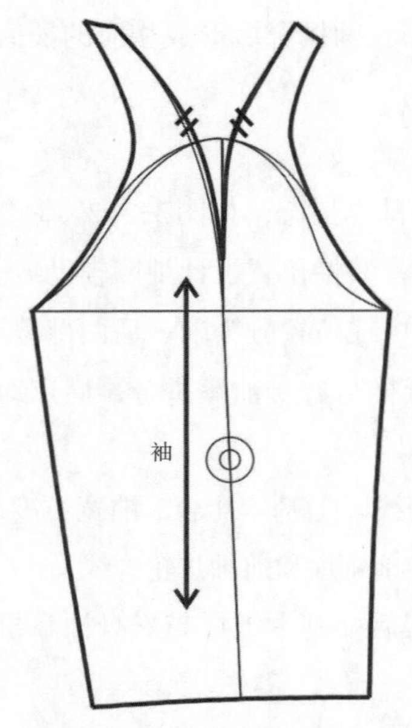

图3-3-3 肩线分割式一片插肩袖结构

3. 三片分割式插肩袖

在两片式合体插肩袖的纸样基础上，在袖子内侧进行纸样分割拼接，可以形成类似于圆装两片袖的小袖结构，将插肩袖整体分为三片，如图3-3-4。三片分割式插肩袖的袖底部线条圆顺，袖立体形态鲜明，穿着时保型性好，

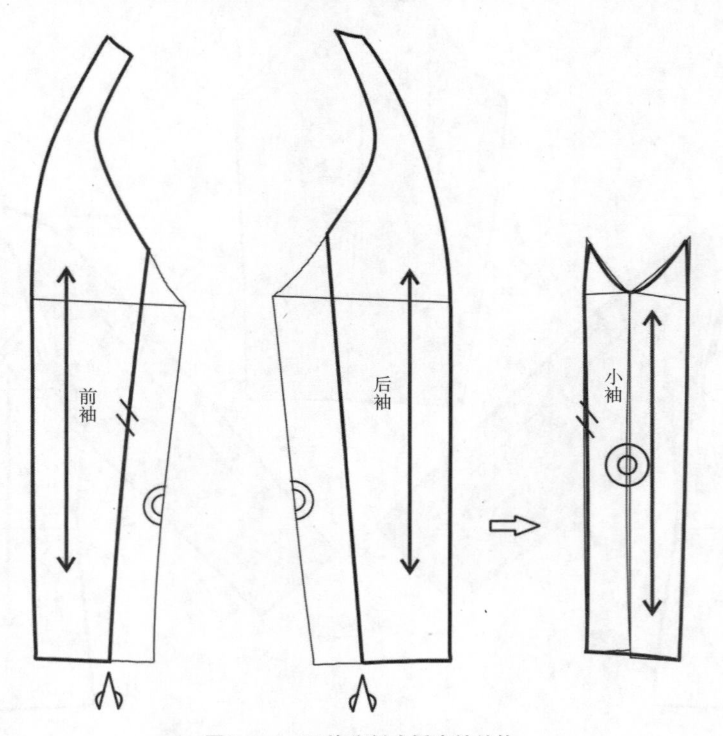

图3-3-4 三片分割式插肩袖结构

适用于较合体的衣身和袖造型，经常和三面构成的衣身结构进行组合。

制图时首先在靠近前、后袖底缝位置分别设计分割线，分割线的袖窿位置通常不高于人体前后腋点，确定前、后插肩袖片的纸样轮廓线。然后将前、后袖底缝分割后的小片纸样拼合，袖缝与插肩袖片的长度相等。袖宽线以上可略收为弧线，袖山弧线长度不变，拼合后重新修正圆顺，确定小袖的纸样轮廓线。

然后将前、后袖底缝分割后的小片纸样拼合，袖缝与插肩袖片的长度相等,袖宽线以上可略收为弧线。袖山弧线长度不变，拼合后重新修正圆顺，确定小袖的纸样轮廓线。

项目练习：

收集女外套插肩袖款式一组，包括造型图片和结构制图，重点为插肩袖结构的不同制图方式，分析插肩袖与衣身分割的变化形态。

第四节 ｜ 连身袖的结构设计

导学问题：

1. 连身袖的袖中线角度根据什么确定？

2. 袖裆结构有什么作用？对造型有什么影响？

一、连身袖的分类

连身袖也称为“连袖”，是指袖子与衣身整体相连的袖造型，服装整体偏向于平面化造型。连身袖造型主要分为宽松型连身袖和合体型连身袖两类，结构设计方法有所差异。

宽松型连身袖的衣身胸围和袖窿都有较大的放松量，袖中线和肩线为一条直线，前后袖通常连为一体，穿着舒适，活动方便，最常见的是中式上衣的连身袖结构。

合体型连身袖的肩部、袖窿和袖身造型都基本贴合人体形态，袖子与衣身的活动高度关联。合体型连身袖的袖中线和肩线呈明显的折角形态，穿着时腋下的褶皱较少，常在腋下做袖裆结构以提供手臂抬起时的必要活动量。

二、宽松连身袖的结构设计

1. 平肩式连身袖

平肩式连身袖也称为“中式连袖”，是传统中式上装的基本袖型，适合采用丝绸、细麻布等较为柔软悬垂的天然面料制作。衣身和袖子都呈宽松造型，肩线和袖中线呈“十字”直线结构，肩线和袖外侧没有分割线，前后衣片连为一体，袖底缝和袖口宽度根据造型需要而变化，也可以变化为广袖造型。

中式连身袖外套的前中线开襟呈直线造型时为对襟上衣，后中线可以连为一体。前襟开口呈斜线造型时即为交襟上衣，后中线分割，中式交襟上衣的平肩式连袖结构设计如图3-4-1。

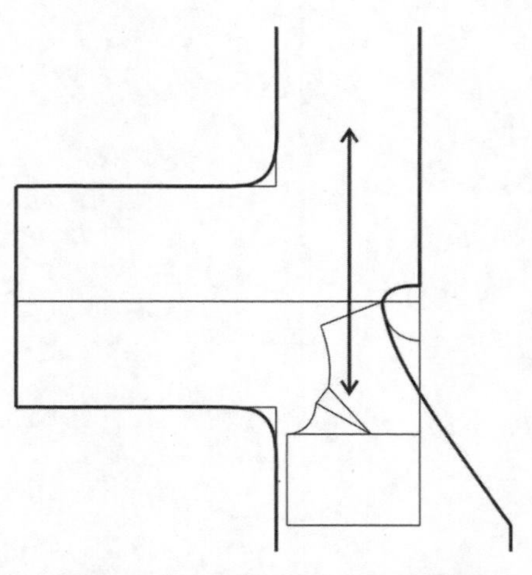

图3-4-1 中式交襟上衣的平肩式连身袖

2. 斜肩式连身袖

斜肩式连身袖的袖中线与肩线呈向下倾斜的直线，倾斜角度与人体肩斜度接近（水平线夹角18~22°），袖中线可以拼合，也可以分开为前、后两片（参见《服装结构设计 基础篇》的蝙蝠袖结构图）。

斜肩式连身袖的衣身可以是宽松造型也可以合体收腰，当衣身和袖窿较为合体时，袖身需采用宽松造型或短袖，才能满足手臂的活动量。如图3-4-2为斜肩式连身袖的合体收腰外套，袖长为九分袖，造型风格活泼俏皮。制图时以两面构成的合体外套纸样为基础（详细制图参见第一章图1-2-4），制图要点如下：

（1）前肩线延长至袖口长度，做垂线取前袖口大，与袖窿连接做袖底缝辅助直线，画弧线圆顺连接袖底缝和前片侧缝，确定前片轮廓线。

（2）后肩省取消，1/2肩省量转移作为袖窿松量，肩线适当上抬。延长肩线与前袖长

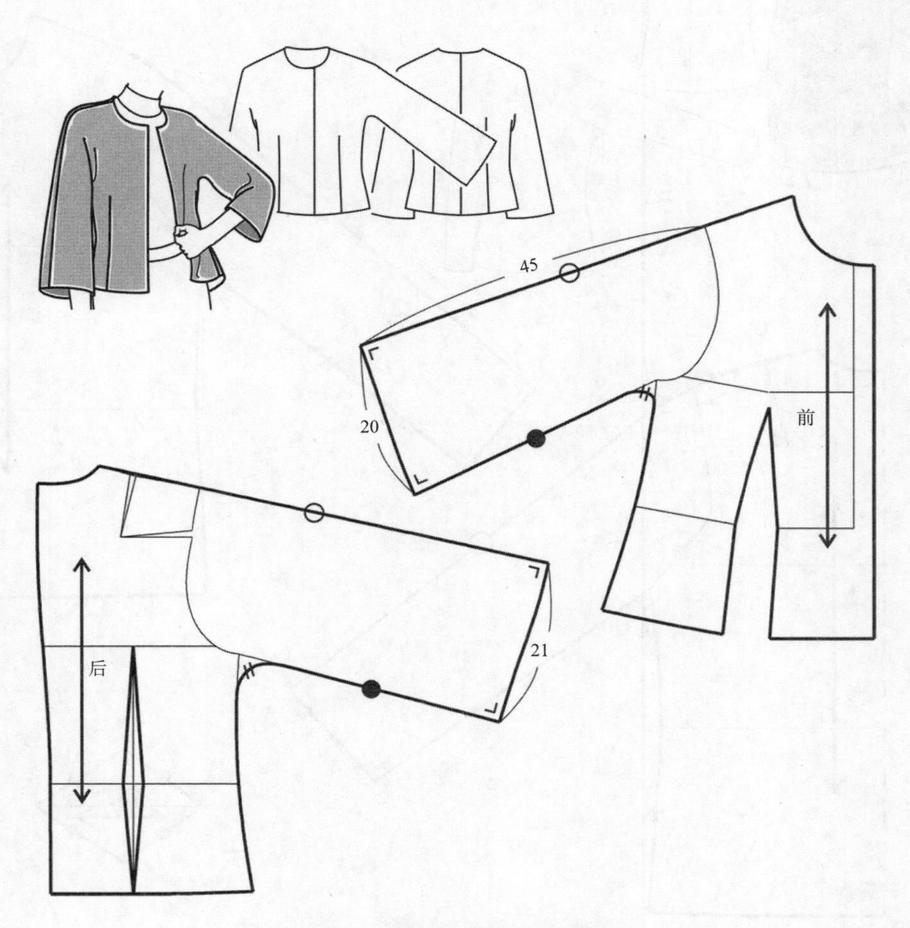

图3-4-2　斜肩式连身袖合体外套结构

度相等，做垂线取后袖口大，取后袖底缝辅助线与前袖底缝长度基本相等，绘制袖口弧线，并和袖中线、袖底缝都保持垂直。

（3）连接后袖底缝和后片侧缝，弧线圆顺，弧线整体与前片长度相等，确定后片轮廓线。

三、加袖裆插片的合体连身袖结构

合体连身袖穿着时的肩袖廓形与合体插肩袖接近，袖中线斜度大于肩线斜度，穿着时腋下部的褶裥较少。袖中线的倾斜角度越大则袖宽越小，袖身与肩线的折角越明显，

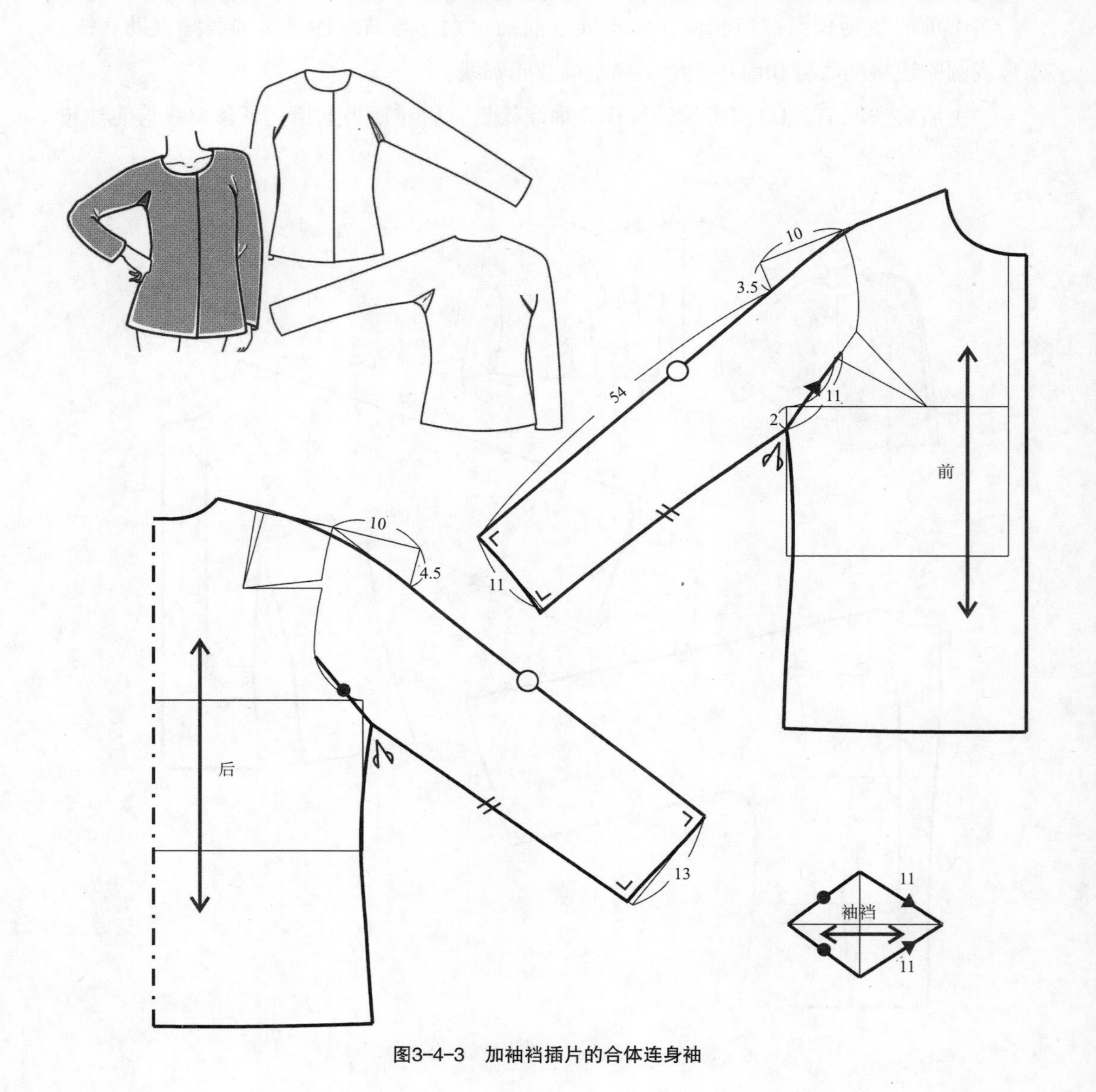

图3-4-3　加袖裆插片的合体连身袖

手臂活动越受到限制；袖中线的倾斜角度越小则袖宽越大，手臂活动越方便。实际制图时袖中线的倾斜度可以取袖中线与水平线的夹角，也可以按照袖中线与肩线的夹角进行调整。

当连身袖的衣身袖窿和袖身造型都合体时，往往需要在腋下插入袖裆结构，使腋下增加更多的面料余量，可以减少袖子对手臂上举时的活动牵制。

最常见的袖裆插片结构为菱形或弧形的插片，分割线端点位于前、后腋点以下，插片宽度根据面料性能而确定。穿着时袖裆形态隐蔽，常用于衣身和袖子有整体图案的服装，其做法不会破坏面料图案的完整性，如图3-4-3。

项目练习：

收集女外套连身袖款式一组，包括造型图片和结构制图，重点分析插肩袖合体度与衣身造型的关系。

第四章

女外套的纸样设计实例

女外套的款式变化丰富，整体廓形和规格受到不同时代的流行影响极大，结构纸样的变化复杂细致，使用传统的比例裁剪法很难满足制版需要，更适合采用原型制图法进行纸样设计。由于宽松造型的休闲外套和风衣、大衣等秋冬外套的结构相近，本章所选择的女外套款式以合体西服类外套及其变化造型为主，介绍几款具有实际应用意义的女外套纸样设计实例。

第一节　翻领小香风外套

一、造型与规格

1. 款式特点

本款外套为经典香奈儿外套造型，采用两面构成女外套的基本结构，略修身，穿着舒适，造型优雅而富有时尚感。前身4粒扣，门襟、底边、领边和袖口加镶边装饰，左右挖袋，前袖窿收省，小方角翻领，合体一片袖，袖口收省开袖衩，如图4-1-1。

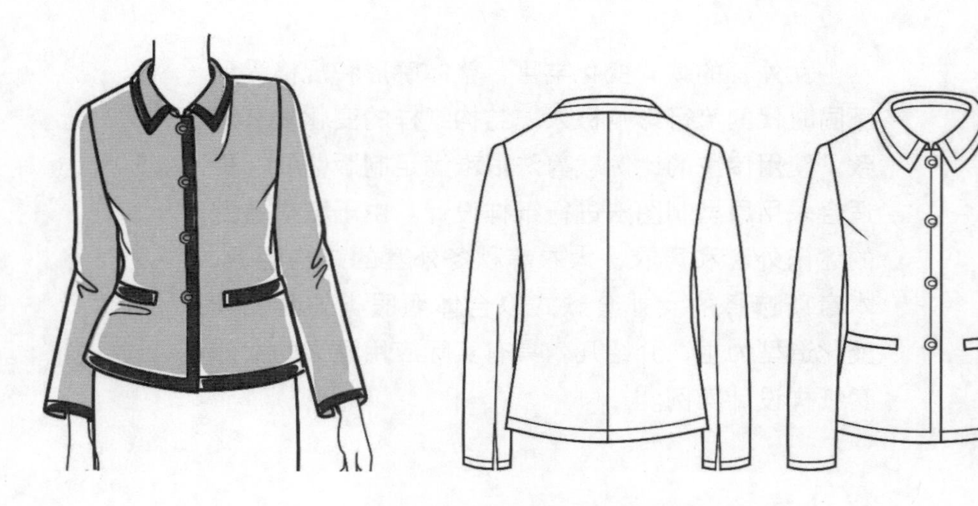

图4-1-1　翻领小香风外套的造型

2. 用料

（1）面料：适合采用厚度适中的粗花呢面料，幅宽143或113cm，用料150cm。

（2）里料：外套内部搭配全里，适合采用较为柔软的醋酸丝里料，幅宽143cm，用料120cm。

（3）黏合衬：采用有纺黏合衬，幅宽113cm以上，用料100cm。

（4）镶边：采用有弹性针织材料或专门的装饰性镶边条，宽1.5~2cm，用料350cm。

3. 成品规格与用料

以女装标准M码160/84 A 号型为例，本款外套的成品规格设计参见表4-1-1。

表4-1-1　翻领小香风外套的成品规格表（160/84A）　　单位：cm

	后衣长	胸围	臀围	袖长	袖口大
净体尺寸	背长38	84	90	全臂长52	/
成品规格	54	96	100	54	12

二、结构制图

1. 衣身基本结构（图4-1-2）

根据造型绘制前、后衣片的两面构成基本结构，后肩线抬高后取消肩省。侧缝的收腰量适当调整，前袖窿收省，制图步骤参见第一章两面构成的H型外套图1-2-2、图1-2-3。

2. 门襟和纽扣

从原型中线增加松量0.5cm确定前中线，门襟叠门宽2cm。右侧门襟锁扣眼，左侧里襟钉纽扣，先确定最上方和最下方纽扣位置，然后等分确定中间两粒纽扣的位置。

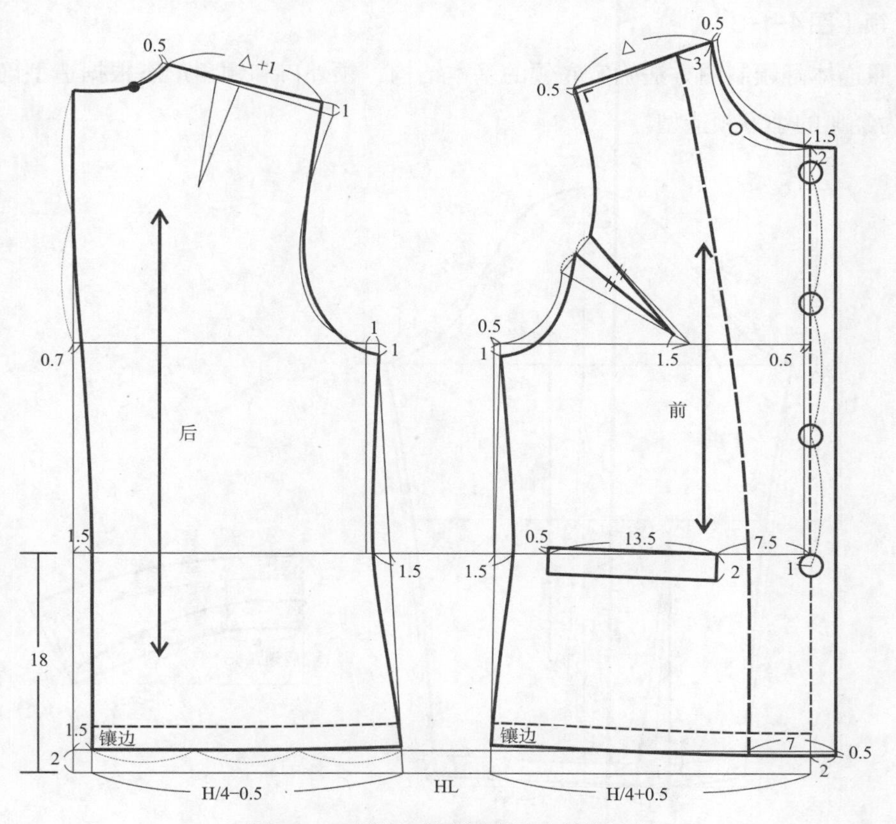

图4-1-2　翻领小香风外套的衣身结构设计

3. 口袋

从中线确定袋口前侧开口位置，袋口长13~14cm，略向上起翘，使袋口与底边的斜度相似；袋口开线可以采用镶边材料作为装饰。

4. 镶边

根据造型取镶边宽度2cm，从领口的前止口线至底边的镶边条保持连续，缝制时在转角处手工抽褶或折角处理，保持外观平整。

5. 袖（图4-1-3）

（1）测量衣身的前袖窿弧长（前AH）、后袖窿弧长（后AH）和前袖窿深、后袖窿深，注意需要先拼合前袖窿省再测量前袖窿深。

（2）袖山高=5/6袖窿深（前后平均值），确定前袖山斜线和后袖山斜线长度，绘制袖山弧线圆顺，测量袖山弧线长度。

（3）袖中线前倾2cm，根据造型确定前、后袖缝和袖口造型线。设置袖口宽度时预留省量3~5cm，省道下部8cm向内折叠与里料缝合呈袖衩造型。袖衩常加装饰性扣环进行固定。

6. 领（图4-1-3）

按照连体翻领制图方法确定衣领的基本结构，领外口和领角形态根据造型确定，图4-1-3为经典的小方领造型。

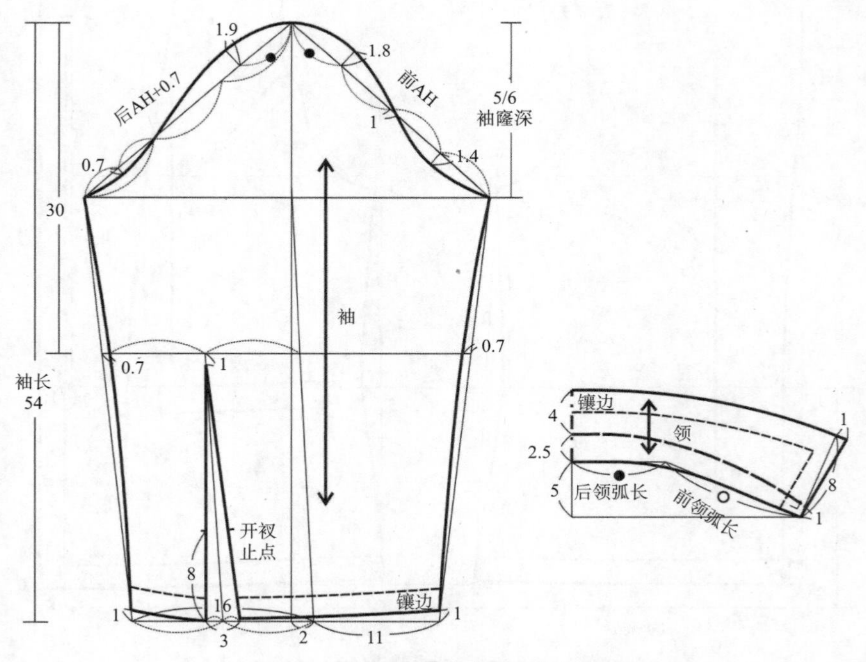

图4-1-3　翻领小香风外套的领、袖结构设计

第二节 | 腰线拼接的公主线外套

一、造型与规格

1. 款式特点

本款外套为春夏穿着的职业装西服经典款式，自然收腰的半紧身造型，简洁大方。外套的长度略超过臀围线，单排三粒扣，前腰线加较隐蔽的插袋，平驳领，两片袖。衣身以四面构成结构为基础，前身分割线的位置更偏近侧缝，腰线水平分割，腰线以下的前、后身拼合为整体结构，如图4-2-1。

图4-2-1 腰线拼接的公主线外套的造型

2. 用料

（1）面料：适合采用驼丝锦等精纺毛料或性能接近的化纤、混纺面料，中等厚度，细密光洁保型性好，幅宽143或113cm，用料150cm。

（2）里料：本款外套内部搭配全里，适合采用聚酯纤维或醋酸丝里料，幅宽143cm，用料130cm。

（3）黏合衬：采用薄型有纺黏合衬，幅宽113cm以上，用料80cm。

3. 成品规格与用料

以女装标准M码160/84 A号型为例，本款外套的成品规格设计参见表4-2-1。

表4-2-1　腰线拼接的公主线外套成品规格表（160/84A）　　单位：cm

	后衣长	胸围	腰围	臀围	袖长	袖口大
净体尺寸	背长38	84	66	90	全臂长52	/
成品规格	58	94	约79	102	55	12

二、结构制图（视频4-1）

视频4-1

1. 原型省道处理（图4-2-2）

（1）将后片肩省的1/2转移作为袖窿松量，剩余1/2省量保留作为肩线吃缝量。

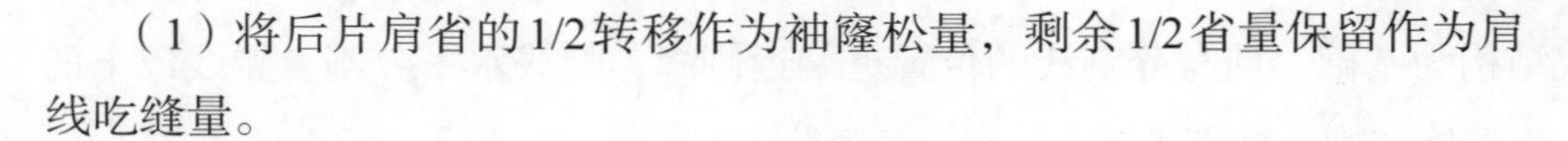

（2）将前片袖窿省少量转移至胸围线，确定前领撇胸量0.7cm。

（3）袖窿省保留1cm作为袖窿松量，其余省量暂时转移至胸围线，待完成衣身基本结构后再做进一步转移处理。

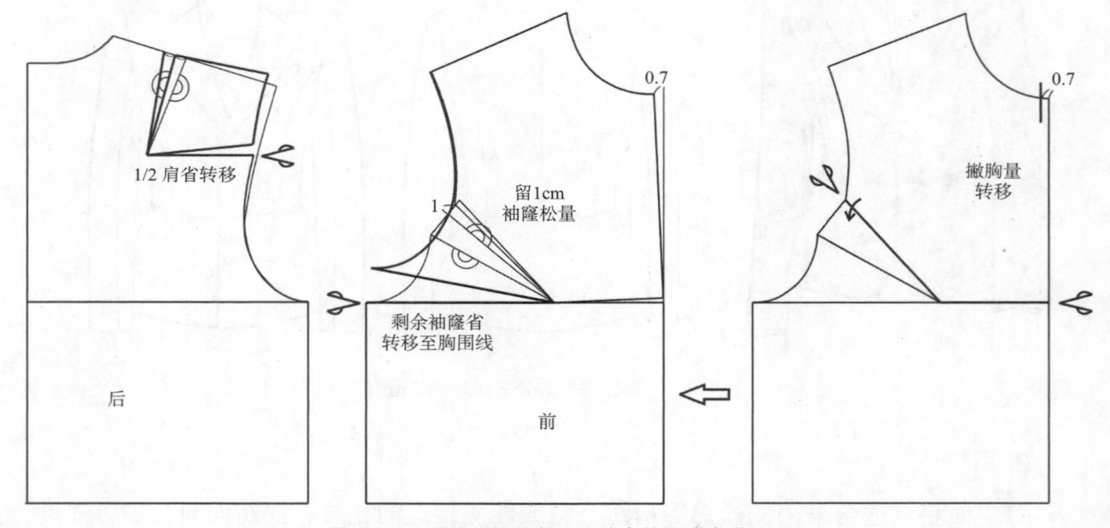

图4-2-2　腰线拼接的公主线外套的原型省道处理

2. 衣身基础结构（图4-2-3）

（1）绘制前、后衣身的四面构成基本结构，参见第一章“四面构成合体外套图1-3-2、图1-3-3。

（2）在原型前中线基础上增加0.5cm面料厚度松量，再加门襟叠合量2cm，绘制前衣身止口线。

（3）根据造型需要确定前、后分割辅助线位置，腰省均衡分配，绘制确定前、后分割线圆顺。

3. 驳头和领口线（图4-2-3）

按照驳领结构先确定驳折线位置，绘制驳头和前领角的造型虚线。然后根据驳折线翻转对称，确定驳头轮廓线和串口线。延长串口线完成前身领窝形态，前领口斜线与驳折线基本平行，制图步骤参见第二章图2-2-4。

4. 翻领（图4-2-3）

（1）从前衣身肩线侧颈点做驳折线的平行线，做长度为后领弧长○的等腰三角形，底边长为后领倒伏量2.5cm，确定后领底辅助线。

（2）从领底辅助线做垂线确定领后中线，根据造型确定领座宽和翻领宽，制图步骤参见第二章图2-2-5。

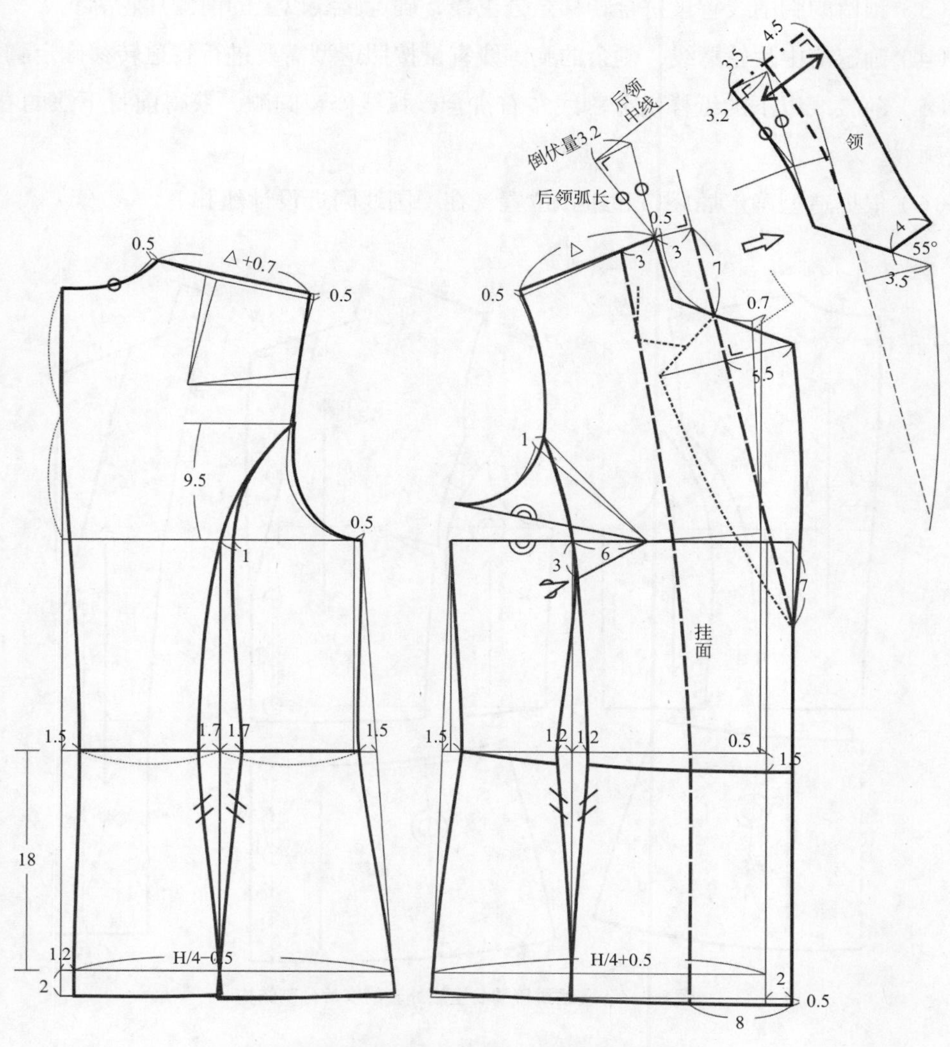

图4-2-3 腰线拼接的公主线外套的衣身基础结构

（3）根据造型绘制领底弧线、领翻折线、领外口线，都与后中线保持垂直，领底弧线和衣身侧颈点的重叠量约0.5cm。

5. 挂面（图4-2-3、图4-2-4）

根据造型和工艺需要确定挂面的轮廓线，腰围线以下保持垂直，腰围线以上的弧线尽量顺直，如图4-2-3虚线所示，完整纸样参见图4-2-4。

6. 衣身纸样分割（图4-2-4）

（1）根据造型设计腰部分割线，确定腰线以上的后中、后侧片轮廓线。

（2）后腰线以下的纸样沿分割线左右拼合，弧线修正圆顺，获得后身下摆的衣片纸样轮廓线。

（3）预留的胸围线省量拼合转移至公主线，确定腰线以上的前侧片轮廓线。

（4）确定前中片轮廓线，剩余的胸围线省量按照造型需要进行省道转移确定胸省。

（5）前腰线以下的纸样沿分割线左右拼合，弧线修正圆顺，获得前身下摆的衣片纸样轮廓线。

（6）根据造型确定插袋口和纽扣位置，在腰围线附近设计纽扣。

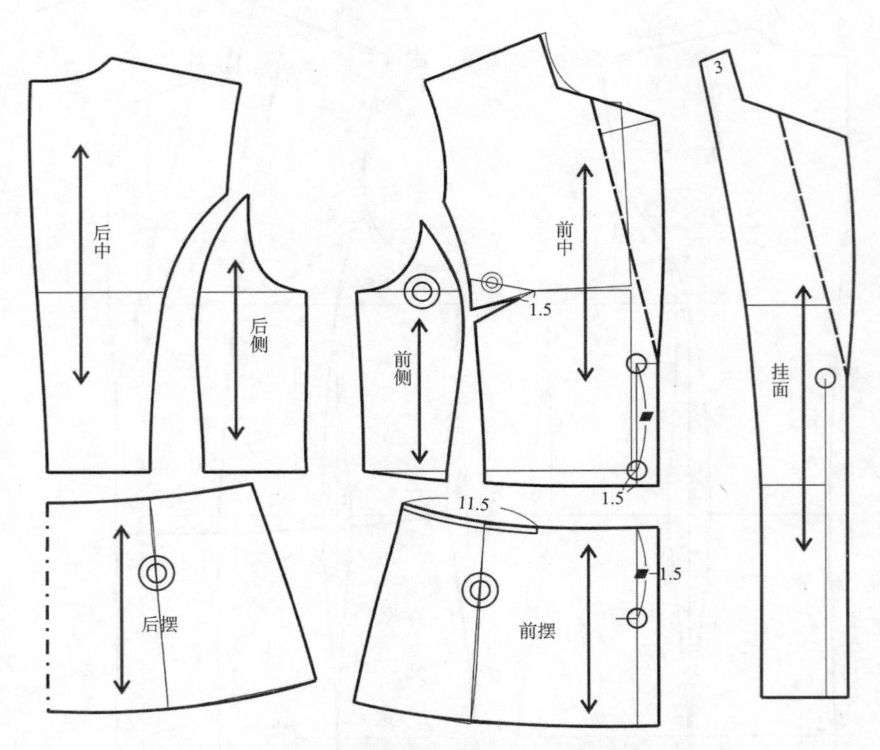

图4-2-4　腰线拼接的公主线外套的衣片分割结构

7. 衣袖（图4-2-5）

（1）将前、后衣片纸样靠近袖窿的分割线分别拼合，测量衣身的前袖窿深、后袖窿深、前AH、后AH。

（2）根据造型设定计算袖山高=5/6袖窿深（前后平均值）。

（3）从袖山高点取前袖山斜线长度=前AH，后袖山斜线长度=后AH+1，确定袖宽，按照一片袖结构绘制袖山弧线。

（4）将前、后袖宽分别等分，根据造型确定袖身的前、后偏袖造型虚线和袖口线，制图步骤参见第三章图3-2-6。

（5）确定大袖、小袖的纸样轮廓线，前袖缝和前偏袖造型线平行，后袖缝下端点重合，上端点的大小袖互借量●根据后袖缝圆顺、袖山弧线拼接后圆顺为原则而调整。

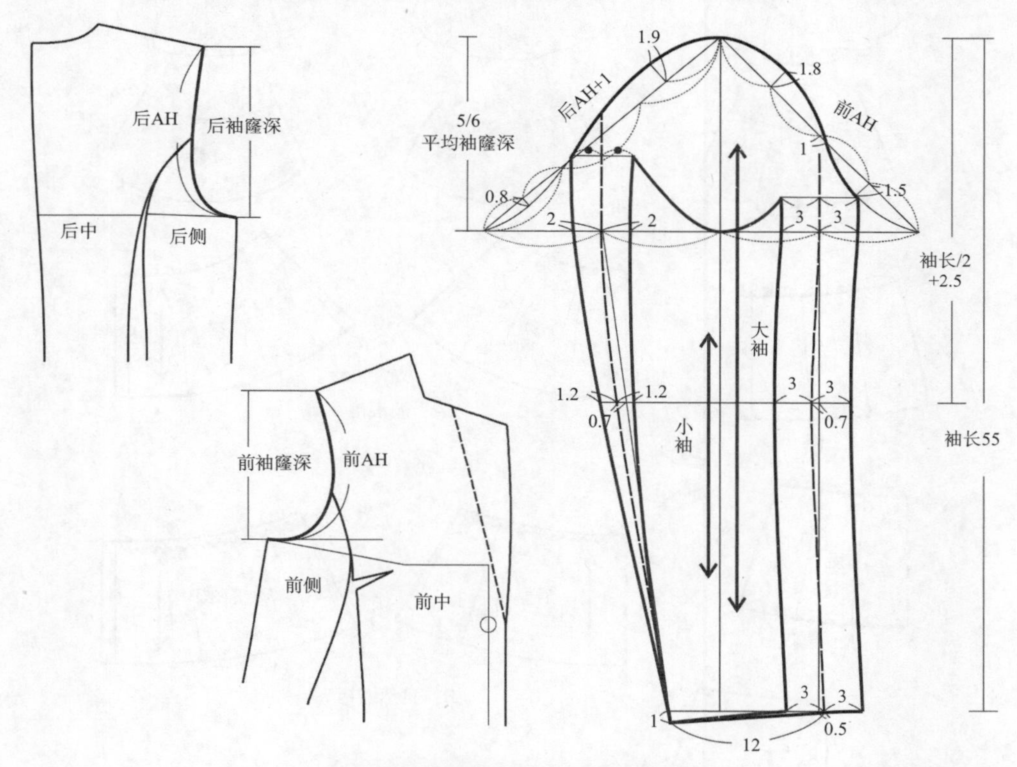

图4-2-5　腰线拼接的公主线外套的两片袖结构

二、外套下摆的褶皱变化设计

在完成外套衣身的基础纸样后，还可以在外套下摆增加相应的褶皱设计，按照衣褶线的不同位置和方向进行纸样剪切，从而获得不同的造型和纸样结构，如图4-2-6。

本款女外套最常见的下摆造型变化是增加波浪褶的裙身下摆形态，对应图中造型和纸样A款。将下摆衣片均分后进行纸样切展，底边纸样切展的增加量越大则波浪褶的起翘量越大，适用于较为垂顺挺括的面料。

在腰分割线采用均匀收拢的缩褶，腰线以下自然向外膨出，缩褶形成的衣褶线细密自然，偏向于可爱减龄的造型风格，对应图中造型和纸样B款。将下摆衣片均分后进行纸样切展，底边和腰线同时增加切展量，腰线的褶量和面料特性密切相关，适用于较轻薄的面料。

在腰分割线采用定位褶时外观平整伏帖，穿着者直立时褶裥基本收拢，随人体活动而自然形成局部的立体形态变化，对应图中造型和纸样C款。将下摆衣片在定位褶的位置进行纸样切展，底边和腰线同时增加切展量，适用于较厚重硬挺的面料。

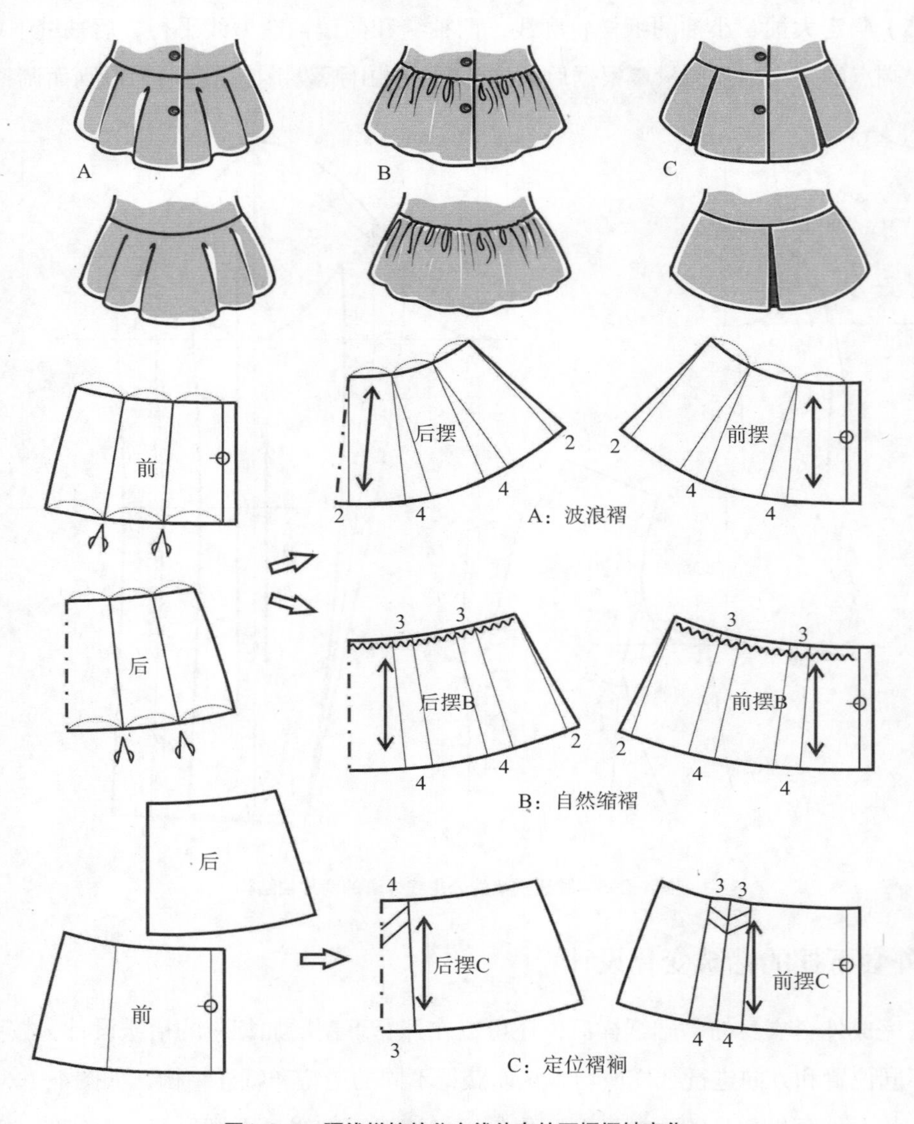

图4-2-6　腰线拼接的公主线外套的下摆褶皱变化

第三节 | 双排扣戗驳领女西服

一、造型与规格

1. 款式特点

本款外套的造型与男装西服相似，呈合体的半紧身形态，造型严谨端庄，适合作为较正式的女性职业装。纸样制图以三面构成女外套的结构为基础，前身和侧片拼合成为一整片，如图4-3-1。本款西服的衣身长度稍长，戗驳领，双排四粒扣，前身挖袋加袋盖，左胸手巾袋，后中线开衩，两片袖加袖衩。

图4-3-1 双排扣戗驳领女西服的造型

2. 用料

（1）面料：适合采用中等厚度的羊毛、混纺或性能接近的化纤面料，挺括而具有自然弹性，幅宽143或113cm，用料160cm。

（2）里料：外套内部搭配全里，适合采用聚酯纤维或醋酸丝里料，幅宽143cm，用料140cm。

（3）黏合衬：采用薄型有纺黏合衬，幅宽113cm以上，用料80cm。

3. 成品规格与用料

以女装标准M码160/84A号型为例，本款外套的成品规格设计参见表4-3-1。

表4-3-1　双排扣戗驳领女西服规格表（160/84A）　　单位：cm

	后衣长	胸围	腰围	臀围	袖长	袖口大
净体尺寸	背长38	84	66	90	全臂长52	/
成品规格	68	98	86	101	58	13

二、结构制图（视频4-2）

视频4-2

1. 原型省道处理（图4-3-2）

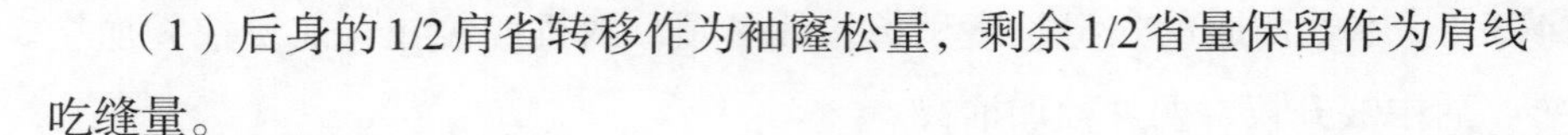

（1）后身的1/2肩省转移作为袖窿松量，剩余1/2省量保留作为肩线吃缝量。

（2）前身的袖窿省先少量转移至前胸围线，转移后确定领口撇胸量0.7cm。

（3）预留1/3袖窿省量，待完成前片结构后转移作为领省，其余的袖窿省量作为袖窿松量。

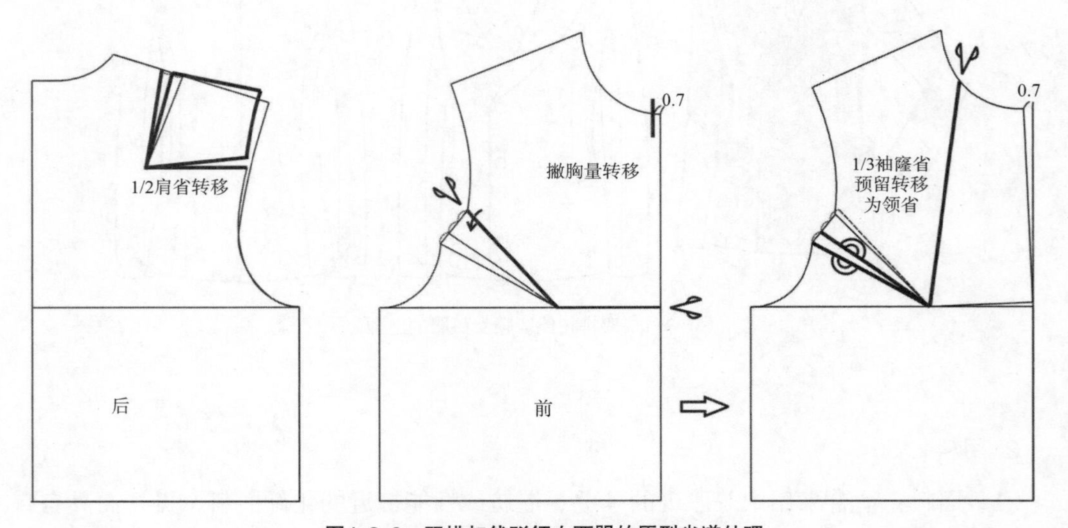

图4-3-2　双排扣戗驳领女西服的原型省道处理

2. 衣身基础结构（图4-3-3）

在省道转移后的原型基础上，绘制衣身的三面构成基本结构，根据造型确定双排扣的叠门宽，前中线底边适当加长。前腰省中线保持垂直，距离BP点3~4cm。将腋下的前分割线改为省道，使前身和侧面连为整片。制图步骤参见第一章三面构成女外套图1-4-3。

3. 驳头和领口（图4-3-3）

根据后领座宽度确定驳折线位置，驳折线与前身侧颈点的垂直距离2.5cm；先在驳折线左侧直观绘制正面的戗驳领造型，再根据驳折线对称翻转确定驳头轮廓线，延长串口线，确定前领口斜线。

4. 口袋（图4-3-3）

（1）大袋：按照双开线袋的造型确定前身大袋，袋口略向上倾斜与底边斜度相似，袋盖侧边倾斜度与后侧分割线的斜度相似，腰省长度不超过袋盖下边。

（2）手巾袋：根据造型设计左侧的手巾袋，制作时根据前中线和胸围线确定袋口定位，与袖窿省和领省无关。

5. 纽扣和扣眼（图4-3-3、4-3-4）

根据纽扣大小确定外侧的纽扣位置，中线两侧的纽扣位置对称。仅右片门襟止口外侧锁横向圆头扣眼两只，内侧钉纽扣。左片里襟在扣眼对应位置钉纽扣，里襟内侧采用

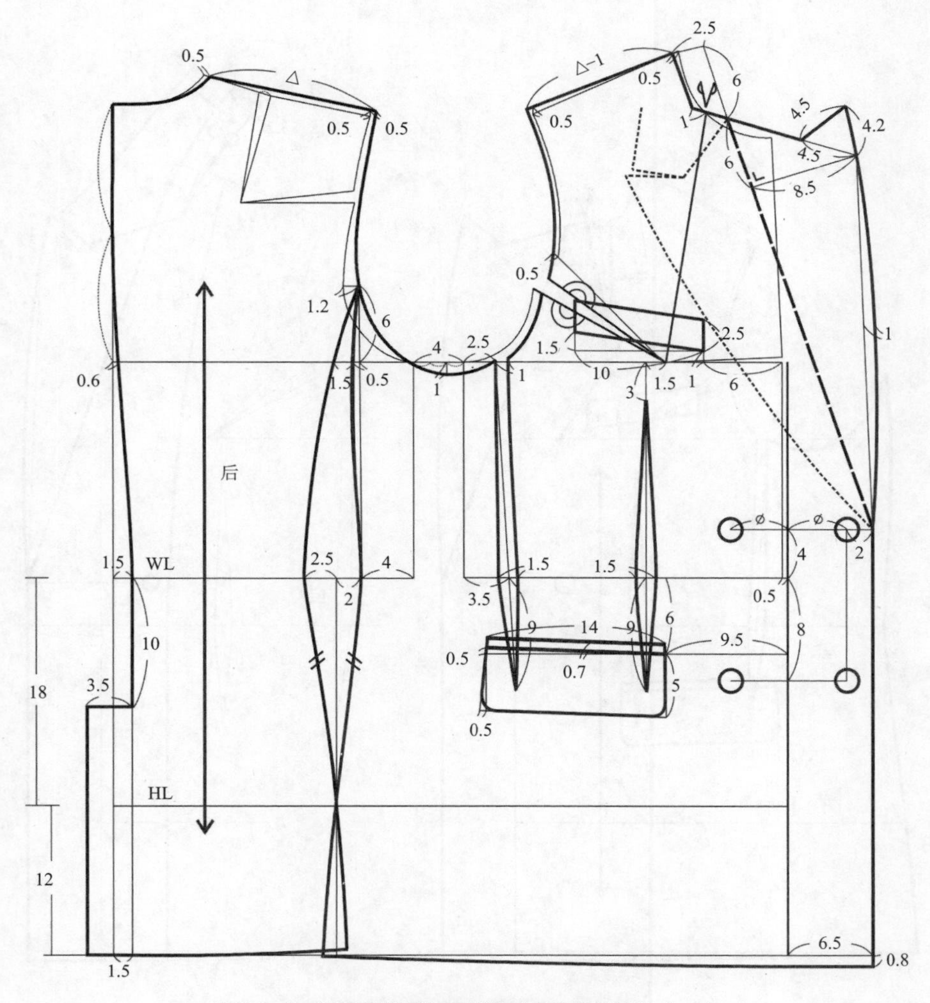

图4-3-3 双排戗驳领扣女西服的衣身结构设计（一）

暗扣和挂面固定，使衣身受力均衡，防止里襟底边垂落外露。

6. 前片和领省（图4-3-4）

将预留的袖窿省量转移至领省剪切线，领省的省尖点不超过翻折的驳头位置，确保驳头翻折后完全遮盖领省。根据领省转移后的肩线位置确定前片的轮廓线，重新修顺袖窿弧线。

7. 挂面（图4-3-4）

根据未做领省转移前的衣身领口位置确定挂面轮廓线，双排扣外套的挂面宽度通常略超出内侧纽扣位置，方便固定内部暗扣。

8. 衣领（图4-3-4）

（1）从领省转移前的衣身肩线侧颈点做驳折线的平行线，做长度为后领弧长○的等

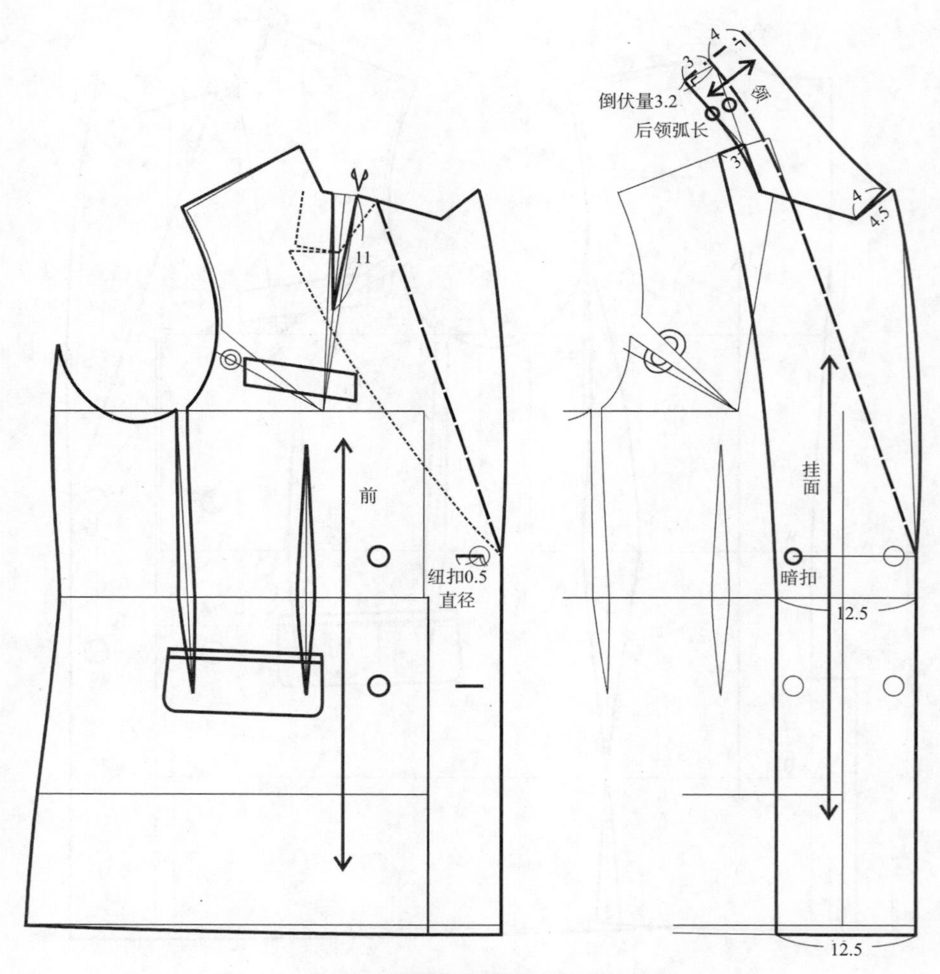

图4-3-4 双排扣戗驳领女西服的衣身结构设计（二）

腰三角形，底边长为后领倒伏量3.2cm，确定后领底辅助线。

（2）从后领底辅助线做垂线确定领后中线，根据造型确定领座宽和翻领宽。

（3）根据造型绘制领底弧线、领翻折线、领外口线，都和后中线保持垂直，领底弧线和衣身侧颈点的重叠量约0.5cm。

9. 袖（图4-3-5）

（1）测量后衣身的袖窿深和袖窿弧长，测量省道转移拼合后的前袖窿深和前袖窿弧长。

（2）根据造型设定袖山高=5/6袖窿深（前后平均值）。

（3）取前袖山斜线长度=前AH，后袖山斜线长度=后AH+1，确定袖宽，绘制袖山弧线圆顺，使袖山吃缝量适度。

（4）将前、后袖宽分别等分，根据造型确定袖身的前、后偏袖造型线和袖口线，制图步骤参见第三章图3-2-6。

（5）确定大袖、小袖的纸样轮廓线，前袖缝和前偏袖造型线平行，后袖缝下方袖衩位置的大袖和小袖后袖缝线基本重合。

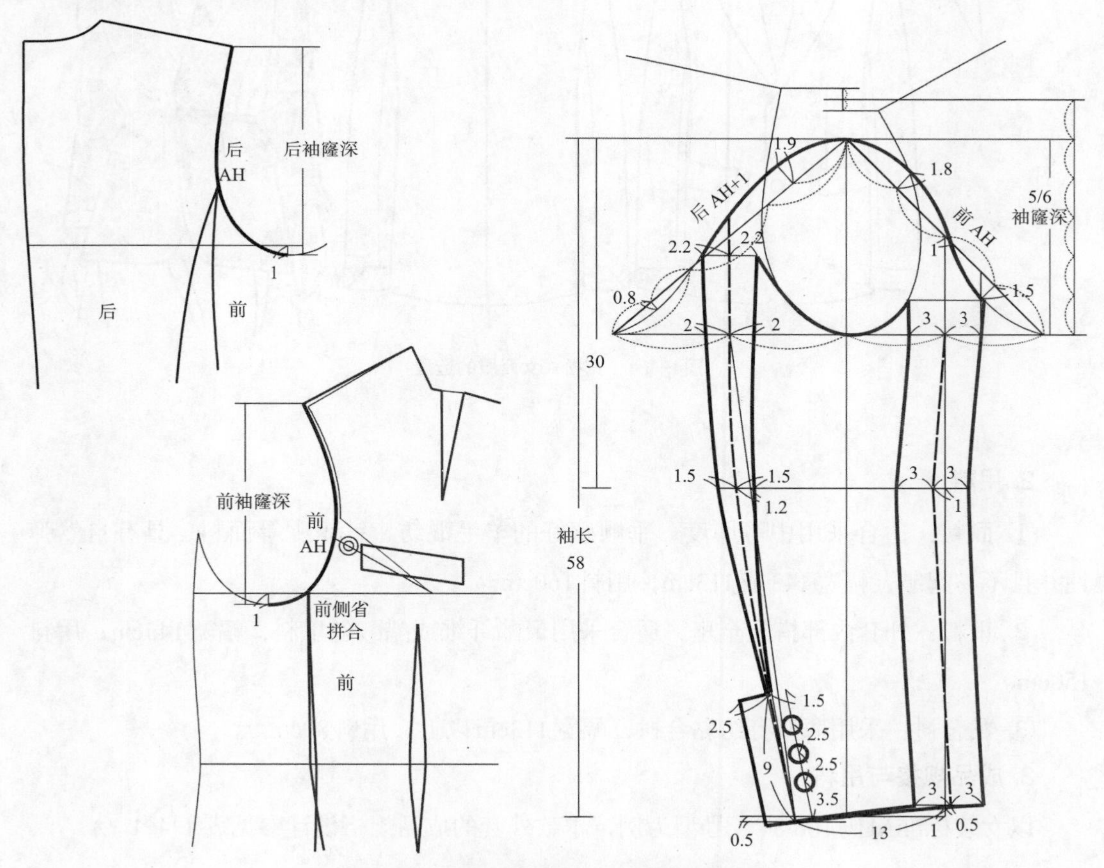

图4-3-5　双排扣戗驳领女西服的袖结构设计

第四节 | 宽松式女西服

一、造型与规格

1. 款式特点

本款外套采用两面构成结构，衣身整体呈现稍宽松的直线形态，也可以加束腰带形成自然随意的收腰造型，整体风格简洁休闲。经典平驳领，单排两粒扣，前身挖袋加袋盖，合体两片袖加装饰袖头，无垫肩或加面积较大的薄垫肩，如图4-4-1。

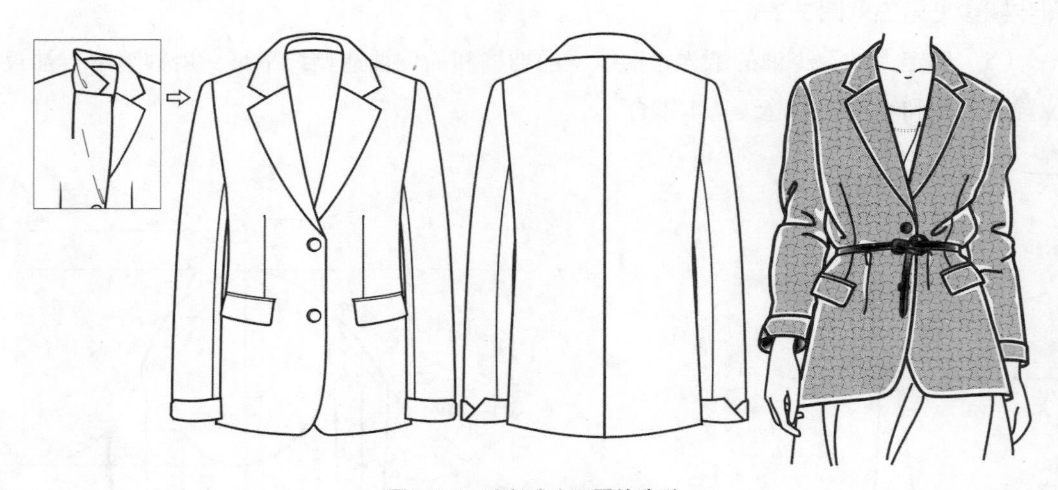

图4-4-1 宽松式女西服的造型

2. 用料

① 面料：适合采用中等厚度、垂顺感好的羊毛混纺、针织呢等面料，具有自然弹性并且不易起皱，幅宽143或113cm，用料160cm。

② 里料：外套内部搭配全里，适合采用聚酯纤维或醋酸丝里料，幅宽143cm，用料150cm。

③ 黏合衬：采用薄型有纺黏合衬，幅宽113cm以上，用料80cm。

3. 成品规格与用料

以女装标准M码160/84 A号型为例，本款外套的成品规格设计参见表4-4-1。

表4-4-1　宽松式女西服规格表（160/84 A）　单位：cm

	后衣长	胸围	腰围	肩宽	袖长	袖口大
净体尺寸	背长38	84	66	38.5	全臂长52	/
成品规格	66	98	90	约42	59	14

二、结构制图

1. 原型省道处理

后片肩省的1/2转移作为袖窿松量，剩余1/2省量保留作为肩线吃缝量。前身袖窿省的2/3省量保留作为袖窿松量，其余的袖窿省量待完成前片基础结构后转移作为领省，如图4-4-2。

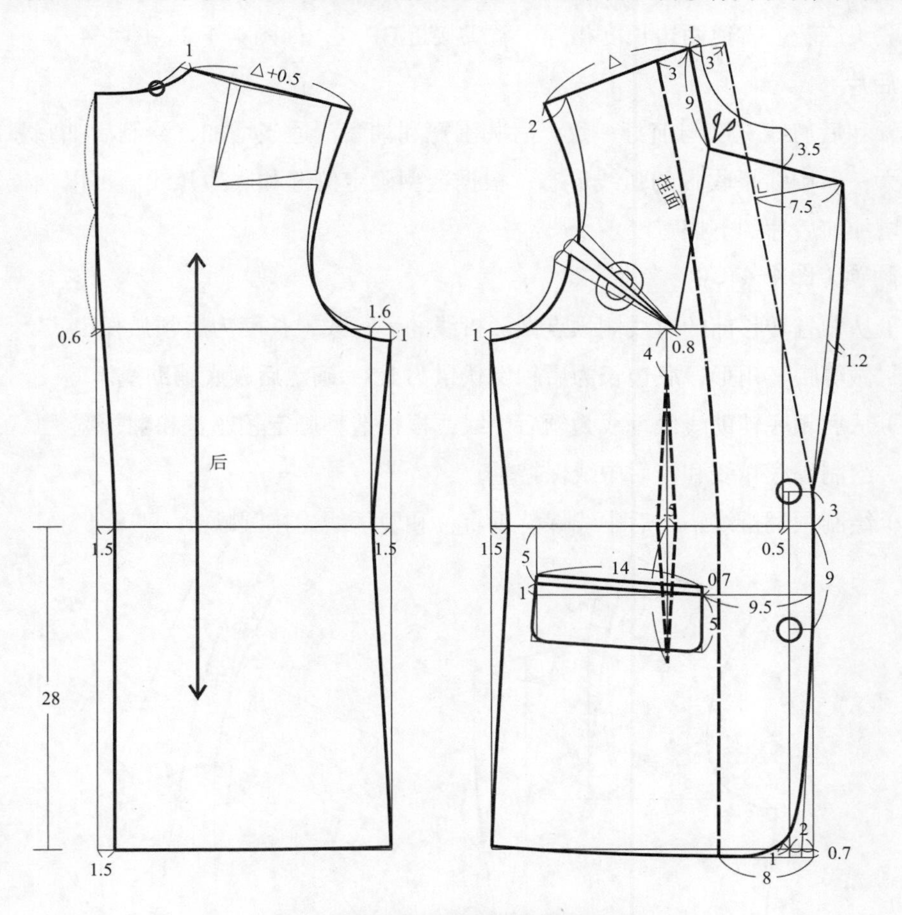

图4-4-2　宽松式女西服的衣身基础结构

2. 前身基础结构（图4-4-2）

（1）前胸围宽不变，袖窿深适当增加，肩宽和胸宽根据造型适当加宽，袖窿弧线在原型袖窿省中部1/3省量位置留出空缺，两边长度相等，使省道转移拼合后的袖窿弧线圆顺。

（2）根据造型确定前止口线、驳头止点和纽扣位置。

（3）驳折线与前侧颈点的垂直距离略小于后领座宽，确定驳折线位置。

（4）前领口侧面的斜线与驳折线基本平行，根据造型确定前领口和驳头造型线。

（5）如果需要更合体的收腰造型，可以增加前腰省设计。

（6）根据造型确定双开线挖袋的位置，从袋口中线开始设计袋盖的造型线。

3. 挂面

根据内里造型确定挂面位置，腰围线以下呈垂直线。

4. 前片

将预留的1/3袖窿省量转移至领口，重新绘制领省和前领串口线，使缝合后的领省完全被驳头遮蔽，省道两边长度相等，省尖接近BP点，如图4-4-2、图4-4-3。

5. 后片

后领和后肩线宽度与前身一致；后胸围宽和袖窿深适当增加，绘制后袖窿弧线，背宽略加大；后中线呈收腰的弧线形态；根据造型确定侧缝和底边弧线。可以根据造型需要同步增加前后片的下摆宽度。

6. 翻领（图4-4-3）

（1）从领省转移前的肩线侧颈点做驳折线的平行线，长度为后领弧长○。

（2）做等腰三角形，底边长为后领倒伏量为2.5，确定后领底辅助线。

（3）从后领底辅助线做垂线为领后中线，根据造型确定领座宽和翻领宽。

（4）绘制领底弧线和与后中线保持垂直。

（5）绘制领翻折线，与后中线保持垂直，和驳折线连接圆顺。

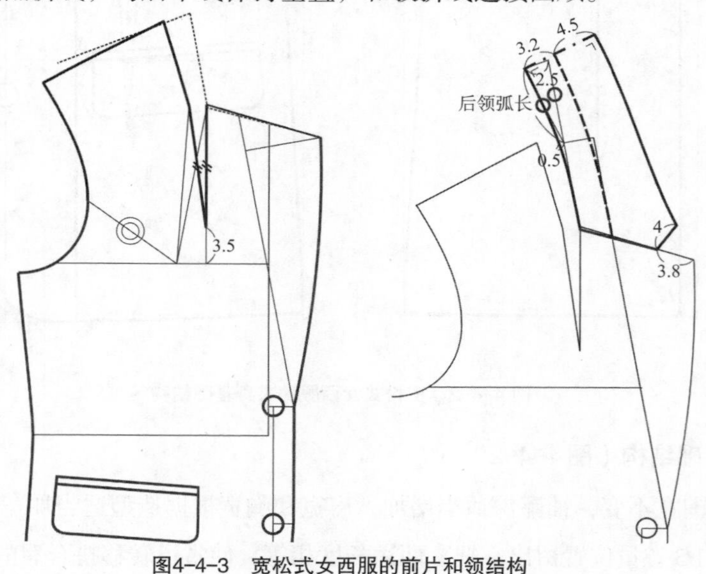

图4-4-3　宽松式女西服的前片和领结构

（6）根据造型绘制领外口线，与后中线保持垂直，后领部位的宽度基本相等。

7. 衣袖结构（图4-4-4）

（1）测量后衣身的袖窿深和袖窿弧长，测量省道转移后的前袖窿深和前袖窿弧长。

（2）根据造型计算确定袖山高=5/6袖窿深（前后平均值）−1。

（3）确定袖宽：前袖山斜线长度=前AH，后袖山斜线长度=后AH+0.5~1，绘制一片袖结构的袖山弧线圆顺，弧线可以适当调整，使袖山吃缝量适度。

（4）将前、后袖宽分别等分，根据造型确定前、后偏袖造型线和袖口线。

（5）确定大袖、小袖的纸样轮廓线，前袖缝和前偏袖造型线平行，后偏袖造型线在下方7cm位置重合。

8. 袖头（图4-4-4）

在袖身基础结构上根据造型绘制袖头，呈前后宽度不同的折角造型，将纸样拷贝拼合成为完整的袖头纸样，拼合时适当增加外层扩展容量，使穿着后袖子不紧绷。

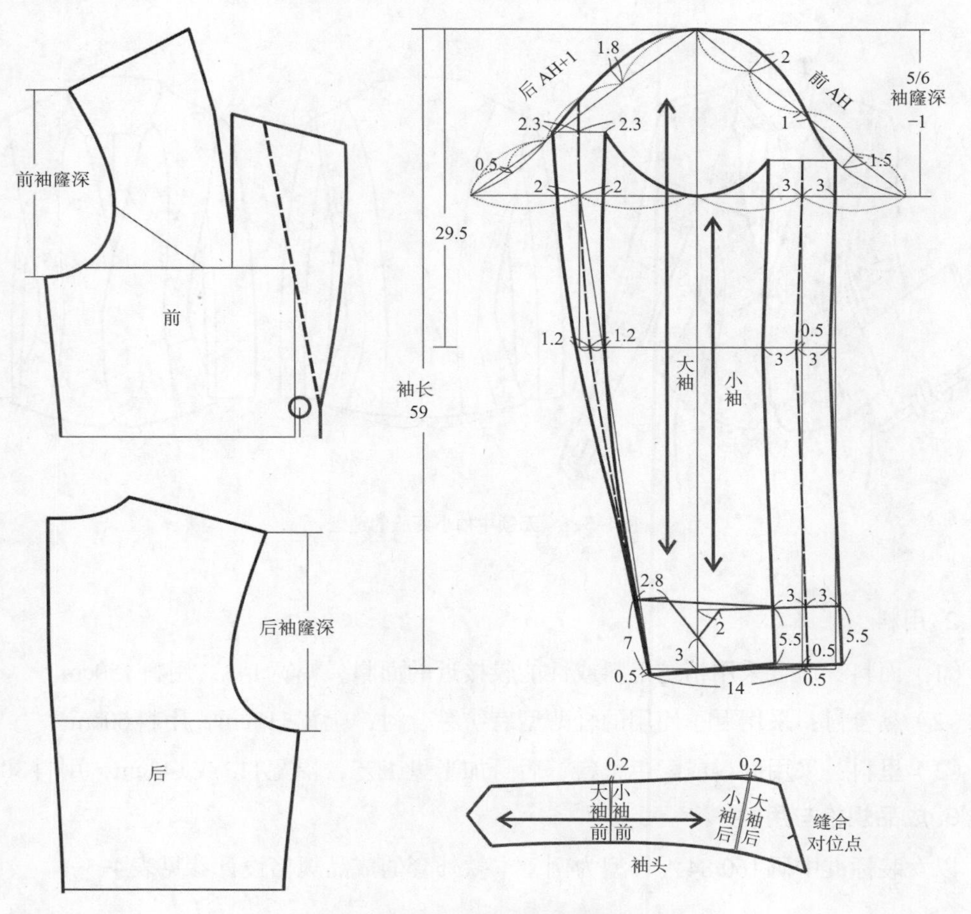

图4-4-4　宽松式女西服的衣袖结构

第五节 | 无领中袖小西服

一、造型与规格

1. 款式特点

本款外套为强调女性曲线的合体收腰造型，下摆向外扩张形成明显的X廓形，穿着时活动方便，造型干练优雅而不失时尚。衣长接近臀围线，贴合颈部的曲线领口造型，一粒扣，前身分割线加褶裥，合体中长袖，如图4-5-1。

此类外套的造型细节变化繁多，以两面构成的合体衣身结构为基础，前、后身分别进行各种分割、褶皱等结构变化，领型、口袋等部位结构随流行时尚而灵活变化，注重装饰性，常被称为“小西服”，适合作为白领女性春夏季节穿着的职业装外套。

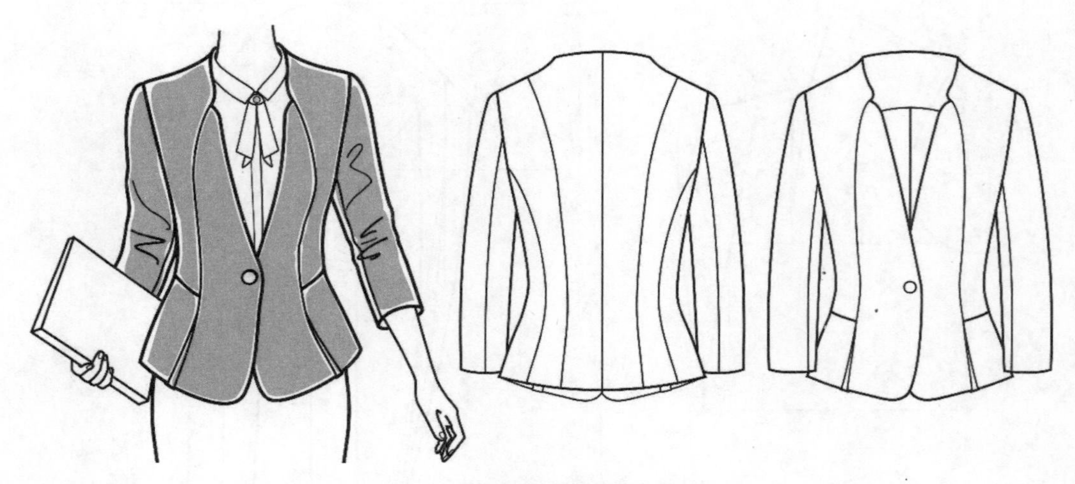

图4-5-1 无领中袖小西服的造型

2. 用料

（1）面料：适合采用精纺毛料或性能较接近的面料，幅宽143，用料150cm。

（2）黏合衬：采用夏季使用的轻薄型有纺黏合衬，幅宽113cm，用料60cm。

（3）里料：采用面料或配色里料，后身加半里工艺，幅宽113或143cm，用料30cm。

3. 成品规格与用料

以女装标准中码160/84 A号型为例，本款外套的成品规格设计参见表4-5-1。

表4-5-1　无领中袖小西服规格表（160/84A）　　单位：cm

	前/后衣长	胸围	腰围	臀围	袖长	袖口围
净体尺寸	背长38	84	66	90	全臂长52	/
成品规格	53	92	约75	约106	44	约26

二、结构制图（视频4-3）

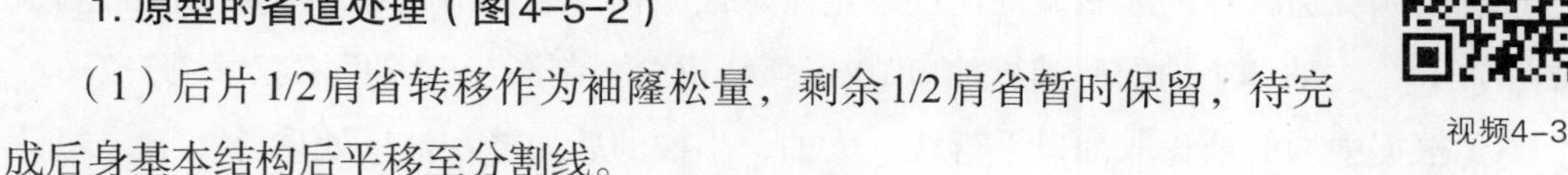

视频4-3

1. 原型的省道处理（图4-5-2）

（1）后片1/2肩省转移作为袖窿松量，剩余1/2肩省暂时保留，待完成后身基本结构后平移至分割线。

（2）前身将上部1/3袖窿省量作为袖窿松量，其余2/3袖窿省量暂时保留，待完成前衣基础结构后转移至分割线。

2. 衣身基础结构（图4-5-2）

（1）按照两面构成基础结构确定后中线、前门襟止口线和底边线，前身和后身的胸围、臀围宽度基本相等。

（2）根据造型适当增加后领高度，与肩线相连呈圆顺弧线。前身侧颈点增加的领座高度和后片相等，前肩线长度与分割线拼合后的后肩线长度相等。

（3）根据造型绘制前分割线位置斜向经过BP点，后肩分割线下半段接近肩胛骨垂线，计算腰省总量均衡分配至所有分割线。

3. 后片分割（图4-5-2、图4-5-4）

（1）将预留的1/2原型肩省量平移至分割线位置，腰省量等分，绘制过肩部的两条分割线圆顺，底边的交叠量和起翘量适当调整，确保分割线的两边长度相等。

（2）将剩余的腰围宽度等分确定下半段分割线位置，袖窿的分割位置通常低于后腋点，绘制后身的两条分割线圆顺，底边交叠量和起翘量适当调整，确保分割线的两边长度相等。

4. 前片分割（图4-5-2~图4-5-4）

（1）将预留的2/3原型袖窿省分别转移至分割线上下方，前中片按照造型收腰的分割线不变，前侧片分割线曲度明显增加，修顺弧线并重新绘制前侧片整体轮廓线。

（2）按照袋口造型确定腰部分割线位置，在分割线位置下部增加适当的褶裥量，使下摆围扩展，外观平整又增加了立体装饰变化。

5. 挂面和后里（图4-5-2、图4-5-4）

（1）在没有转移袖窿省的前身结构基础上，根据造型和无里制作工艺确定挂面的轮廓线，袖窿部位的长度略高于胸宽位置。

（2）在后身结构基础上，根据造型和制作工艺确定后里的下边线，袖窿部位的长度到背宽线附近，肩分割线拼合去除肩省量后确定后里纸样的整体轮廓线。

6. 袖（图4-5-3）

（1）测量衣身的前袖窿深、后袖窿深、前袖窿弧长、后袖窿弧长。

（2）按照普通长袖的前后偏袖造型确定两片袖结构，取袖山高=1/3AH（前后袖窿弧长之和AH），大袖和小袖的后袖缝袖口10cm弧线重合。制图步骤参见第三章图3-2-6。

（3）根据中袖的袖长取袖口平行线，大袖、小袖的后袖缝在袖口处重合。

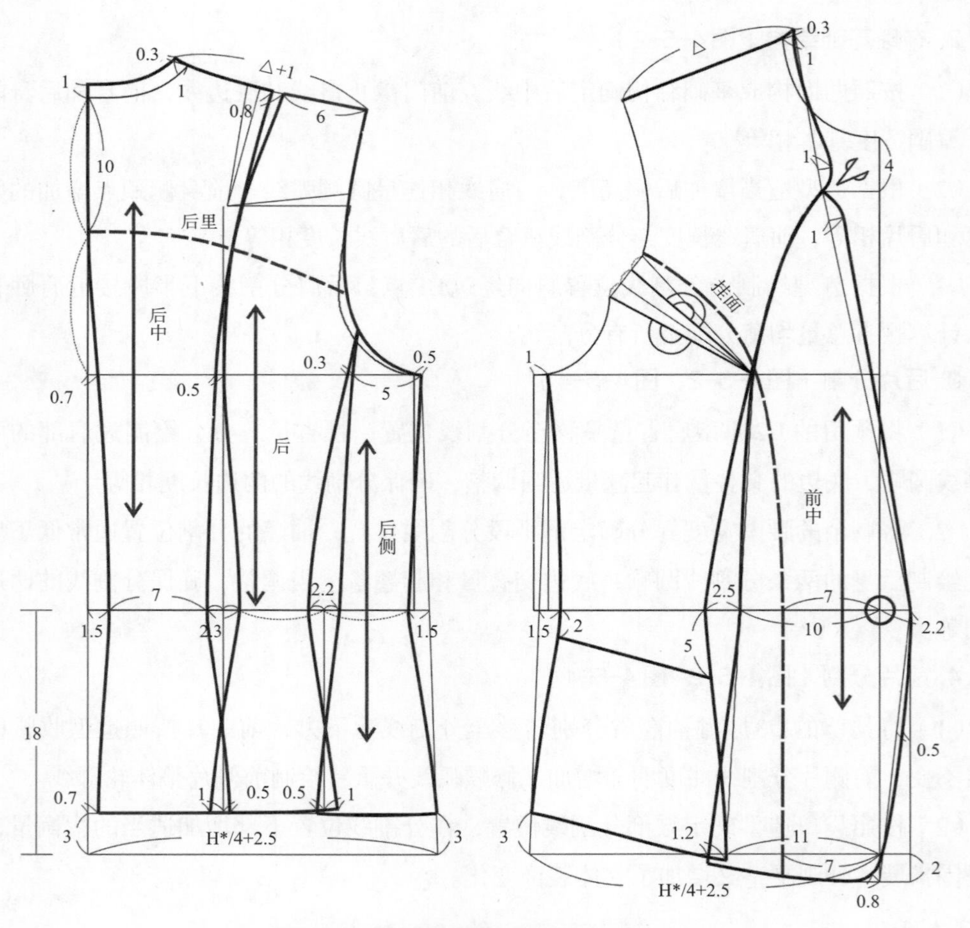

图4-5-2　无领中袖小西服的结构设计（一）

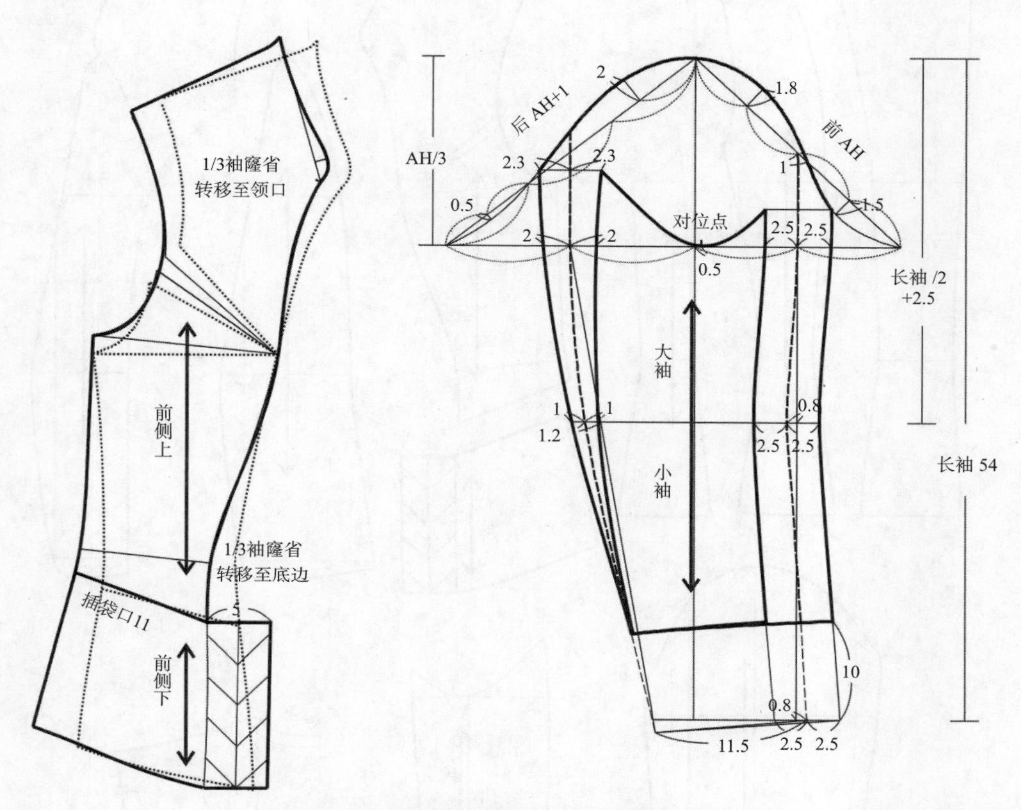

图4-5-3　无领中袖小西服的结构设计（二）

三、衣片净样板

本款外套的分割线较多，将结构制图按照每个纸样的轮廓线进行分割修正，获得无领中袖小西服的所有衣片净样板，如图4-5-4。

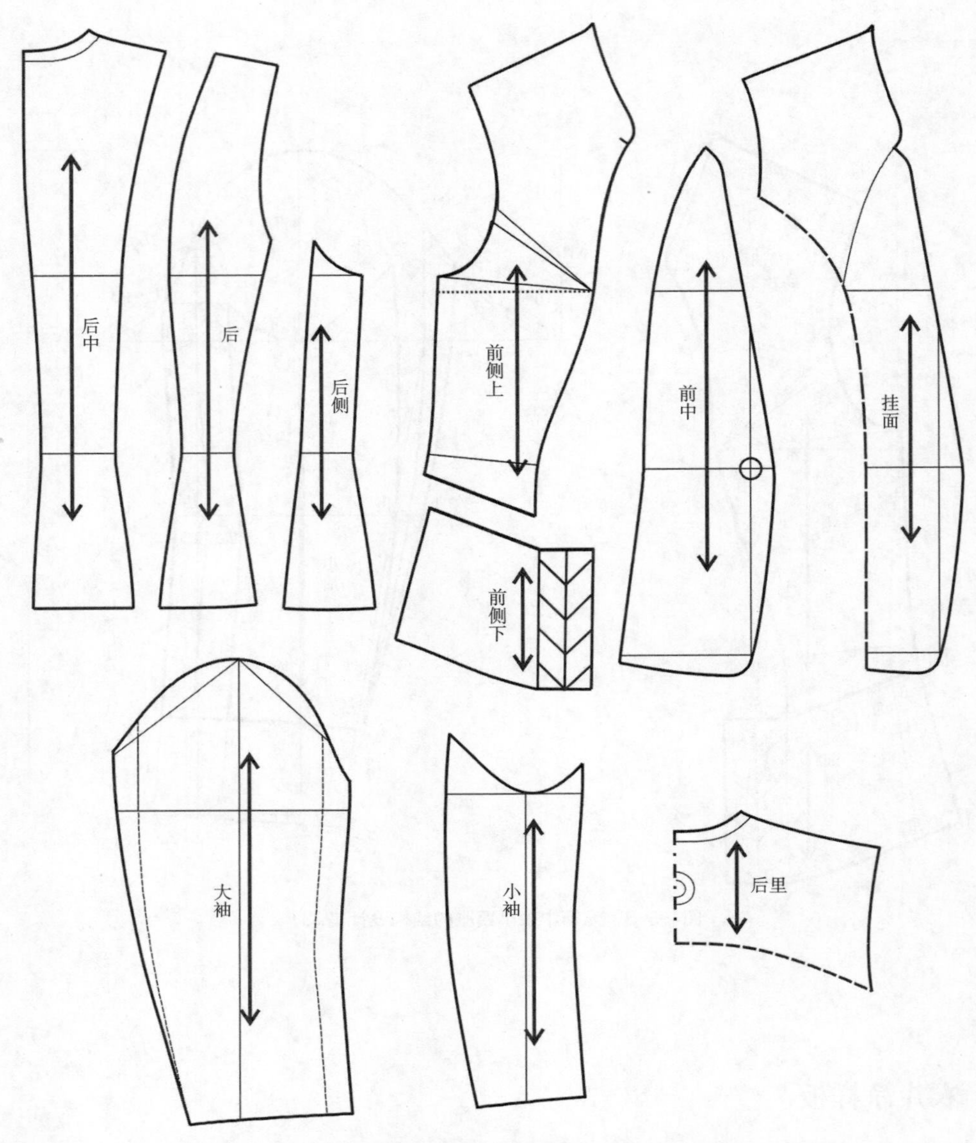

图4-5-4　无领中袖小西服的衣片净样板

第六节 | 两用领斜门襟外套

一、造型与规格

1. 款式特点

本款外套为机车夹克的变化款式，整体风格休闲粗犷。衣身合体偏短，肩部适当加宽，底边有单独的克夫，前中交叠的斜门襟加金属拉链，两用翻领的拉链打开时可以呈现驳领造型，两片袖袖口加拉链，如图4-6-1。

图4-6-1 两用领斜门襟外套的造型

2. 用料

（1）面料：适合采用牛仔布、人造皮革等较硬挺的面料，幅宽143cm，用料140cm。

（2）黏合衬：采用薄型有纺黏合衬，幅宽113cm，用料60cm。

（3）里料：本例的制图规格适用于无里的春秋薄外套，也可以使用聚酯纤维全里，对应胸围适当增加2~3cm，幅宽113或143cm，用料140cm。

3. 成品规格与用料

以女装标准M码160/84 A号型为例，本款外套的成品规格设计参见表4-6-1。

表4-6-1　两用领斜门襟外套规格表（160/84A）　　单位：cm

	后衣长	胸围	腰围	肩宽	袖长	袖口大
净体尺寸	背长38	84	66	39	全臂长52	/
成品规格	50	92	约84	约40	57	12

二、结构制图（视频4-4）

视频4-4

1. 衣身基础结构（图4-6-2）

按照两面构成基本结构确定衣长，前、后片的胸围和底边宽度相似。根据1/2成品肩宽确定前肩宽，绘制前、后袖窿弧线。参考拉链闭合和拉开翻折时的驳头造型共同确定前门襟止口造型线。

2. 前片分割（图4-6-2、图4-6-4）

（1）按照造型确定前过肩分割线、底边克夫分割线和纵向分割线位置，纵向分割线适当收腰省。

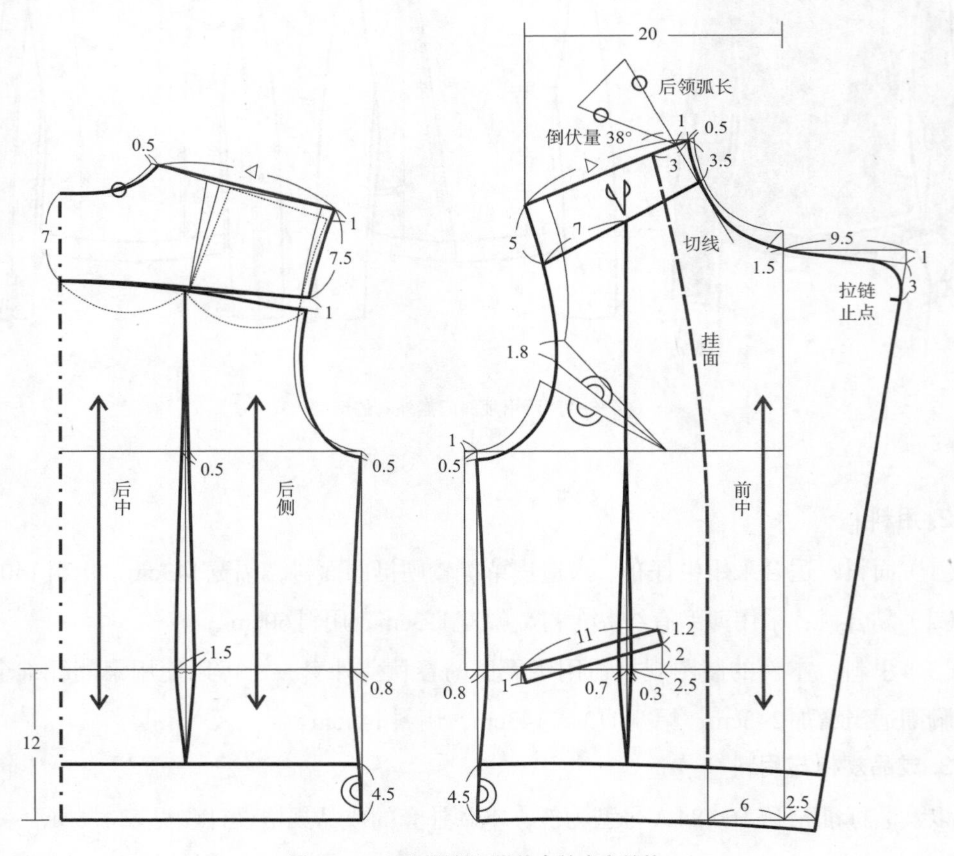

图4-6-2　两用领斜门襟外套的衣身结构

（2）前身纸样共分为前过肩、前中、前侧、前底边4部分，袋口造型根据前中片位置定位。

（3）将原型前袖窿省保留1.8cm作为松省，剩余省量转移至纵向分割线，重新修正肩线和袖窿弧线，确定前侧片纸样轮廓线。

（4）前中片分割线将剩余的袖窿省量归拢熨烫，或在肩线、底边适当减去，保持分割线两边长度相等。

3. 后片分割（图4-6-2、图4-6-4）

（1）按照造型确定过肩分割线过原型省尖点，将后肩省转移至过肩分割线1cm，从省道转移后的肩点绘制后肩线，与前肩线长度相等，确定后过肩纸样轮廓线。

（2）按照造型确定纵向分割线和底边分割线，过肩以下分为后中、后侧、后底边3部分纸样。

4. 衣身翻折线和领（图4-6-2、图4-6-3）

（1）从前片侧颈点沿肩线向下1cm，与前领口做切线。

（2）做衣身翻折辅助线与领口切线大体平行，从切点做垂线取后领座宽−0.5cm，门

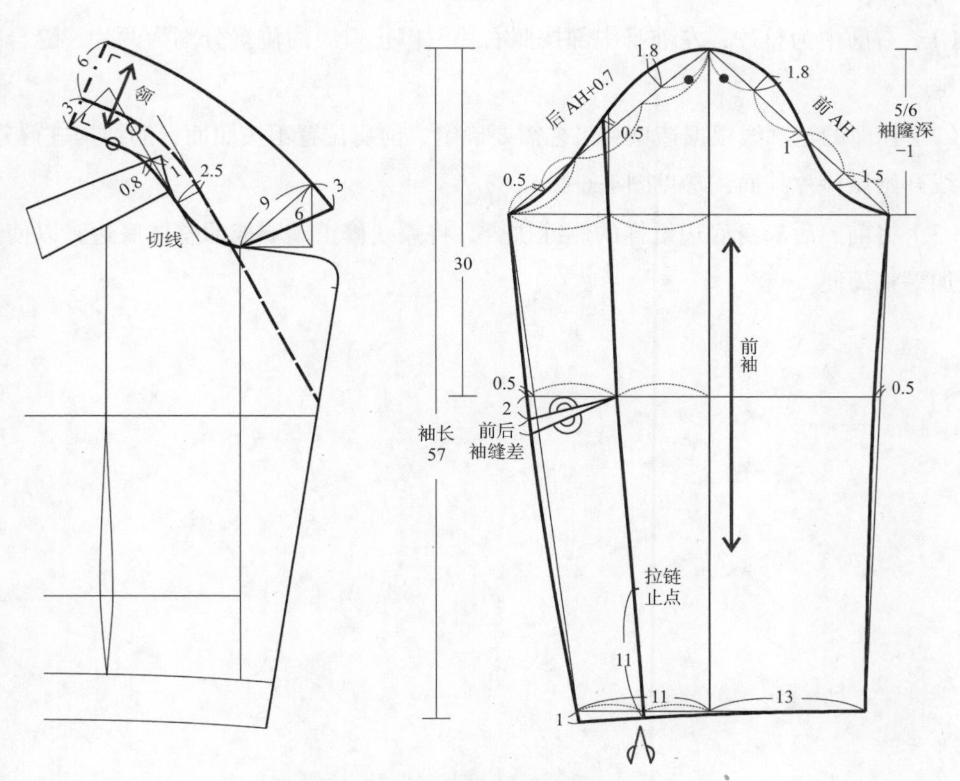

图4-6-3　两用领斜门襟外套的领、袖结构

襟的翻折线止点略高于胸围线，实际穿着时翻折线可以根据拉链闭合位置适当调整。

（3）从领口切线与肩线的交点延长后领弧长○，做等腰三角形取后领倒伏量夹角35°~40°。

（4）领后中线与倒伏量三角形下边垂直，根据造型确定领外口线，画顺领底弧线与衣身肩线重叠约0.8cm，领翻折线和衣身翻折线连接圆顺。

5. 袖（图4-6-3）

（1）测量衣身的前袖窿深、后袖窿深、前袖窿弧长、后袖窿弧长。

（2）取袖山高=5/6袖窿深（前后平均值）-1，绘制一片袖的基础结构。

（3）根据造型确定后袖分割线和拉链开衩的长度，确定前袖的纸样轮廓线。

（4）将肘省转移至袖口，修正分割线圆顺并且两边长度相等，确定后袖的纸样轮廓线。

三、衣片净样板

本款外套的分割线较多，按照每个纸样的轮廓线进行分割修正，获得两用领斜门襟外套的衣片净样，如图4-6-4。纸样分割时注意以下要点：

（1）右前中为整片，左前身中部按照右片门襟止口线的位置分割为两片，缝合时加入拉链。

（2）挂面的轮廓线根据造型和工艺需要确定，前肩位置不按照面料的结构进行分割，从肩线开始做整片挂面，参见图4-6-2。

（3）将前、后衣身底边纸样的侧缝拼合，将弧线修正圆顺成为整体底边，以使缝合时更加平整简便。

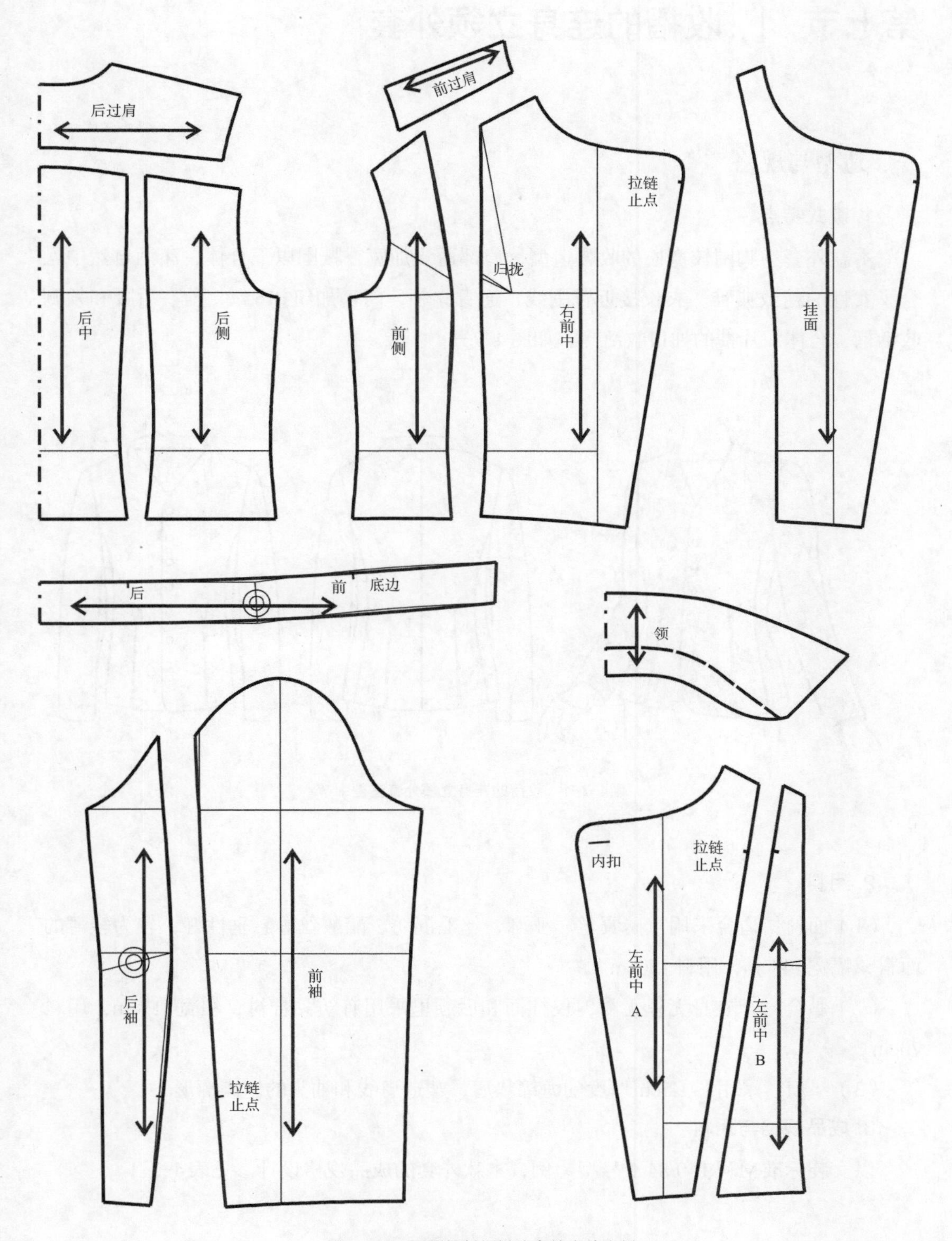

图4-6-4　两用领斜门襟外套的衣片净样

第七节 | 收褶的连身立领外套

一、造型与规格

1. 款式特点

本款外套为胸围较宽松的收腰造型，肩部适当加宽，腰围以下合体，潇洒自然中融合了女性的精致典雅。衣长接近臀围线，连身立领，门襟加纽扣6粒，前、后腰和领侧收活褶，合体一片袖的袖口收活褶，如图4-7-1。

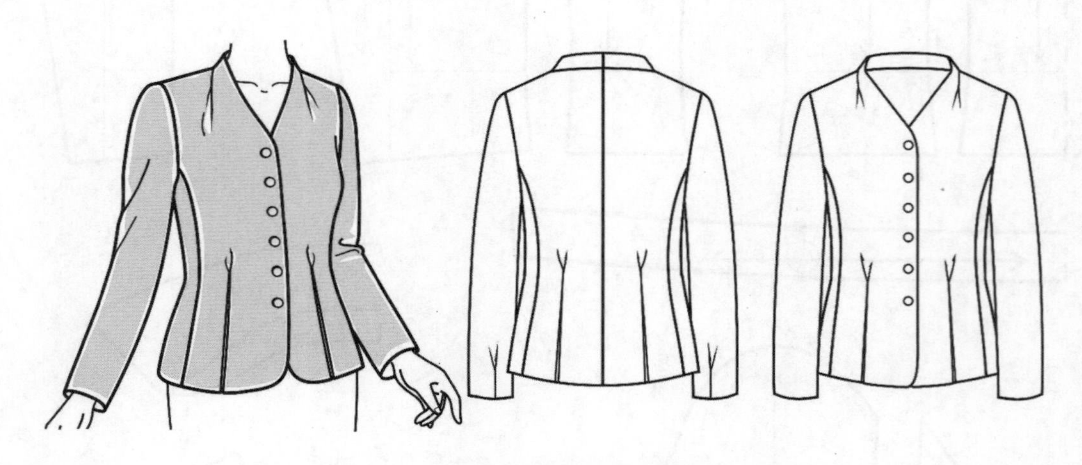

图4-7-1　收褶的连身立领外套造型

2. 用料

（1）面料：适合采用重磅真丝、亚麻、丝毛混纺、醋酸丝等悬垂性好，较为轻薄的面料，幅宽143cm，用料150cm。

（2）黏合衬：衣身无里无衬，仅挂面和后领里采用有纺黏合衬，幅宽113cm，用料70cm。

（3）垫肩：采用1~1.5cm厚度的海绵垫肩，塑造肩线和袖头的饱满廓形。

3. 成品规格与用料

以女装标准M码160/84 A 号型为例，本款外套的成品规格设计参见表4-7-1。

表4-7-1　收褶的连身立领外套规格表（160/84A）　　单位：cm

	后衣长	胸围	腰围	臀围	肩宽	袖长	袖口围
净体尺寸	背长38	84	66	90	39	全臂长52	/
成品规格	58	102	约79	100	约41.5	56	23

二、结构制图

1. 原型省道处理（图4-7-2）

将后肩省的1/2转移作为袖窿松量，剩余的1/2省量保留作为肩线吃缝量；

前袖窿省保留1/2省量作为袖窿松量，其余1/2省量转移至肩线侧颈点预留为领口褶裥。

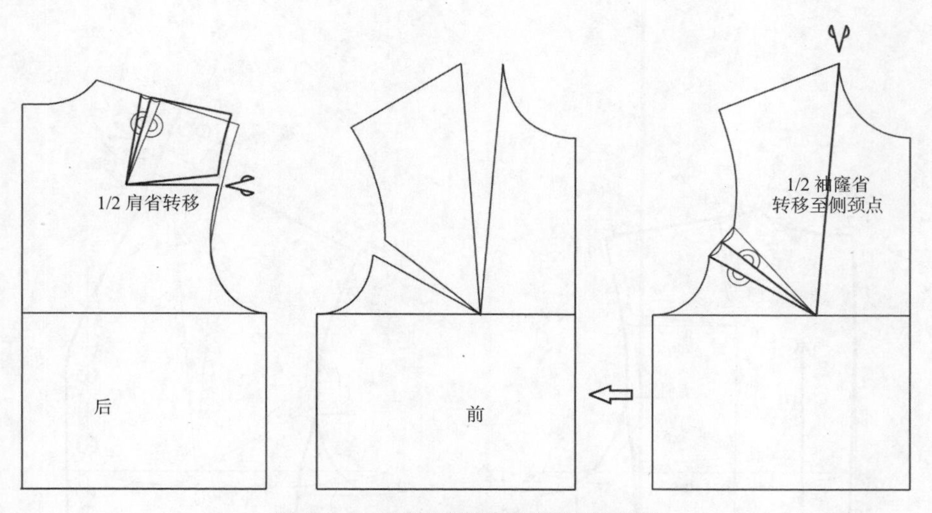

图 4-7-2　连身立领外套的原型省道处理

2. 衣身基础结构（图4-7-3）

（1）按照两面构成结构确定后中线和前门襟止口线，肩宽略增加并抬高垫肩量，根据后肩线长度确定前肩线。

（2）后胸围宽略大于前胸围宽，袖窿适当降低，绘制袖窿弧线圆顺。

（3）臀围宽在成品臀围基础上加褶裥量，使前后侧缝斜度接近。

（4）前分割线位置接近人体前腋点垂线，后分割线位置接近人体后腋点垂线，腰线收省量均衡分配，确定前、后分割线形态。

（5）从肩省尖点做垂线作为后身褶裥中线，前身褶裥中线位于BP点垂线，参照人体曲面确定合理的收褶量，褶裥从底边缝合至腰线上1.5cm。

3. 连身立领结构（图4-7-3、图4-7-4）

（1）与原型肩线方向保持垂直，从侧颈点沿肩线1cm位置开始，向外延长绘制后领方形辅助线，长度为后领弧长○，宽度为领座高2.6cm。

（2）绘制连身立领的前领口造型线，与方形右侧领外口边线连接圆顺。

（3）在肩线附近设置4条平行的剪切辅助线，方向和原型肩线方向一致。

（4）从领口外侧进行纸样剪切，每条剪切辅助线适量叠合，使立领上口缩短更贴合颈部，连身领外口线形成内凹的弧线形态，后领弧长不变，曲线修正圆顺。

（5）将领宽加大后的肩省余量作为褶裥，缝合长度约5cm，确定与前身相连的连身立领纸样。

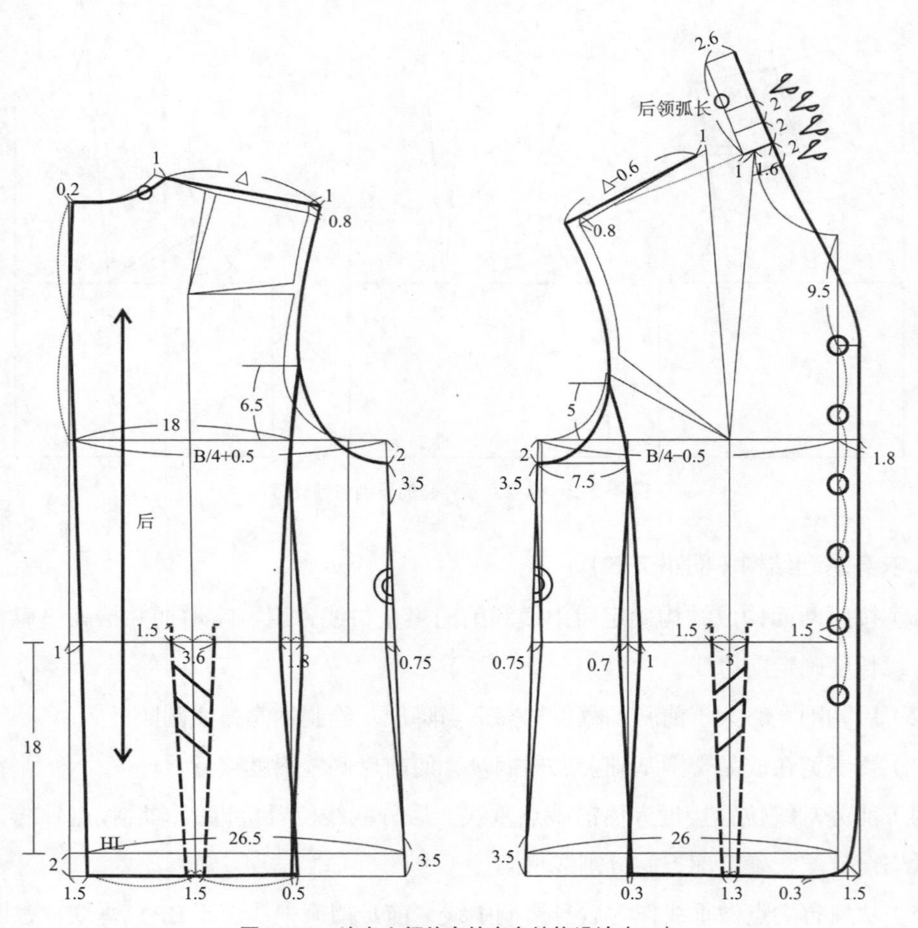

图4-7-3　连身立领外套的衣身结构设计（一）

4. 侧片

将分割后的前、后侧面小片纸样拼合，收腰量合并形成省道，完成侧片纸样。如图4–7–3、4–7–4。

5. 挂面

根据造型和工艺确定挂面的宽度，腰围线以下保持垂直。按照原型的肩线方向取3cm宽，前领部位从肩线向下2cm留凹口与后领里缝合，确定挂面纸样轮廓线。如图4–7–4。

6. 后领里（图4–7–4）

后领里的长度超出肩线2cm，和纸样剪切折叠后的曲线连身立领上部形态一致，确定后领里纸样轮廓线。后领里和挂面拼合时错开肩部，可以是褶皱部位更加平整，穿着舒适性更好。

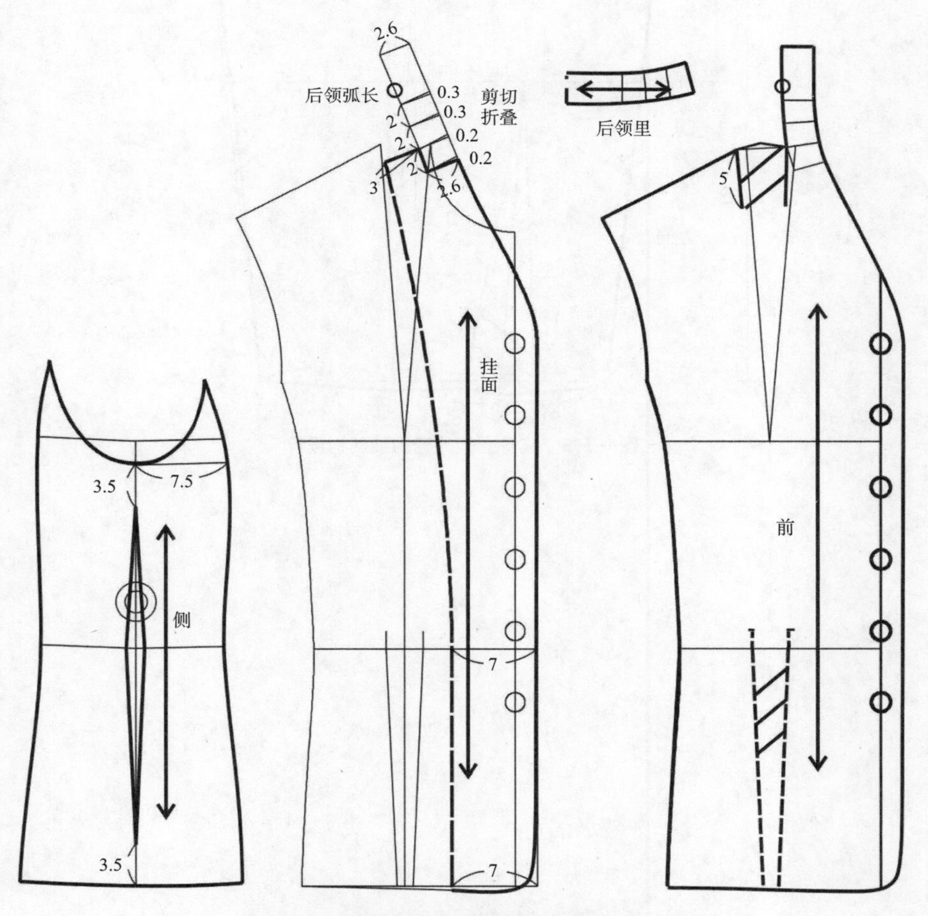

图4–7–4　连身立领外套的衣身结构设计（二）

7. 袖（图4-7-3、图4-7-5）

（1）以衣身基础结构的侧缝线位置作为前、后袖窿的分界点，测量衣片的前袖窿深、后袖窿深、前袖窿弧长、后袖窿弧长。

（2）根据造型取袖山高=5/6袖窿深（前后平均值）-0.5cm，按照合体一片袖结构绘制袖片纸样，袖口后中部包含褶量6cm，收褶缝合7cm，前、后袖缝长度相等。

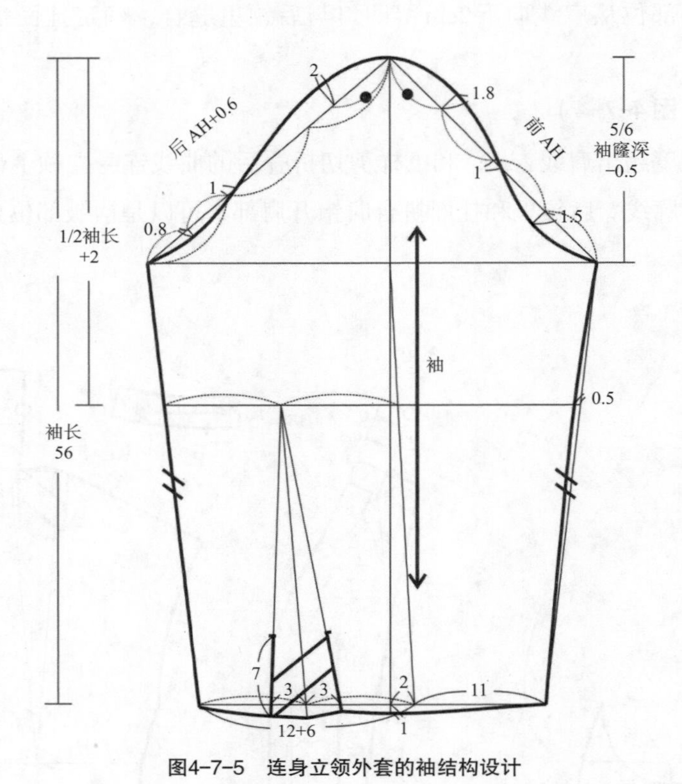

图4-7-5　连身立领外套的袖结构设计

第八节 | 公主线连身袖外套

一、造型与规格

1. 款式特点

本款外套为自然收腰的半紧身造型，整体线条独特流畅，风格端庄优雅。由于合体连身袖的活动功能相对受限制，本外套更适合作为正式场合着装，如使用织锦缎面料制作时可以作为新中式礼服外套。衣身长度略超过臀围线，前中对襟加装饰扣钩或盘扣，连身燕式领，与公主线相连的连身袖，如图4-8-1。

图4-8-1 公主线连身袖外套造型

2. 用料

（1）面料：适合采用精纺毛料、棉麻布、织锦缎等轻薄挺爽型的面料，幅宽143cm，用料180cm。由于衣身与袖相连时面料图案完整而有自然的纱向变化，本外套尤其适用于有图案的面料，也可以采用拼色拼料，从而强调分割线的独特结构。

（2）里料：内部搭配全里，适合采用聚酯纤维或人造丝轻薄型里料，幅宽143cm，用料140cm。

（3）黏合衬：采用薄型有纺黏合衬，幅宽113cm，用料60cm。

3. 成品规格与用料

以女装标准M码160/84 A号型为例，本款外套的成品规格设计参见表4-8-1。

表4-8-1　公主线连身袖外套规格表（160/84A）　　单位：cm

	后衣长	胸围	腰围	臀围	袖长	袖口大
净体尺寸	背长38	84	66	90	全臂长52	/
成品规格	60	96	约83	101	55	12.5

二、结构制图（视频4-5）

视频4-5

1. 原型省道处理（图4-8-2）

（1）将后肩省的1/2转移作为袖窿松量，剩余1/2肩省量暂时保留，待完成后片基本结构后转移作为领省。

（2）将1/3前袖窿省保留作为袖窿松量，剩余2/3袖窿省暂时转移至胸围线，待完成前片基本结构后转移至分割线。

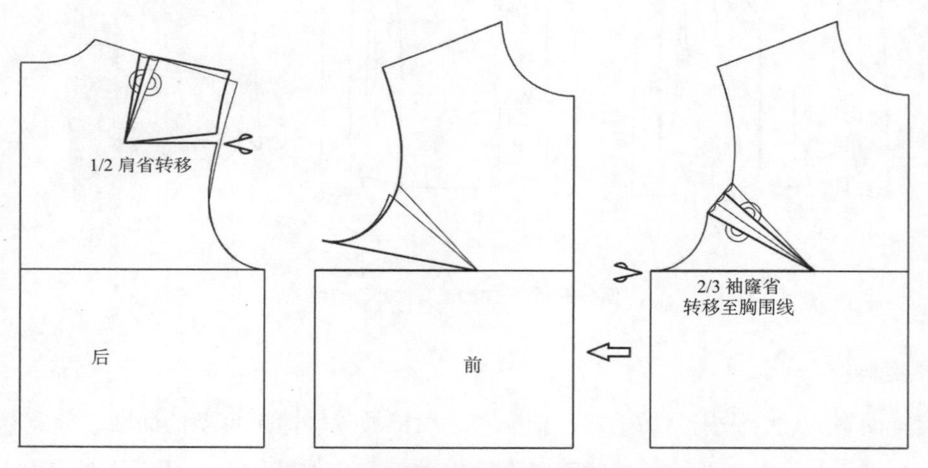

图4-8-2　公主线连身袖外套的原型省道处理

2. 衣身基础结构（图4-8-3）

（1）按照四面构成结构确定前、后衣身的基本尺寸，前身胸围宽略大于后身胸围宽。

（2）按照普通插肩袖的结构原理，绘制前、后插肩分割辅助线并与袖窿下部连接圆顺。

（3）根据造型确定前衣身的公主线分割位置，与前插肩分割辅助线的交点接近前腋点。

（4）根据造型确定后衣身的公主线分割位置，与后插肩辅助线的交点接近后腋点。

3. 连身立领基础结构（图4-8-3）

（1）在后衣身基础结构上增加后领座，领上口弧线与原型领口弧线基本保持平行等长。

（2）在后领中部设计纸样剪切辅助线，与领口弧线基本垂直，连接到肩省尖点。

（3）在前衣身基础结构上，侧颈点增加领座高度，从肩线延长线向上增加0.5~1cm，根据面料特性而确定，增加量越大则领子越松，增加量越小则领子越贴近侧颈。

（4）从侧颈的领座位置绘制前领口翻折线，先绘制翻折后形成的正面造型，根据翻折线对称翻转，确定连身燕式立领的前身造型线。

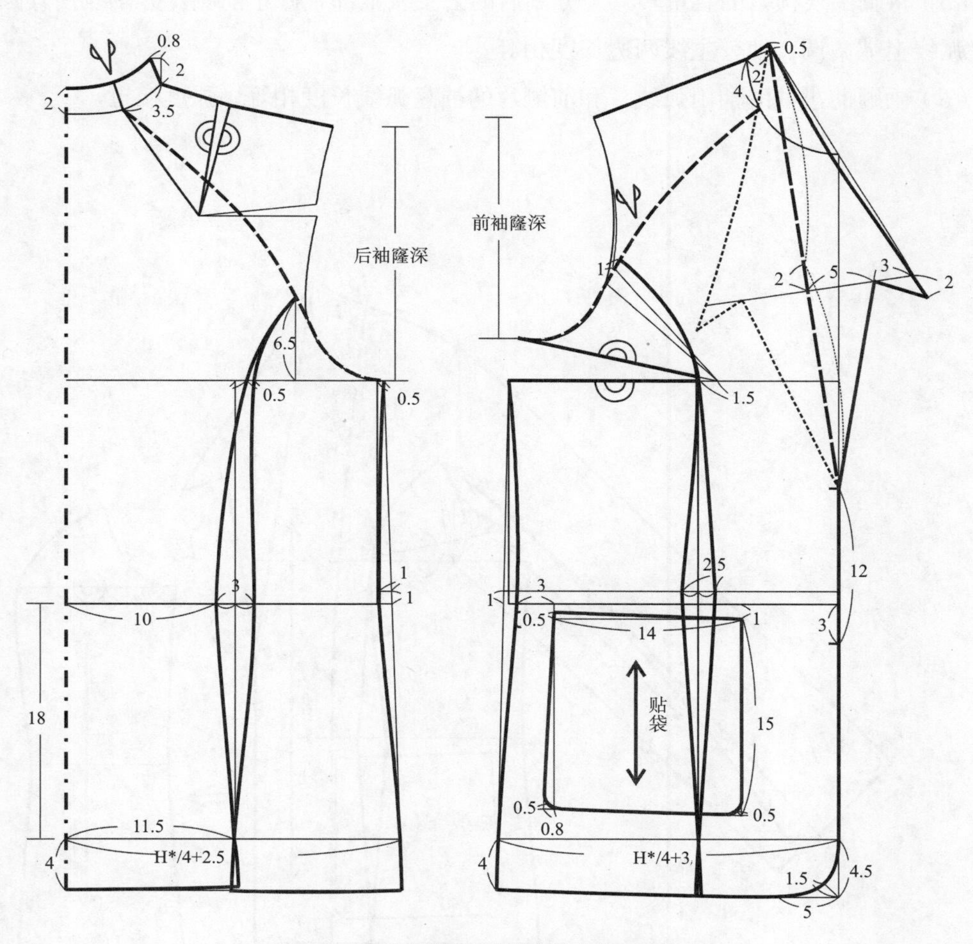

图4-8-3 公主线连身袖外套的衣身基础结构

4. 前片和前袖（图4-8-3、图4-8-4）

（1）在前衣身基础结构上测量前袖窿深、前AH，与水平线45° 夹角做前袖中线，长度为袖长。

（2）参照装袖袖山结构，计算袖山高=5/6袖窿深（前后平均值）−1.2cm，取前袖山斜线长度=前AH，确定前袖宽。

（3）从袖中线端点做垂线为袖口辅助线，包含省量的袖口宽度略小于前袖宽，使袖底缝与袖中线的方向接近平行。

（4）根据造型确定前袖身中部的两条分割线位置，与公主线连接的形态要优美，袖口弧线微调使两条分割线的长度相等。

（5）将胸围线预留的省量转移至分割后的公主线上部，修正前侧片分割线使其圆顺，袖窿弧线上端微调，使公主线两边长度相等。

（6）画顺前小袖的袖山弧线，和前侧片的袖窿弧线长度相等、弧度接近。

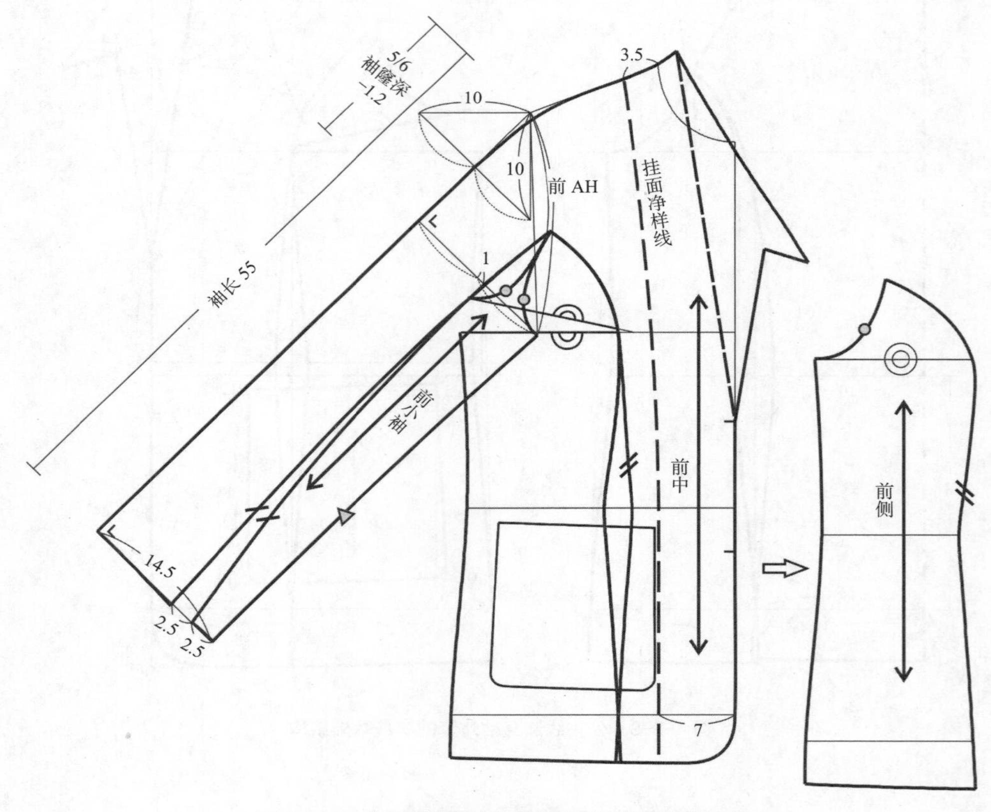

图4-8-4　公主线连身袖外套的前身和前袖结构制图

5. 贴袋

根据造型确定贴袋的纸样轮廓线，袋口到侧缝的距离大于腰省量，确保在分割线缝合后口袋与侧缝保持适当的距离，如图4-8-3。

6. 挂面

根据领造型和缝制工艺确定包括前连身领的挂面轮廓线，如图4-8-4。

7. 后片和后袖（图4-8-3、图4-8-5）

（1）在后衣身基础结构上测量后袖窿深、后AH，使后袖中线的斜度略小于前袖中线，长度为袖长。

（2）计算袖山高=5/6袖窿深（前后平均值）−1.2cm，取后袖山斜线长度=后AH，确定后袖宽。

（3）从袖中线端点做垂线为袖口辅助线，包含省量的袖口宽度略小于后袖宽，使袖底缝与袖中线的方向接近平行。

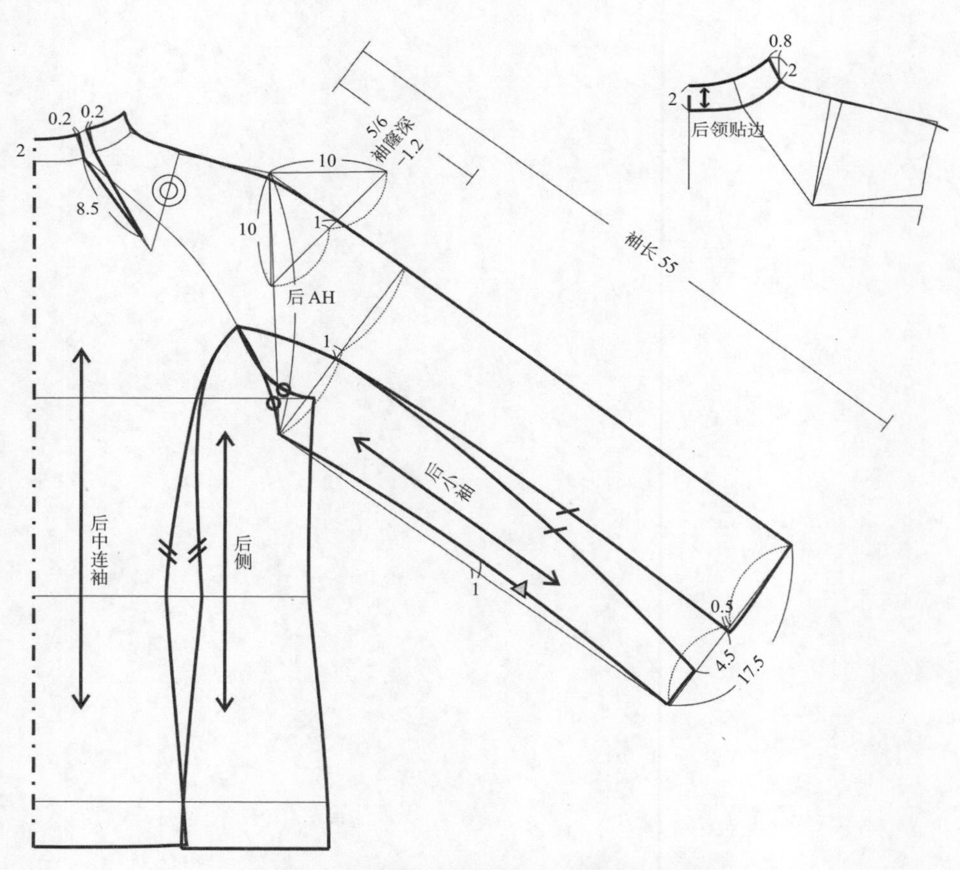

图4-8-5 公主线连身袖外套的后身和后袖结构制图

（4）根据造型确定后袖身中部的两条分割线位置，与公主线连接的形态优美，袖口弧线微调使两条分割线的长度相等，后袖底缝弧线与前袖底缝弧线长度相等。

（5）画顺后小袖的袖山弧线，和后侧片的袖窿弧线长度相等、弧度接近。

（6）将肩线预留的收肩省量转移至领口，按照剪切后的纸样适当减小领口收省量，绘制连身立领的后领省，两边长度相等。

8. 后领贴边

按照没有做领省转移时的衣身立领形态确定后领贴边，如图4-8-5。当外套加衬里时，后领贴边和后身里料在领口线位置缝合，后身里料和贴边缝合之前先收领省。

第五章

女大衣的结构设计

女性在户外穿着的长外套被称为“大衣”，兼具礼仪性和实用性功能，内部可以穿着西服、毛衫、夹克等。女大衣的风格多样，既包括严谨考究的合体正装大衣，也包括休闲时穿着的便装大衣，其具有独特的造型和结构设计特点。本章重点介绍几款经典造型女大衣的纸样设计实例，这些款式兼具实用功能性与时尚性。

第一节 | 女大衣的造型和结构特点

导学问题：

1. 女装大衣怎么分类？

2. 女装大衣和春秋外套的造型和结构设计有什么差异？

女性在秋冬季节穿着的外层服装通常较春秋外套更长，一般被称为“大衣”（coat）。现代意义上的女装大衣最初来源于19世纪的男装外套造型，用于户外穿着，兼具礼仪性和实用性功能，内部可以穿着西服、毛衫、夹克等。

一、大衣的面料和用途分类

女装大衣的设计风格多样，既包括严谨考究的合体正装大衣，也包括户外休闲时穿着的便装大衣。根据不同的面料类型和用途，女大衣主要可以分为以下五类：

（1）采用棉、麻、化纤等中等厚度的面料制作，没有衬里或搭配轻薄型里料，春秋穿着，轻便而具有挡风保暖功能，易于洗涤保管，通常被称为“风衣”。

（2）采用特别处理后的防水面料制作，没有衬里或搭配可拆卸式衬里，用于下雨天户外穿着，注重防水功能和活动舒适性，通常被称为“风雨衣”或“晴雨两用大衣”。

（3）采用蕾丝、真丝、天鹅绒等面料制作，华丽而富于装饰特点，用于春夏季节正式场合，穿着于礼服之外，被称为“礼服大衣”。

（4）采用羊毛呢、羊绒、毛皮等较厚重保暖型面料制作的长外衣，是生活中最常见的女大衣类型，通常搭配全里工艺，造型结构严谨，保暖保型性好，常作为秋冬季节较正式的户外场合着装。

（5）加入羽绒、化纤棉絮等填充料的冬季长外衣，保暖性好，适合较为宽松的造型，轻便舒适，活动性较好，通常被称为“棉大衣”。

二、女大衣的长度分类

女大衣按照衣身的长度通常分为三种主要类型，造型风格各有差异，实际应用时的大衣长度灵活多变。

（1）短大衣：长度到大腿中部，标准衣长约为人体身高的1/2，穿着轻便利落。

（2）中长大衣：长度至膝盖附近，标准衣长约为人体身高的1/2+10~20cm，保暖实用，款式风格变化多样。

（3）长大衣：长度从小腿中部至足踝位置，完全遮盖下装的裙长，衣长约为人体身高的5/8+5~20cm，款式风格沉稳优雅。

三、女大衣的造型分类

女大衣的衣身造型通常可以分为合体型、直身型、A型、茧型四类，袖型多为较合体的长袖，领型以关门领为主，注重保暖实用。女大衣最常见的一些经典造型来源于不同历史时期，通常对应着不同的纸样基本结构，参见图5-1-1。

（1）公主线大衣：衣身结构上下相连，利用公主线形成上身合体收腰、下摆明显扩展的曲线，整体风格经典优雅。

（2）骑装式大衣：来源于18世纪的男士骑装外套，强调宽肩细腰的线条轮廓，腰线横向分割，上下身结构相对独立，经常采用前短后长的造型，下摆常开衩以方便活动。

（3）直身型大衣：也称为“箱型大衣”，衣身呈略宽松的H型廓形，多采用无省道的直线结构，风格简洁自然。

（4）束带型大衣：带有腰带的大衣的总称，以较宽松的直线结构为主，腰带束紧后衣身形成X型廓形，以堑壕风雨衣为代表款式。

（5）茧型大衣：也称为“桶型大衣”，肩部呈流线型，衣身宽松接近桶状，下摆内收，整体风格现代简洁。

（6）斗篷型大衣：包括披风、羽袖外套等，衣身遮盖肩部及手臂，无单独的袖结构，整体呈A型廓形。现代意义上的西式斗篷大衣与中式传统披风相比较而言，衣领和门襟造型有更多变化，更加合体。

（7）披肩大衣：上身带有披肩的大衣，起源于苏格兰，有独立的衣袖，披肩部分有时可以拆卸取下。

图5-1-1　女大衣的经典造型

四、女大衣的结构功能特点

由于大衣穿着在外套或毛衫之外，人体总穿着层数相对较多，内部着装对于大衣外观的影响较大。因而女大衣通常采用比内部服装更加硬挺厚重的面料，并经常增加各种衬垫材料进行工艺定型，使大衣的面料组织紧密不易变形，材料厚度和重量足以抵消身体活动时内穿服装的变形受力，使整体大衣的保型性较好，内穿服装不容易影响外层大衣的造型。

大衣的面料较厚重，空余面料很难垂落形成贴伏人体的自然曲线，而是容易向外扩张形成局部的堆积褶皱。因而大衣通常采用符合人体体型的成型服装结构，将衣身、领、袖等功能部位的造型明确塑形，裁片结构以轮廓线规则光滑的形态为主。大衣的结构分割线通常符合人体形态结构，造型变化时更多考虑内部着装和工艺缝制的限制，尤其是肩部、袖窿等部位的结构和工艺设计更加严谨，定制合体型大衣往往需要根据个人体型和面料特点进行纸样修正，才能获得理想的造型效果。

大衣的衣长较长，对应的保暖功能性好，但人体下半身的活动会直接影响大衣的造型和结构设计细节。譬如长大衣下摆需要有足够的行走活动空间，下摆不够宽大的造型如果采用拉链等封闭性设计时，就需要在下方留出开口位置或使用可调节的双头拉链。又如较合体的大衣需要在臀围附近留有足够宽松量，否则坐下时容易造成后身压褶或前腹部面料堆积，再次起立时面料容易形成皱褶而影响美观。

与夏装和春秋外套相比，大衣的制作成本更高，使用年限较长，往往采用较高档的面料，更追求品质感。因而大衣的时尚性经常体现在领型、口袋、纽扣、装饰等设计细节的变化，基本造型的变化不多。对于大廓形空间、层叠、褶皱等需要增加面料余量的设计，采用厚面料制作的大衣可能过于厚重臃肿，需要更多考虑面料和辅料的特征及工艺细节，确保美观时尚与实用舒适并重。

由于女大衣的结构功能性特点突出，本章将重点介绍几款经典造型女大衣的纸样设计实例，这些款式兼具实用功能性与时尚变化细节。

项目练习：

1. 参考教材中的经典女大衣款式，收集相应的女大衣设计实例图片一组，分析其造型细节和结构特点。

2. 收集实际生活中穿着的女大衣着装实例图片一组，按照大衣与内穿服装的组合方式进行分类，分析内部着装对于大衣造型和结构设计的影响。

第二节 | 翻领直身式大衣的纸样设计

一、造型与规格

1. 款式特点

本款直身式大衣属于受流行影响较小的经典造型，外观平整简洁，适度宽松的衣身形态可以较好地掩盖体型缺陷，凸显面料的品质感，适合多种年龄和体型。大衣长度略过膝，以三面构成的衣身结构为基础，前后两侧设计分割线，单排五粒扣，前分割线加插袋，翻领，一片袖，如图5-2-1。

图5-2-1　翻领直身式大衣的造型

2. 用料

（1）面料：适合采用羊绒、女士呢、格呢等松软而保暖性较好的天然纤维面料，幅宽143cm，用料250cm。

（2）里料：全里工艺，适合采用聚酯纤维或人造丝里料，幅宽143cm，用料200cm。

（3）黏合衬：采用有纺黏合衬，幅宽90cm，用料150cm。

3. 成品规格与用料

以女装标准M码160/84 A号型为例，本款大衣的成品规格设计参见表5-2-1。

表5-2-1　翻领直身式大衣的成品规格表（160/84A）　　单位：cm

	后衣长	胸围	臀围	肩宽	袖长	袖口大
净体尺寸	背长38	84	90	38.5	全臂长52	/
成品规格	100	102	约112	约39.5	57	16

二、结构制图

1. 原型处理准备（图5-2-2）

（1）后片肩省的1/2转移作为袖窿松量，剩余1/2省量保留作为肩线吃缝量。

（2）1/3前袖窿省转移至前中线，确定前领撇胸量，剩余的2/3袖窿省保留作为袖窿松量。

（3）原型的胸围线和腰围线水平对齐，侧缝间距3cm，确定前、后原型的摆放位置。

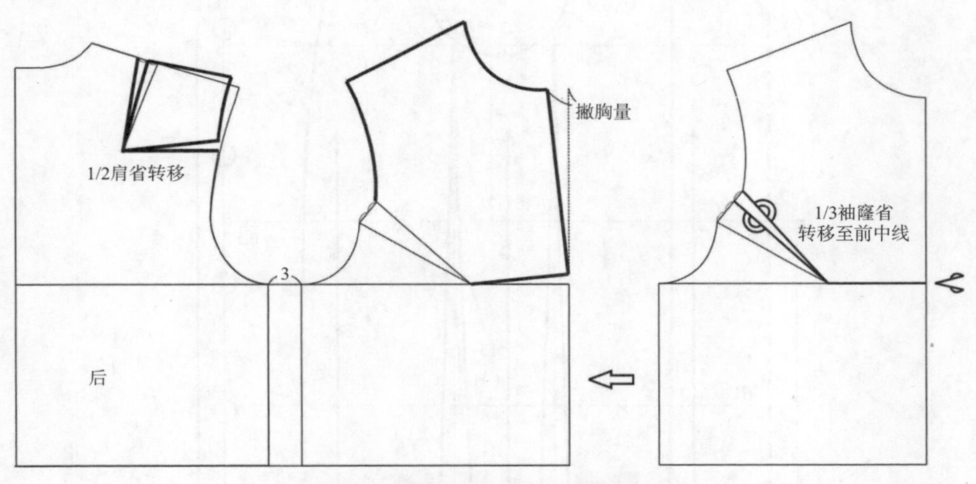

图5-2-2　翻领直身式大衣的原型处理准备

2. 衣身结构（图5-2-3）

（1）根据造型确定衣身长度和宽度的结构基础线，在原型基础上增加胸围宽松量3cm。

（2）前止口线：前中线从原型向外0.5cm为面料厚度所留的补充量，根据叠门宽度2.5cm确定前止口线，注意胸围线以上的弧线根据撇胸量修正圆顺。

（3）前、后领口弧线：比原型领口适当加大，为内穿服装的衣领留出适当松量。

（4）前、后肩线：肩端抬高0.7cm垫肩量，后肩线比前肩线长0.7~1cm（根据面料性能而确定），后肩线归拢前肩线拔烫，使大衣的成品肩宽略大于人体净肩宽。

（5）袖窿弧线：袖窿深下落1cm，胸宽和背宽略大于原型的胸宽、背宽，弧线圆顺。

（6）前、后分割线：在前、后腋点以内确定侧片对应的分割位置，分割线左右两边的衣片交叠，分割线可以完全呈直线，也可以在腰围线以上稍向内收而更加合体。

（7）口袋：在前分割线上确定插袋的袋口位置，袋口缉明线可以加强袋口牢度，不易变形。

（8）纽扣：上方纽扣接近领口，最下方纽扣接近臀围线，5粒纽扣间距相等。

3. 挂面（图5-2-3）

根据造型和工艺确定挂面的结构，腰围线以下保持垂直，宽度稍大于春秋外套挂面宽。

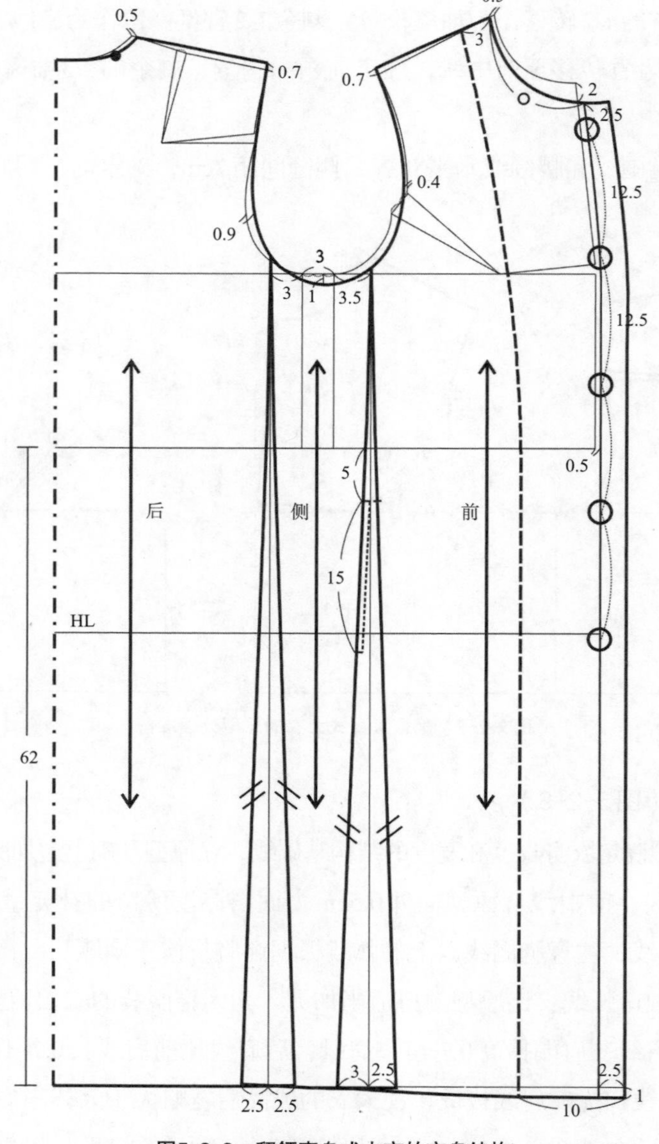

图5-2-3 翻领直身式大衣的衣身结构

4. 领（图5-2-4）

测量前、后衣身的领口弧线长度，根据造型绘制翻领，前领座高度根据面料厚度适当调整。

5. 袖（图5-2-4）

测量衣片的前袖窿深、后袖窿深、前AH、后AH（根据袖窿深最低点确定），按照造型确定较合体的一片袖结构，袖山高=5/6袖窿深。图中袖山弧线测量计算袖山缩缝量接近3cm，前、后袖缝的长度差约1.1cm，都可以根据面料性能进行微调。

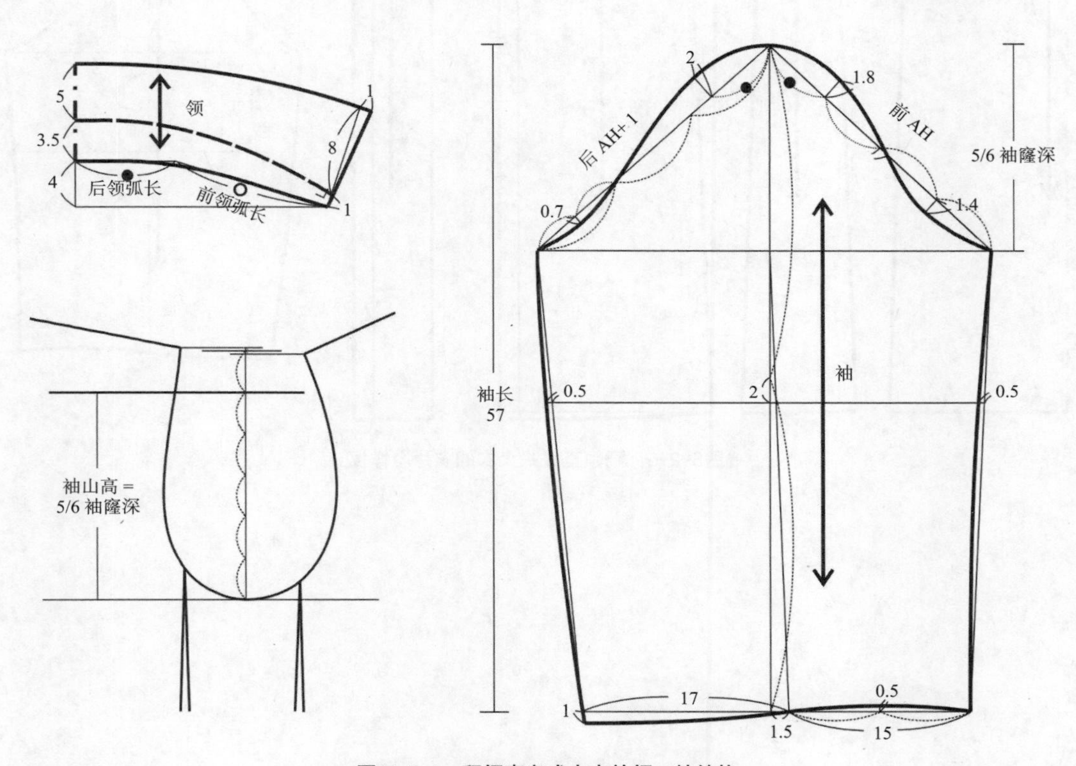

图5-2-4 翻领直身式大衣的领、袖结构

6. 衣片净样板（图5-2-5）

按照纸样轮廓线进行分割修正，获得翻领直身式大衣的衣片净样板。

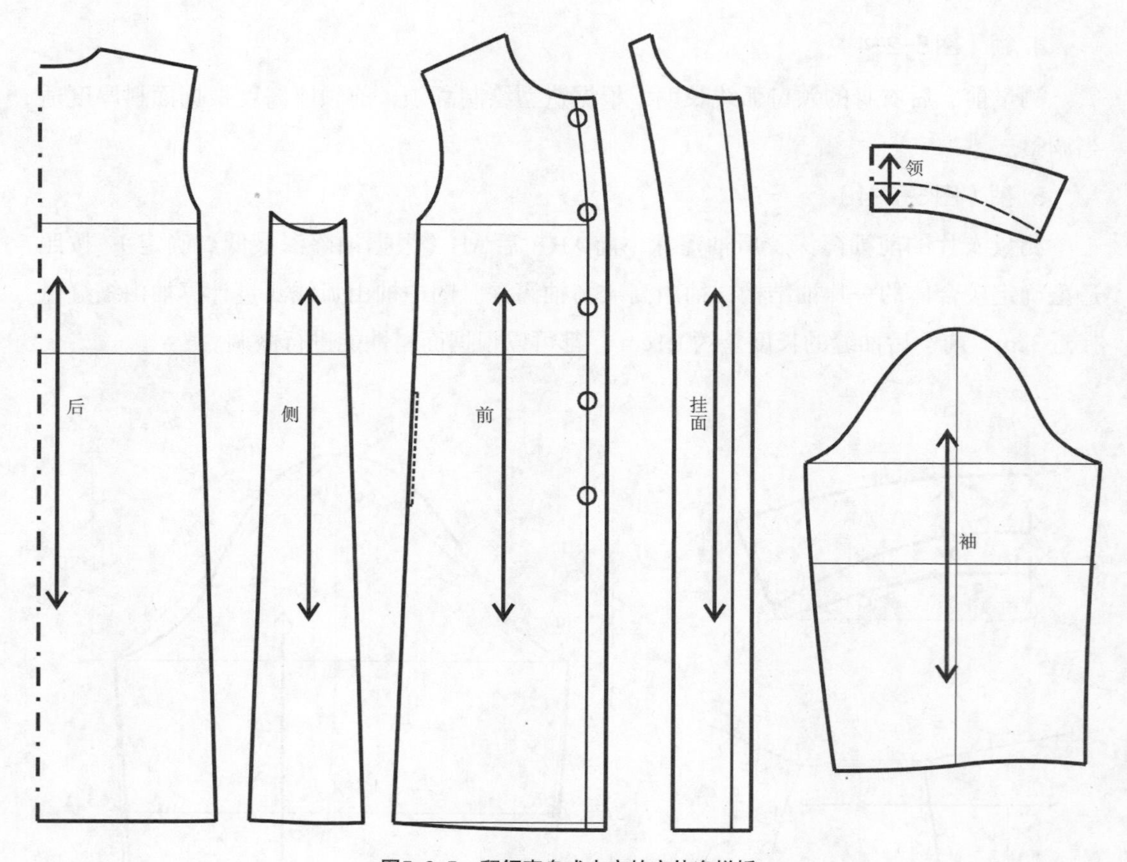

图5-2-5　翻领直身式大衣的衣片净样板

第三节　公主线收腰长大衣的纸样设计

一、造型与规格

1. 款式特点

本款大衣强调合体的女性化曲线，整体呈现收腰宽摆的X廓形，风格浪漫优雅，适合作为较正式场合的女性户外着装。大衣长度接近足踝，以四面构成的合体衣身结构为基础，前、后身设计纵向公主线，双排扣，翻驳领，中线分割的合体两片袖，如图5-3-1。

图5-3-1　公主线收腰长大衣的造型

2. 用料

（1）面料：适合采用法兰绒、女士呢、羊绒混纺等中等厚度的粗纺毛料，外观光洁，绒面细腻，幅宽143或110cm，用料250cm。

（2）里料：内部搭配全里，适合采用聚酯纤维或人造丝里料，幅宽143cm，用料200cm。

（3）黏合衬：采用有纺黏合衬，幅宽90cm、用料180cm，或幅宽143cm、用料130cm。

3. 成品规格与用料

以女装标准M码160/84 A号型为例，本款外套的成品规格设计参见表5-3-1。

表5-3-1　公主线收腰长大衣的成品规格表（160/84A）　单位：cm

	后衣长	胸围	臀围	下摆围	袖长	袖口大
净体尺寸	背长38	84	90	/	全臂长52	/
成品规格	120	102	约102	约150	58	15

二、结构制图

1. 原型处理（图5-3-2）

（1）后片肩省的1/2转移作为袖窿松量，剩余1/2肩省量暂时保留，确定分割线后转移至公主线。

（2）前袖窿省先少量转移至前领撇胸量0.7cm。

（3）将1/3袖窿省量保留作为袖窿松量，剩余的省量待确定分割线后转移至公主线包含的肩省。

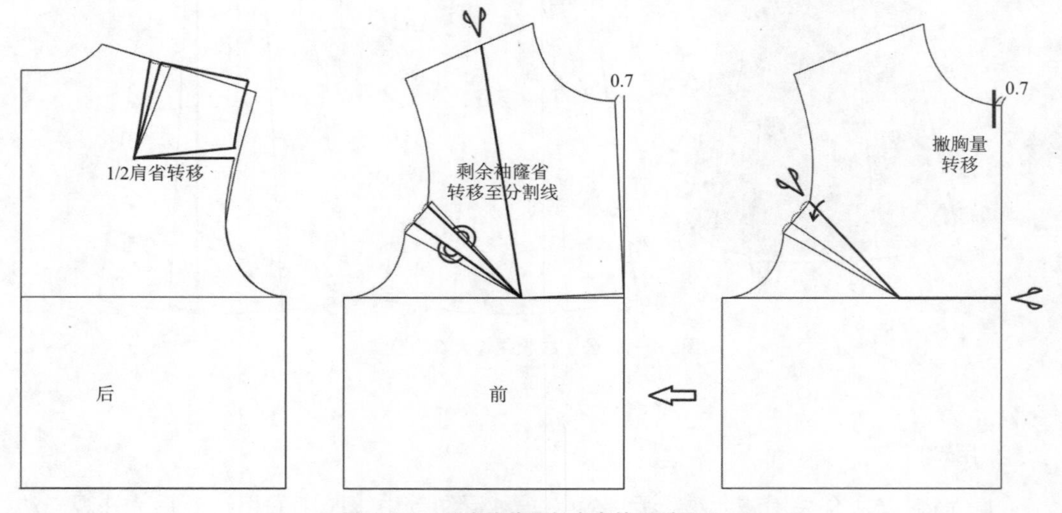

图5-3-2　公主线收腰长大衣的原型处理

2. 后身结构（图5-3-3）

（1）根据造型确定底边线，原型侧缝胸围宽增加2.7cm，其中0.7cm为预留的分割线胸围损失量，作垂线至底边。

（2）后领口弧线：横开领比原型领口适当加大，为内穿服装的衣领留出适当松量。

（3）后肩线：肩端抬高0.5cm垫肩量，加宽0.5cm，剩余的后肩省量暂时保留。

（4）后袖窿弧线：袖窿深下落0.5cm，背宽适当增加，绘制袖窿弧线圆顺。

（5）后侧缝：根据造型确定收腰量和下摆增加量，弧线圆顺，与底边弧线保持垂直。

（6）后片公主线：根据造型确定腰围线上的省道和分割辅助线位置，胸围线以下垂直，胸围线以上根据造型确定。将保留的肩省量转移至分割线，使拼合后的后肩线与前肩线长度基本相等。臀围线以下的分割线交叠对称，扩展量略小于侧缝的下摆增加量，分割线两边长度相等。

3. 前身结构（图5-3-3、图5-3-4）

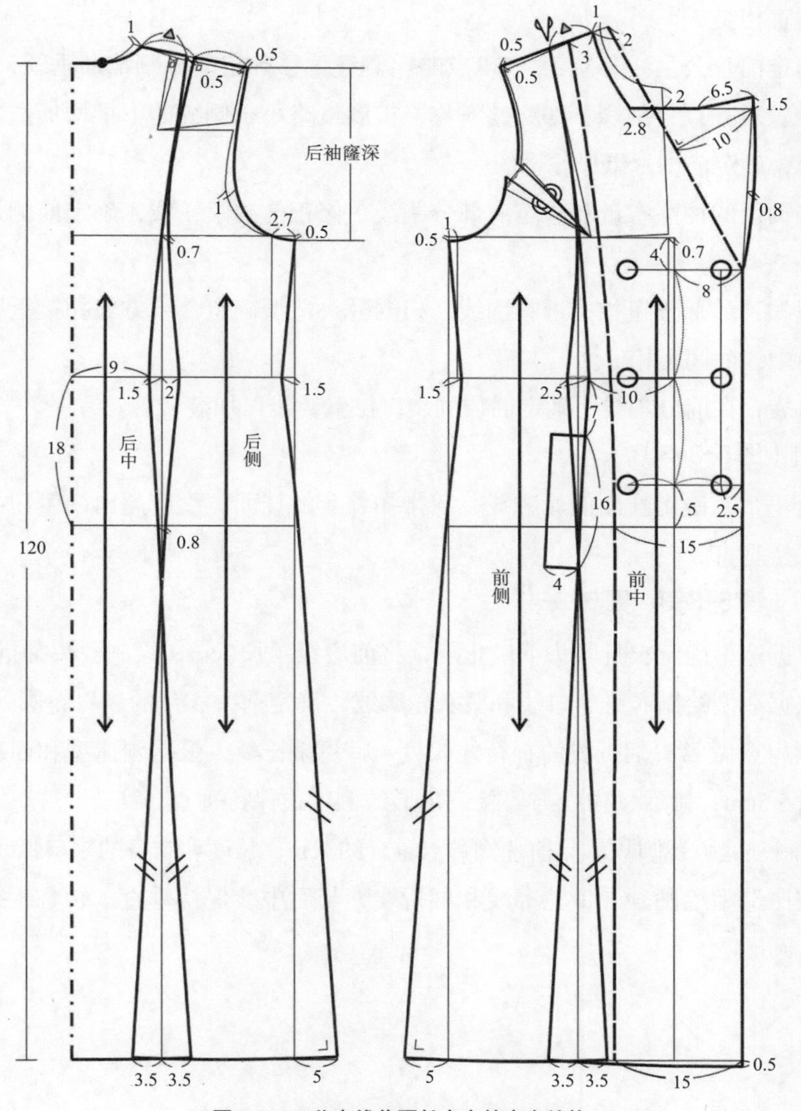

图5-3-3　公主线收腰长大衣的衣身结构

（1）根据造型确定底边线和前门襟止口线，原型胸围宽增加1cm，作垂线至底边。前中线从原型向外0.7cm为面料厚度补充量，根据造型确定双排扣叠门宽。

（2）前肩线：横开领增加量与后领相等，肩端抬高0.5cm垫肩量，加宽0.5cm。

（3）前袖窿弧线：袖窿深下落0.5cm，将剩余的袖窿省量暂时保留，省道两边长度相等，分两段绘制前袖窿弧线，拼合后圆顺曲线。

（4）根据造型确定底边水平线，前中底边加长0.5~1cm，使前中部面料顺服下摆不外翘。

（5）前侧缝：根据造型确定收腰量和下摆增加量，与后侧缝长度相等斜度相似，和底边弧线垂直相交。

（6）确定前片公主线分割：从BP点略向侧缝偏移确定前分割辅助垂线，肩线的前、后分割线位置对齐；分割线下部交叠对称，扩展量略小于侧缝的下摆增加量，分割线两边长度相等，确定前中片纸样轮廓线。

（7）将预留的袖窿省量转移至肩部分割线，修正前袖窿弧线，确定前侧片纸样轮廓线，如图5-3-4。

（8）纽扣：最上方纽扣接近胸围线，根据驳头造型确定，下方纽扣接近臀围线，左右纽扣至前中线的间距相等。

（9）口袋：在前分割线上确定插袋的袋口位置，袋口加装袋牌。

4. 挂面（图5-3-3）

按照全里工艺确定挂面的轮廓线，双排扣外套的挂面宽度应超出内侧纽扣位置，腰围线以下保持垂直。

5. 驳领（图5-3-3、图5-3-4）

（1）根据造型确定衣身驳头下口止点，将前肩线延长2cm，绘制驳头翻折线。

（2）根据造型绘制衣身串口线和驳头轮廓线，确定前中衣片的领口轮廓线。

（3）从肩点做驳头翻折线的平行线长度=后领弧长●，根据领造型和面料特征确定后领倒伏量5.5cm，做后领中线与等腰三角形的倒伏边保持垂直。

（4）绘制领底弧线圆顺，与前片侧颈点重合约1cm，长度和衣身的领口弧线基本相等。

（5）按照造型绘制领外口轮廓线和翻折线，与后中线保持垂直，领翻折线前段和驳折线连接，圆顺。

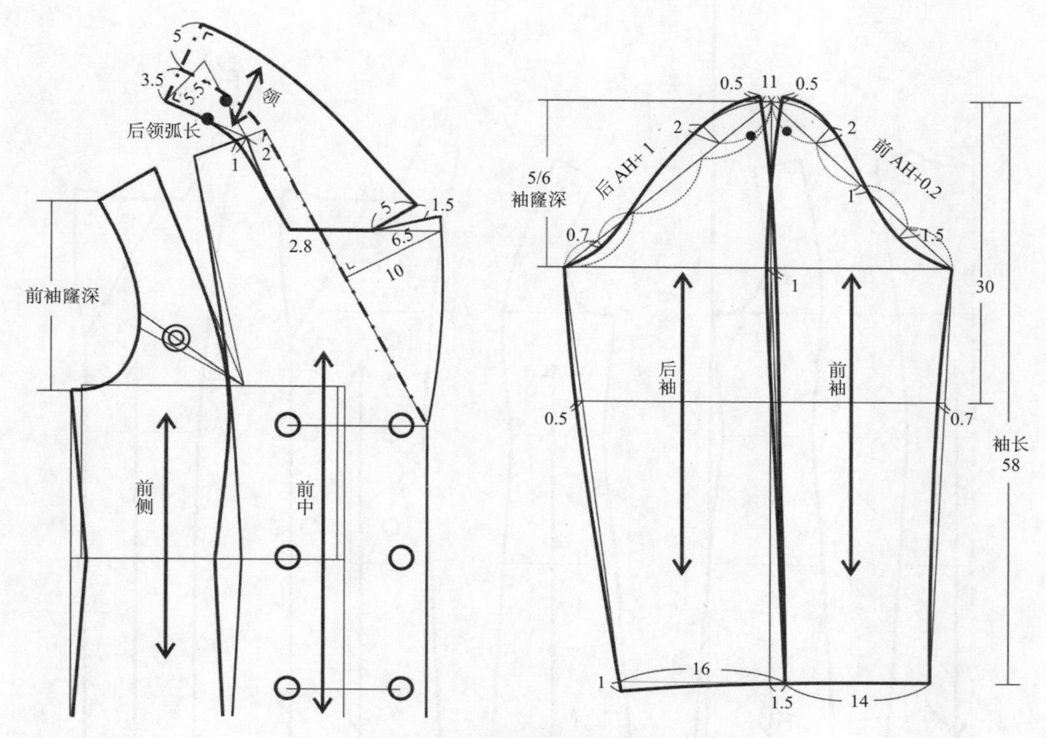

图 5-3-4　公主线收腰长大衣的领、袖结构

6. 袖（图5-3-4）

（1）测量衣片的前袖窿深、后袖窿深、前AH、后AH。

（2）取袖山高=5/6袖窿深（前后平均值），先按照造型绘制合体一片袖结构。

（3）从袖中线进行分割，使袖山顶部尺寸略减，袖宽略增加，形成自然向外展开的袖外缝流线型，袖身造型更平整。

7. 衣片净样板

按照每个衣片的纸样轮廓线进行分割修正，获得公主线收腰长大衣的衣片净样板，如图5-3-5。

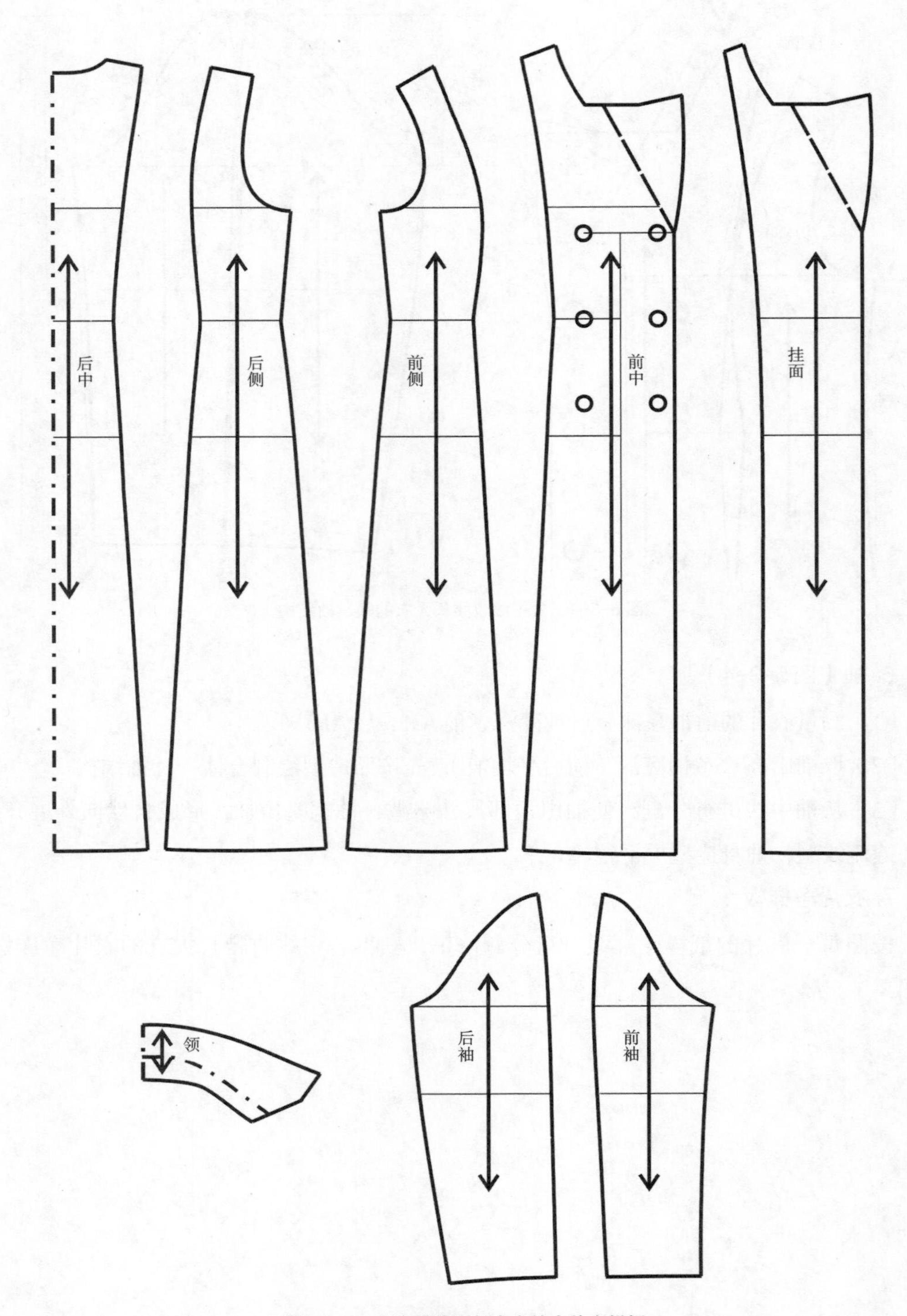

图5-3-5　公主线收腰长大衣的衣片净样板

第四节 | 落肩连帽短大衣的纸样设计

一、造型与规格

1. 款式特点

本款大衣为宽松收摆的茧型廓形，肩部加宽下落，与衣身整体造型相呼应，整体风格休闲摩登，穿着舒适。大衣长度至大腿中部，以两面构成的衣身结构为基础，前身贴袋，暗门襟，连帽领，宽松肥大的一片袖，如图5-4-1。

图5-4-1 落肩连帽短大衣的造型

2. 用料

（1）面料：适合采用法兰绒、双面呢、粗花呢等弹性较好而柔软的中厚型毛织物，幅宽143，用料200cm。

（2）里料：内部搭配全里，适合采用聚酯纤维里料，幅宽143cm，用料150cm。

（3）黏合衬：采用有纺黏合衬，幅宽90cm以上，用料100cm。

3. 成品规格与用料

以女装标准M码160/84 A 号型为例，本款外套的成品规格设计参见表5-4-1。

表5-4-1　落肩连帽大衣的成品规格表（160/84A）　单位：cm

	后衣长	胸围	下摆围	肩宽	袖长	袖口大
净体尺寸	背长38	84	/	38.5	全臂长52	/
成品规格	80	114	约103	约55	58-8	16

三、结构制图

1. 前身和前袖基础结构（图5-4-2）

（1）根据造型确定胸围宽、底边水平线和臀围线，前胸围宽按照1/4成品胸围确定并做垂线。

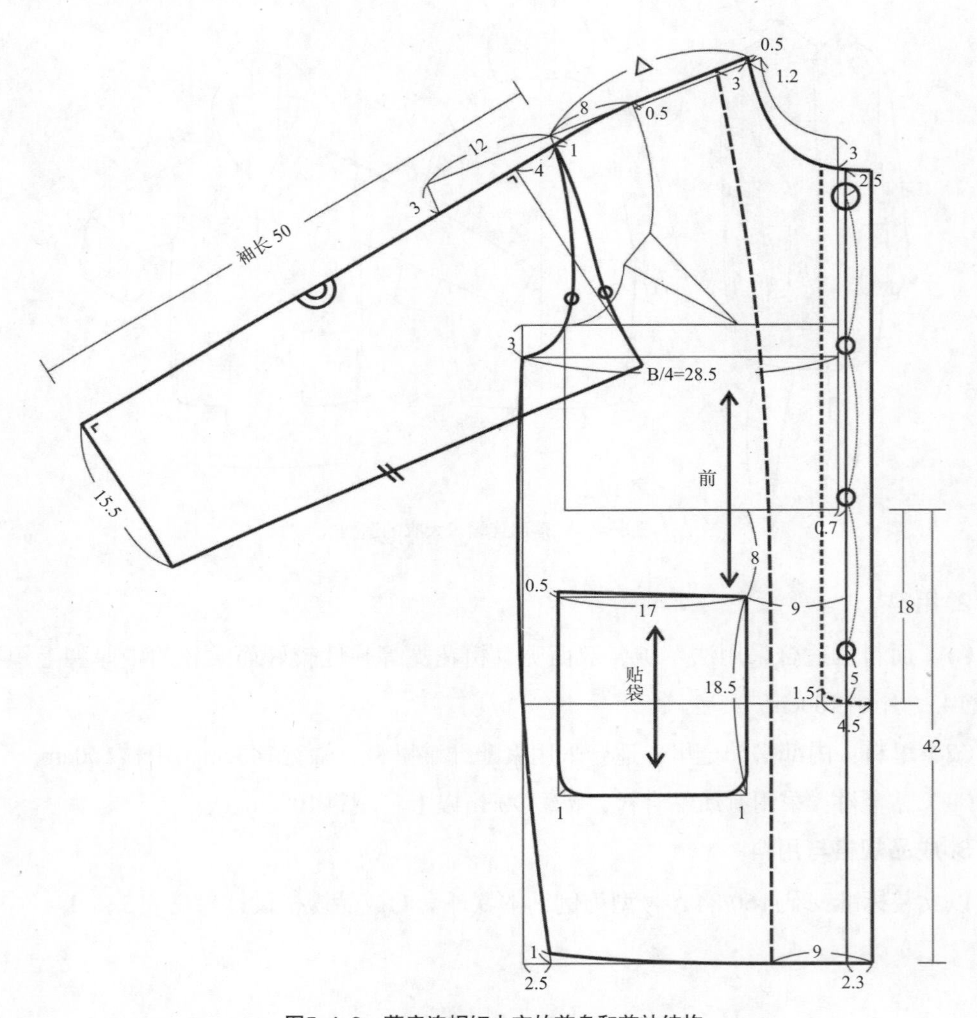

图5-4-2　落肩连帽短大衣的前身和前袖结构

（2）确定前中线和前止口线：前中线从原型向外0.7cm为面料厚度所留的补充量。

（3）前领口弧线：领口比原型适当加大，留出内穿服装领子所需的厚度松量。

（4）前肩线和前袖中线：按照原型肩线整体抬高0.5cm内穿服装的厚度松量，根据造型确定前袖中线的倾斜度和落肩分割位置，画顺前肩弧线和前袖中线直线。

（5）前袖窿弧线：袖窿深下落3cm，根据造型确定落肩分割的袖窿弧线，胸宽增加量和落肩量接近。

（6）前侧缝和底边：臀围宽与胸围宽基本相等，下摆略内收，底边适当起翘。

（7）暗门襟和纽扣：前身为暗门襟造型，最上方一粒扣是露在外部的明扣，下方三粒扣为内部暗扣，双层门襟由外部缉明线固定。

（8）贴袋：袋口和腰围线、前中线的距离符合手臂活动的功能性需要，贴袋的形态、大小都可以根据造型适当调整。

（9）前袖基本结构：前袖中线长度取袖造型长度-落肩量，按照袖山高4cm做垂线，取前袖宽略小于前袖窿弧长，使画顺后的前袖山弧线与前袖窿弧线的长度相等。

2. 后身和后袖基础结构（图5-4-3）

（1）原型处理：将后肩省的后片肩省的1/2转移作为袖窿松量，剩余1/2肩省量暂时保留。

（2）根据造型确定底边水平线、臀围线和胸围宽，后中线在肩胛以下基本呈内收的直线，前后胸围宽相等并做垂线至底边。

（3）后领弧线：后领宽增加量与前领宽相等，肩线整体抬高0.5cm作为内穿服装的厚度松量。

（4）后肩线和后袖中线：根据造型确定后肩线和后袖中线的倾斜度，后肩线长度与前肩线相等，画顺后肩弧线和后袖中线直线。

（5）后袖窿弧线：袖窿深下落4cm，后背宽增加量与落肩量接近，绘制后袖窿弧线。

（6）后侧缝和底边：后侧缝与前侧缝长度相等，弧度相似。

（7）后袖基本结构：后袖与前袖中线长度相等，按照袖山高4cm做垂线取后袖宽，使后袖山弧线和后袖窿弧线的长度相等，后袖底缝和前袖底缝的长度相等。

3. 袖（图5-4-4）

将袖基础结构的前、后袖中线拼合，修正袖山弧线圆顺，袖底缝弧线略内收而长度相等，获得完整的一片袖纸样，如图5-4-4。

4. 挂面和暗门襟贴边（图5-4-2）

按照全里造型和工艺确定挂面的轮廓线，腰围线以下保持垂直。暗门襟贴边按照造

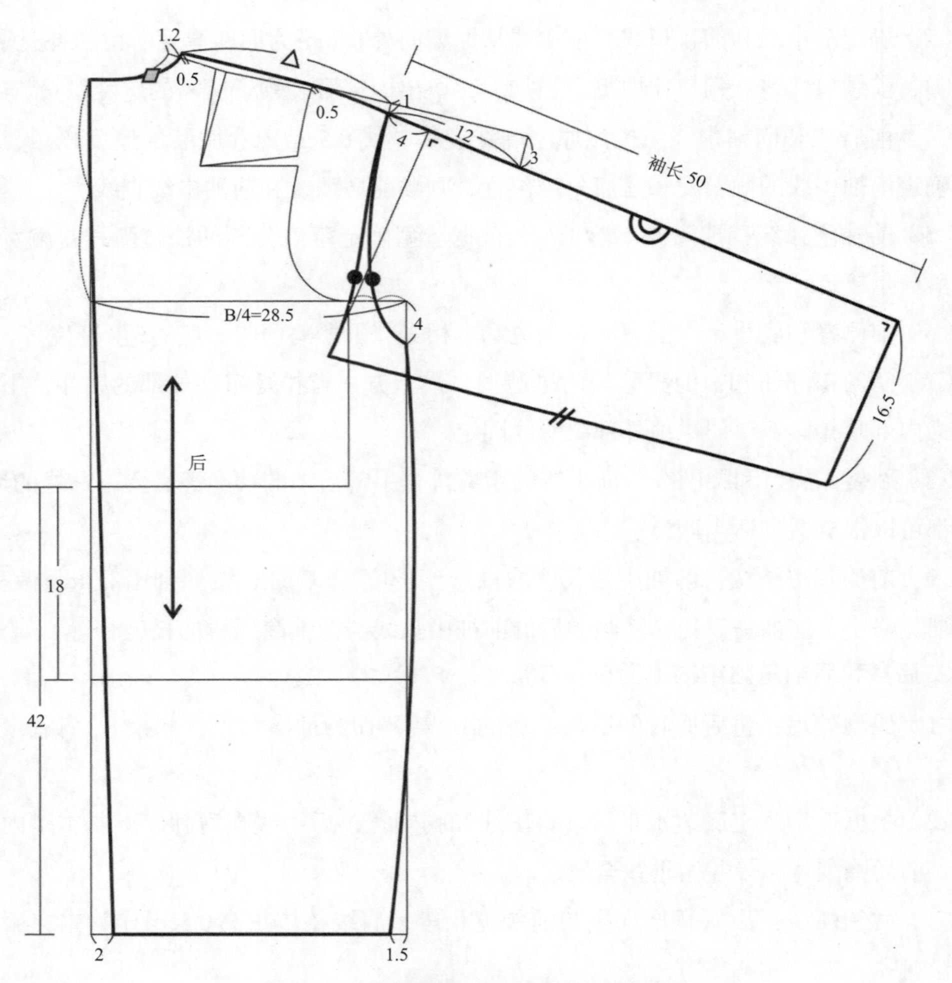

图5-4-3　落肩连帽短大衣的后身和后袖结构

型线适当加缝头，裁剪两片，上层贴边和衣身缝合固定，下层贴边和挂面缝合固定。

5. 连帽领（图5-4-4）

（1）测量衣身的前、后领弧线长度，取前领底斜线长度=前领弧长 ϕ，后段水平线取后领弧长◇。

（2）根据造型确定较宽大的两片式连帽基本结构，距离后中弧线4.5cm做平行线进行分割，确定两侧的帽身纸样。

（3）测量帽子后中部平行分割线的整体弧长 △，作为帽中裁片的长度量，宽度为平行分割部位宽 ×2，后中分割的三片连衣帽缝合后比两片式连帽更加平整合身，美观实用。

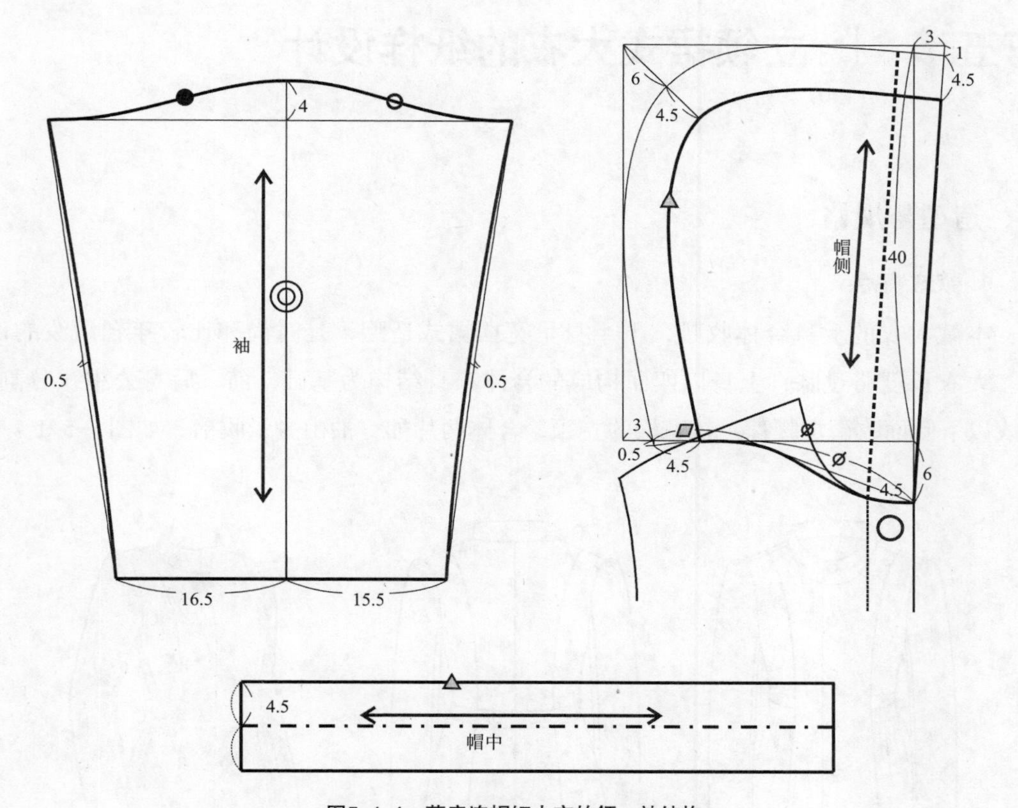

图5-4-4　落肩连帽短大衣的领、袖结构

第五节 | 立领裙式大衣的纸样设计

一、造型与规格

1. 款式特点

本款大衣的上身合体收腰，下半身呈宽摆裙式造型，是时尚和比较年轻活泼的设计。大衣长度略过膝，上身以四面构成的合体衣身结构为基础，前、后身公主线分割，腰线以下侧面收褶加腰襻，较宽松的立领，合体两片袖，袖山少量收褶，如图5-5-1。

图5-5-1 立领裙式大衣的造型

2. 用料

（1）面料：适合采用法兰绒、女士呢等绒面丰满细腻的中厚毛呢，作为保暖性较好的冬季大衣；也可以采用华达呢、化纤混纺等外观光洁保型性好的稍薄面料，作为初冬使用的薄大衣。面料幅宽143 cm，用料200cm。

（2）里料：内部搭配全里，适合采用聚酯纤维或人造丝里料，幅宽143cm，用料150cm。

（3）黏合衬：采用有纺黏合衬，幅宽90cm以上，用料180cm。

3. 成品规格与用料

以女装标准M码160/84 A号型为例，本款外套的成品规格设计参见表5-5-1。

表5-5-1 立领裙式大衣的成品规格表（160/84A） 单位：cm

	后衣长	胸围	腰围	下摆围	袖长	袖口大
净体尺寸	背长38	84	66	/	全臂长52	/
成品规格	102	100	82	约180	59	15

四、结构制图（视频5-1）

视频5-1

1. 后身结构（图5-5-2）

（1）原型处理：将后肩省的1/2转移作为袖窿松量，剩余1/2肩省量暂时保留，确定分割线后转移至公主线。

（2）根据造型确定底边水平线、臀围线和上身的后中线。

（3）后领口弧线：横开领和直开领比原型领口适当加大，为内穿服装的衣领留出适当松量。

（4）后肩线：侧颈点抬高0.5cm，肩端抬高1cm（含内穿服装的厚度松量和垫肩量），肩宽基本不变，剩余的后肩省量暂时保留。

（5）后袖窿弧线：后胸围宽增加2.5cm，其中1cm为预留的胸围损失量，背宽适当加大，绘制后袖窿弧线圆顺。

（6）后侧缝：根据造型确定收腰量和下摆增加量。

（7）确定后片公主线：根据造型确定分割线位置，将原型保留的1/2肩省量平移至分割线，裙分割线下部交叠对称，分割线两边长度相等。

（8）底边：底边弧线圆顺，根据面料特性适当起翘，与分割线、侧缝垂直相交，后中线下摆增量略小。

（9）确定净样：腰线分割，按照每个衣片的纸样轮廓线分割修正，获得后身所有衣片的净样板。

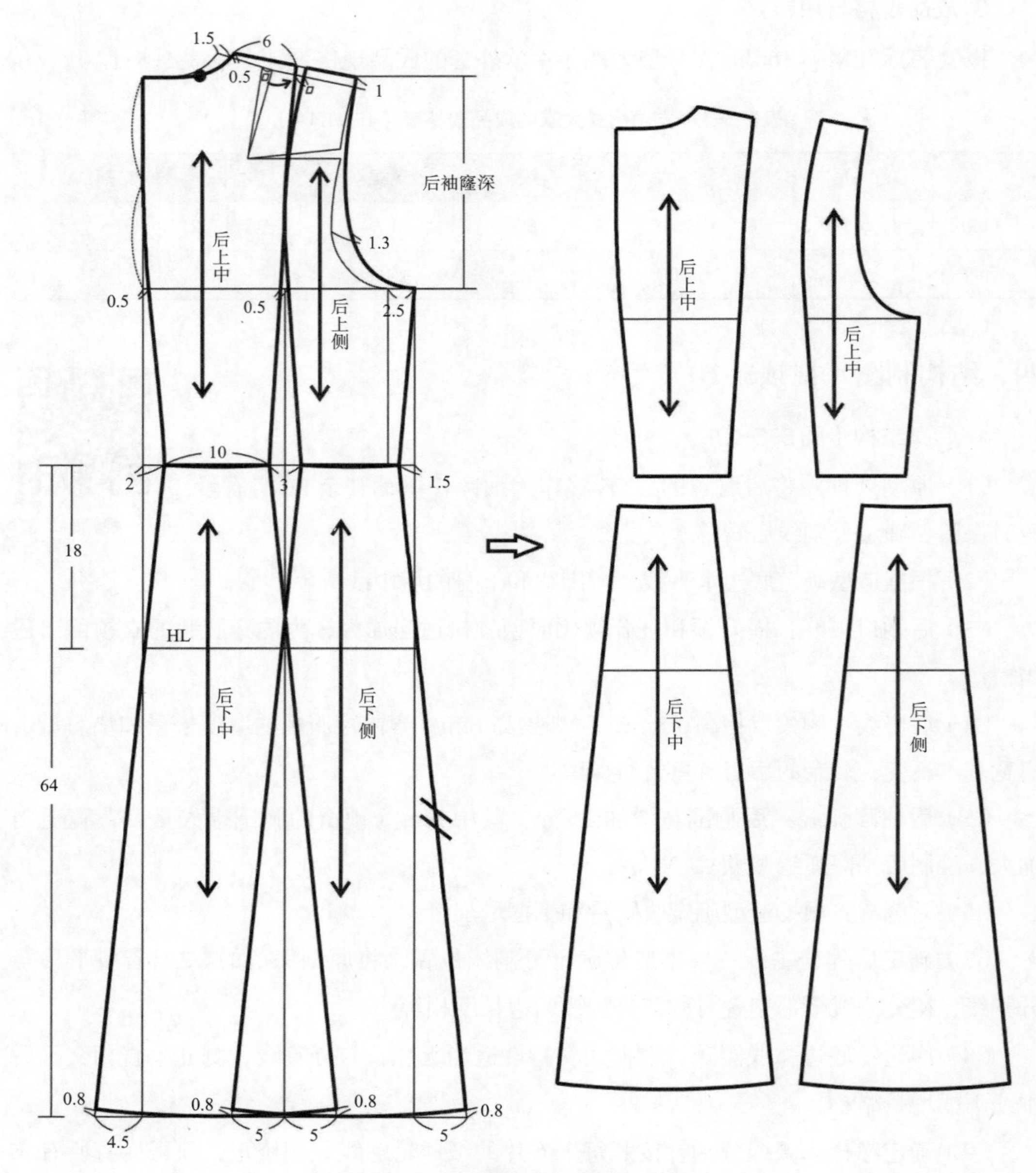

图5-5-2　立领裙式大衣的后身结构

2. 前身结构（图5-5-3）

（1）原型处理：将1/3袖窿省保留作为袖窿松量，剩余的2/3省量待确定分割线后转移至公主线。

（2）根据造型确定底边水平线、臀围线和前门襟止口线，前中线从原型向外0.5cm为面料厚度所留的补充量。

（3）前领口弧线：比原型领口弧线适当加大，侧颈点领宽增加量与后片一致，抬高0.5cm为内穿服装的厚度松量。

（4）前肩线：肩端点抬高1cm（含垫肩量），肩宽基本不变，适当调整前、后肩点，使前肩线长度略小于拼合后的后肩线长度（肩线吃缝量≤1cm）。

（5）前袖窿弧线：袖窿深下落0.5cm，前胸围宽和胸宽略加大，在预留袖窿省的两侧分别绘制前袖窿弧线，拼合后曲线圆顺。

（6）侧缝线：根据造型确定收腰量和下摆增加量，腰线分割，裙侧缝平行增加6cm缩褶量。

（7）前片公主线：根据造型确定分割线位置，原型的2/3袖窿省量转移至肩分割线，裙分割线下部交叠对称，分割线两边长度相等。

（8）底边：前中线下落1cm，根据面料特性适当起翘，使前、后侧缝长度相等，底边弧线和分割线、侧缝垂直相交。

（9）口袋：在分割线上确定插袋位置，口袋形态隐蔽实用。

（10）纽扣：延长前中线和前止口线至立领高度，确定第一粒纽扣的位置，接近臀围线确定最下方纽扣高度，4等分确定所有纽扣的位置。

（11）确定净样：将前侧片的腰线分割，按照每个衣片的纸样轮廓线进行修正，获得前身所有衣片的净样板。

3. 挂面（图5-5-3）

按照全里工艺确定挂面的轮廓线，腰围线以下保持垂直。

4. 腰带（图5-5-3）

根据造型确定腰带宽度，在前分割线上确定腰带缝合固定位置，长度为前侧片和后身腰围宽增加适当交叠量，加纽扣装饰固定。

5. 立领（图5-5-3）

（1）测量衣身的前领口弧长、后领口弧长，确定对应的领长度和领底弧线。

（2）根据造型确定立领的高度和领外口造型，门襟叠合量和衣身相等。

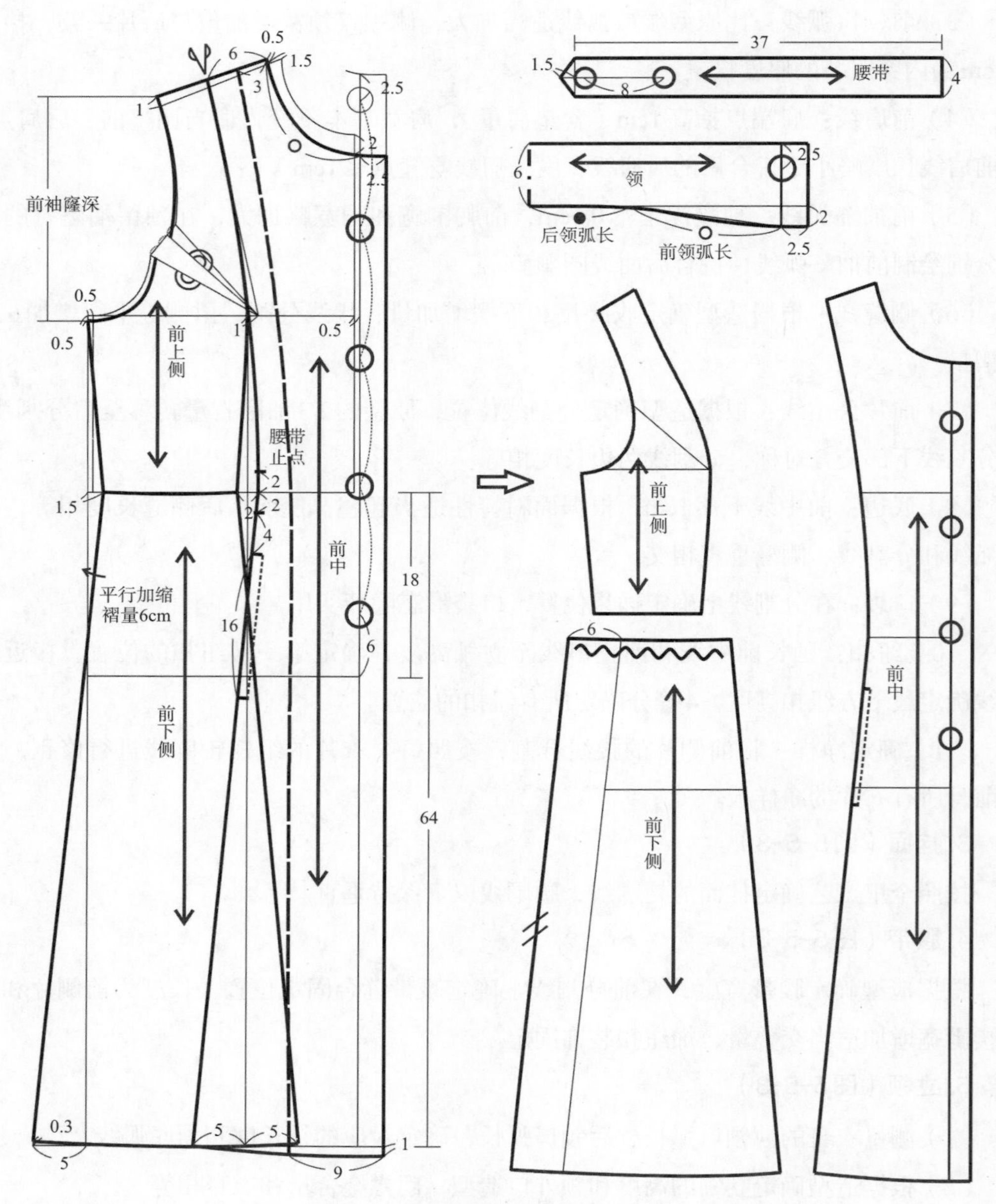

图5-5-3　立领裙式大衣的前身结构

6. 袖（图5-5-4）

（1）测量衣身的前袖窿深、后袖窿深、前AH、后AH，计算袖山高=5/6袖窿深（前后平均值）。

（2）取前袖山斜线长度=前AH，后袖山斜线长度=后AH+1，确定袖宽，按照一片袖结构绘制袖山弧线并修圆顺。

（3）将前、后袖宽分别等分，根据造型绘制袖身的前、后偏袖造型虚线和袖口线，确定两片袖的基础纸样。

（4）沿大袖的袖中线和袖宽线进行剪切，在袖山顶部增加4.5cm褶皱量，根据剪切后的袖山重新绘制大袖的袖山弧线，与小袖的袖山弧线拼合圆顺，袖宽不变。

（5）确定净样：按照袖片的纸样轮廓线进行修正，获得大袖和小袖的净样，前袖缝长度相等，后袖缝大袖略长于小袖，归拔吃缝量根据面料性能大约0.5~1cm。

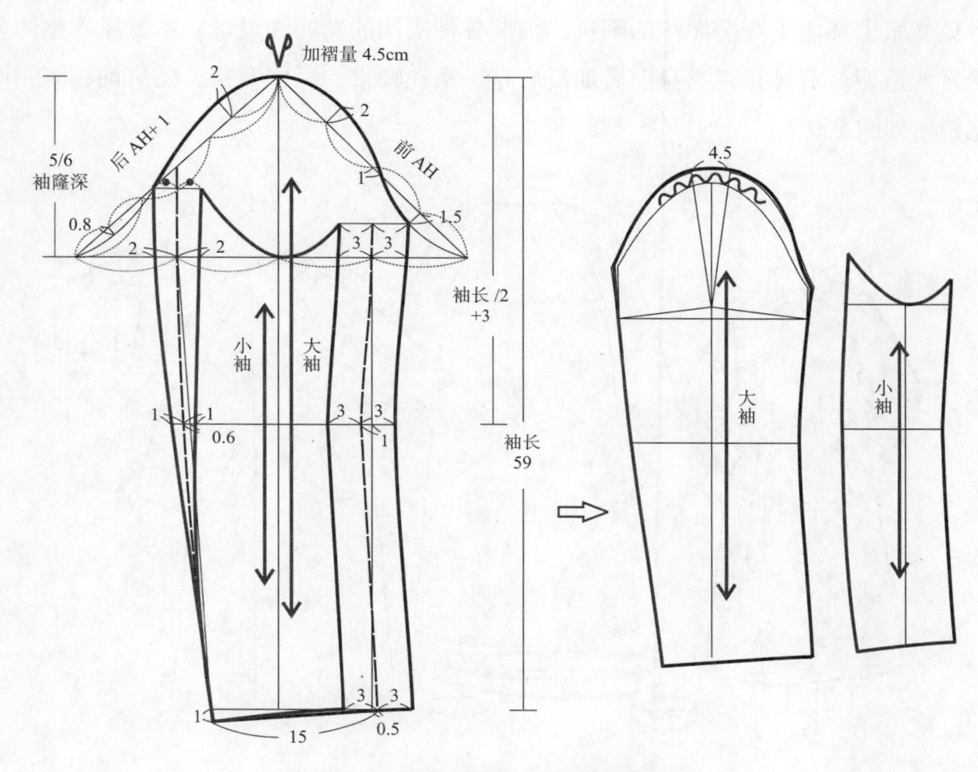

图5-5-4　立领裙式大衣的两片袖结构

第六节 | 插肩袖堑壕风衣的纸样设计

一、造型与规格

1. 款式特点

堑壕风衣起源于第一次世界大战时的英军外套，面料表面具有特制防水层，保护穿着者免受堑壕环境下潮湿泥泞的困扰，强调各种实用的功能性设计。本款风衣整体呈现宽松直线造型，双排扣，衣身前后加覆肩布，系扎腰带，后中开衩，插肩袖，有领座的翻立领，如图5-6-1。

图5-6-1 插肩袖堑壕风衣的造型

2. 用料

（1）面料：适合采用华达呢、马裤呢等组织结构紧密的精纺毛料，也可以使用经过防水、涂层处理的棉布或化纤面料，幅宽143 cm，用料250cm。

（2）里料：内部搭配全里，适合采用聚酯纤维或棉布里料，幅宽143cm，用料200cm。

（3）黏合衬：采用有纺黏合衬，幅宽90cm以上，用料180cm。

3. 成品规格与用料

以女装标准M码160/84 A号型为例，本款外套的成品规格设计参见表5-6-1。

表5-6-1　插肩袖堑壕风衣的成品规格表（160/84A）　　单位：cm

	后衣长	胸围	肩宽	袖长	袖口大
净体尺寸	背长38	84	38.5	全臂长52	/
成品规格	108	112	约40.5	58	16.5

二、结构制图

1. 后身结构（图5-6-2）

（1）原型处理：将原型后肩省的2/3转移作为袖窿松量，剩余1/3肩省量暂时保留。

（2）根据造型确定底边水平线、臀围线和后中线。

（3）后胸围加宽，袖窿深适当下落，根据造型确定底边宽和侧缝。

（4）后领口加宽，确定后领口弧线。

（5）肩端点适当抬高并延长1cm，确定肩线位置。

（6）根据造型确定后插肩袖分割线，经过后腋点附近。

（7）后覆肩：根据造型绘制后覆肩布纸样，后中线连裁。

2. 后袖结构（图5-6-2）

（1）从延长后的肩线端点做后袖中线，和水平线的夹角略小于45°，长度为袖长尺寸。

（2）在后袖中线上取适当的袖山高，做袖宽线与袖中线垂直，使袖分割线下部的袖山弧长和衣身袖窿弧线长度相等，弧度相似。

（3）画顺从侧颈到袖口的肩袖中线整体线条。

（4）做袖口线与袖中线垂直，取后袖口略大于1/2袖口尺寸。

（5）画顺袖底缝，内凹弧度主要在袖肘线以上。

（6）在袖口处确定袖襻带的固定位置，方向和袖中线保持平行。

3. 前身结构（图5-6-3）

（1）原型撇胸量处理：将原型袖窿省适当转移至前中胸围线，确定新的领口、肩线和袖窿弧线位置，前中线撇胸量1cm。

（2）根据造型确定底边水平线和前门襟止口线，前后胸围宽度接近。

（3）前袖窿深适当下落下落，前、后侧缝线长度相等，根据造型确定侧缝和前底边弧线。

（4）前领口整体加大，领口弧线延长至前止口线，根据造型确定驳折线和两用领的驳头轮廓线。

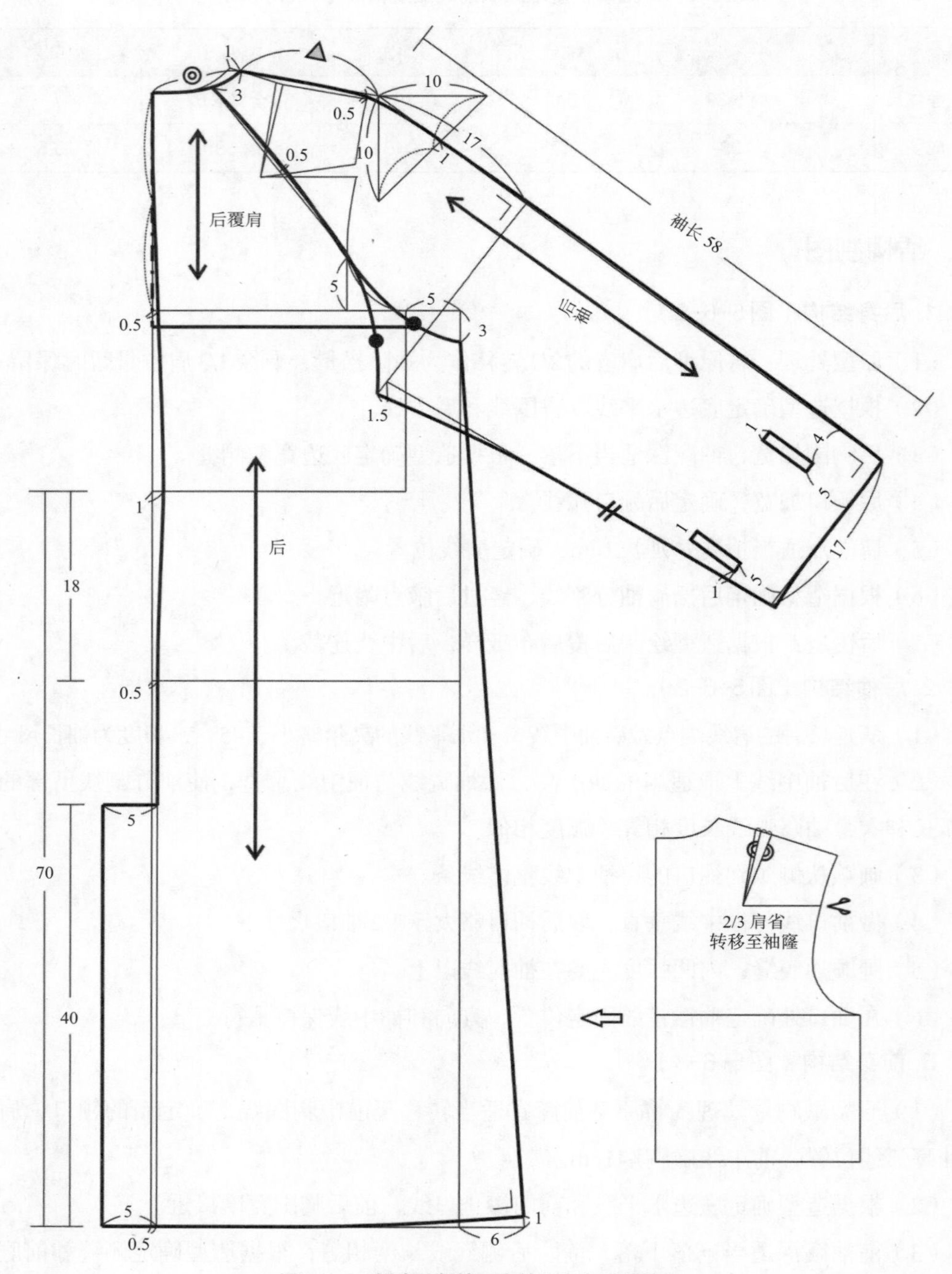

图5-6-2　插肩袖堑壕风衣的后身和后袖结构

（5）肩端点适当抬高并延长，取前肩直线等于后肩直线长度△。

（6）根据造型确定前插肩袖分割线。

（7）纽扣：领口向下3cm确定最上排纽扣位置，第二粒纽扣和驳折线止点对齐，腰围线向下确定最下排纽扣位置，等分确定其余纽扣位置，外侧纽扣至止口线的距离根据纽扣直径适当调整。

（8）口袋：根据造型确定前身斜挖袋位置。

（9）腰带襻：在侧缝腰线处确定腰带襻的固定位置。

（10）前覆肩：根据造型绘制前覆肩布纸样，内侧两粒纽扣可以设计为锁钮眼扣合的形态。

（11）挂面：根据造型确定挂面形态，宽度略超过内侧扣子位置，腰围线以下为直线。

4. 前袖结构（图5-6-3）

（1）从延长后的肩线端点做前袖中线，和水平线的夹角45°，长度为袖长尺寸。

（2）在前袖中线上取袖山高和后袖相等，做袖宽线与袖中线垂直，使袖分割线下部的袖山弧长和衣身袖窿弧线长度相等，弧度相似。

（3）画顺从侧颈到袖口的前肩袖中线整体线条。

（4）做袖口线与前袖中线垂直，取前袖口略小于1/2袖口尺寸。

（5）画顺前袖底缝，内凹弧度主要在袖肘线以上；适当调整前后袖口弧线，使前、后袖底缝长度相等，和袖口弧线保持垂直。

（6）在袖口处确定袖襻带的固定位置，方向和前袖中线保持平行。

5. 衣领结构（图5-6-3、图5-6-4）

（1）测量前、后衣身的领口弧线长度，根据领座合体程度确定适当的前领起翘量。

（2）根据造型确定后中线的领座、翻领宽度，中部适当留出空余量。

（3）领座：确定前身驳折线所对应的绱领止点，右侧门襟和左侧里襟分别延长至领口两端的造型位置，门襟绱领止点位置加D型环缝合固定，完成后的领座呈左右不对称形态。

（4）翻领：确定前领座对应的绱领止点，翻领下底边和领座上边的对应部位长度相等，根据造型确定前领角，完成翻领结构制图。

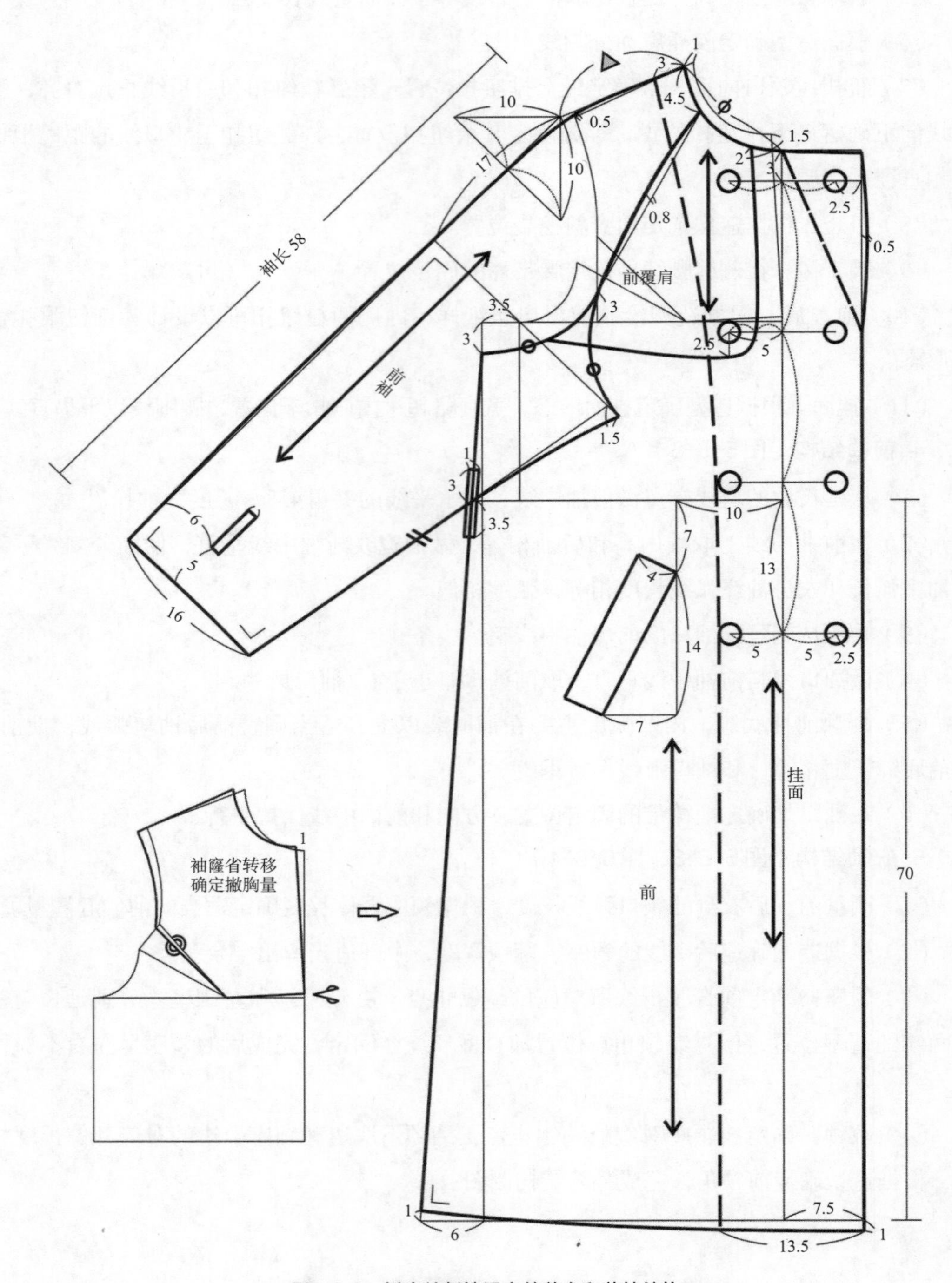

图5-6-3　插肩袖堑壕风衣的前身和前袖结构

6. 束带结构（图5-6-4）

（1）袖口带：袖口带长度在袖口尺寸基础上增加适当的重叠量，前端加方形日字扣，完成袖口带制图。

（2）腰带：腰带长度在腰围基础上增加扎结造型所需的加长量，前端加方形日字扣，完成腰带制图。

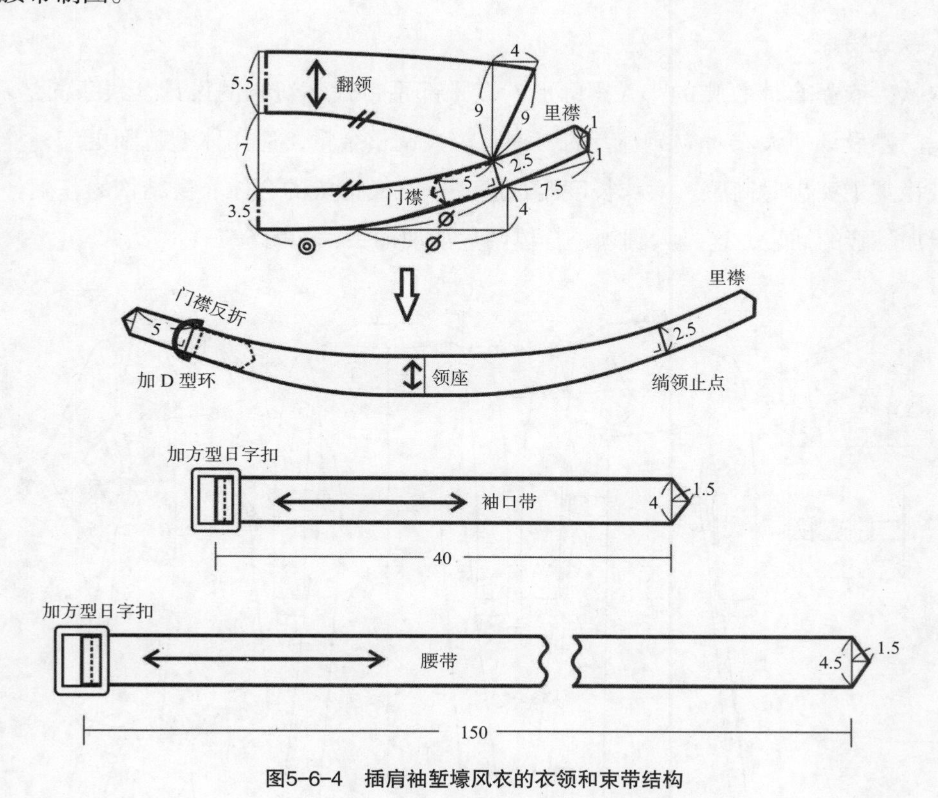

图5-6-4　插肩袖堑壕风衣的衣领和束带结构

第七节 | 翻领偏门襟大衣的纸样设计

一、造型与规格

1. 款式特点

本款大衣呈合体收腰的小A摆廓形，以腰部系带代替纽扣的设计，线条简洁流畅，右侧偏门襟设计使大衣对应穿着者的三围有较大调整余量，适用体型范围更广，整体风格典雅稳重中突出时尚感。大衣长度略过膝，以三面构成的合体衣身结构为基础，前身分割线加隐蔽的插袋，连身大翻领，合体两片袖加袖头，如图5-7-1。

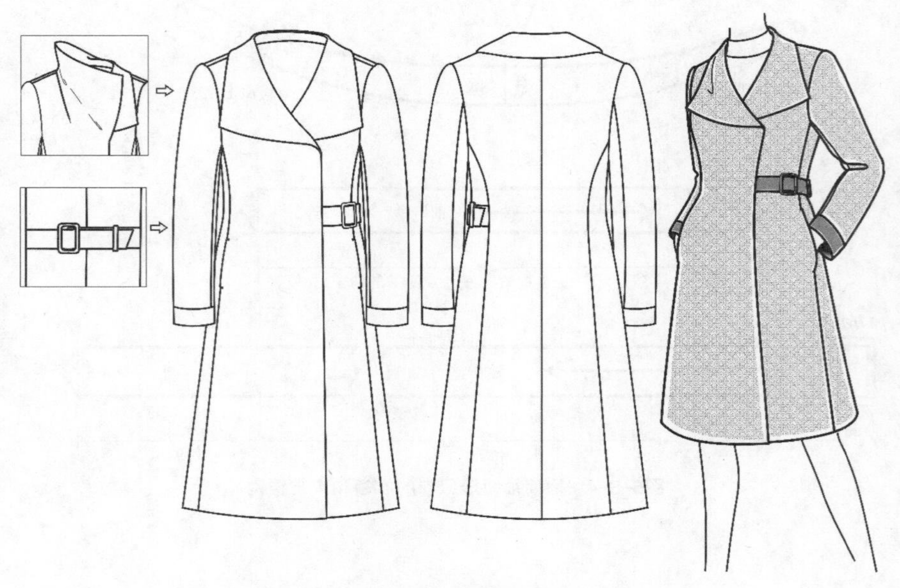

图5-7-1 翻领偏门襟大衣的造型

2. 用料

（1）面料：适合采用羊绒、羊毛混纺等悬垂性好、轻便保暖的中等厚度高档面料。幅宽143 cm，用料250cm。

（2）里料：内部搭配全里，适合采用聚酯纤维或人造丝里料，幅宽143cm，用料200cm。

（3）黏合衬：采用有纺黏合衬，幅宽90cm以上，用料180cm。

3. 成品规格与用料

以女装标准M码160/84A号型为例，本款外套的成品规格设计参见表5-7-1。

表5-7-1　翻领偏门襟大衣的成品规格表（160/84A）　单位：cm

	后衣长	胸围	腰围	臀围	袖长	袖口大
净体尺寸	背长38	84	66	90	全臂长52	/
成品规格	102	98	约82	102	58	13

二、结构制图（视频5-2）

视频5-2

1. 原型准备（图5-7-2）

（1）将后肩省的1/2转移作为袖窿松量，剩余1/2肩省量保留作为肩线吃缝量。

（2）将1/3前袖窿省转移至前中线，确定前领撇胸量，剩余的2/3袖窿省暂时保留。

（3）将原型的胸围线和腰围线水平对齐，前、后侧缝间距2~4cm，确定原型的位置。

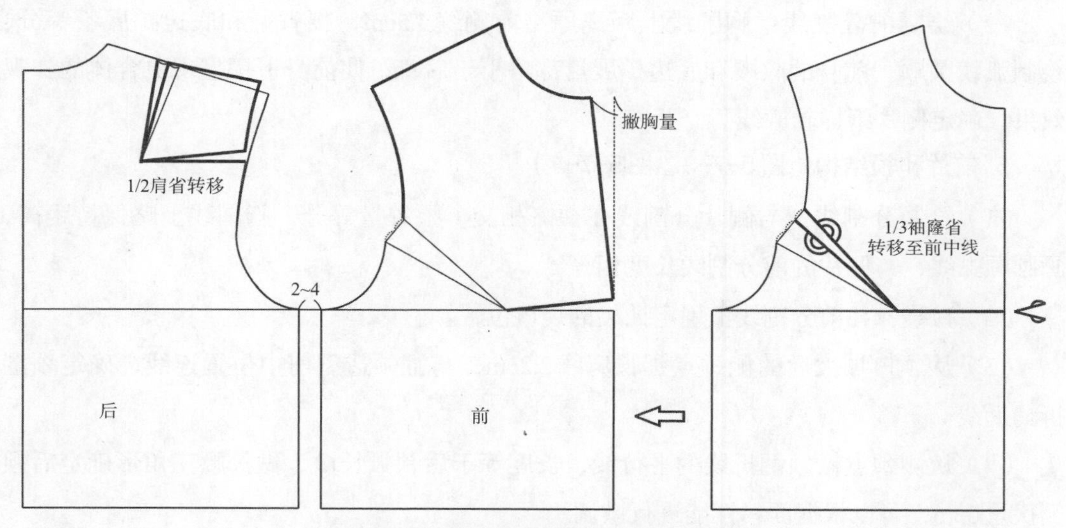

图5-7-2　翻领偏门襟大衣的原型处理准备

2. 衣身基础结构（图5-7-3）

（1）根据造型确定衣身底边水平线和臀围线，根据叠门宽度确定前止口线。

（2）前肩线：按照增加撇胸量后的原型领口宽适当加大，肩线抬高并略加宽，留出适当的领口松量和垫肩量。

（3）后领口弧线和后肩线：后领口加宽和肩线抬高量与前身一致，后肩线比前肩线长1cm缩缝量。

（4）袖窿弧线：袖窿深下落0.7cm，胸宽和背宽略大于原型的胸宽、背宽，画顺前、后袖窿弧线。

（5）距离原型后侧缝6cm，在腰围线以下做垂线，确定后身分割辅助线位置。

（6）距离原型前侧缝胸围线4.5cm、臀围线5cm连斜线，在臀围线以下做垂线，确定前身分割辅助线位置。

3. 后片纸样（图5-7-3）

（1）绘制后中线：在胸围线、腰围线、臀围线上确定收省量，画圆顺后中弧线，靠近领口处稍向内收而更加合体。

（2）绘制分割线：胸围线上距离原型后侧缝5.3cm，腰围线省量等分，底边扩展量相等，画圆顺后片分割线，与袖窿相交的位置适当，确定后片纸样轮廓线。

4. 侧片纸样（图5-7-3）

（1）绘制后分割线：胸围线上距离原型后侧缝5cm，与后片分割线在袖窿相交，腰围线以下的形态对称，分割线总长度与后片分割线相等，底边可以微调。

（2）绘制前分割线：胸围线上距离原型前侧缝4.5cm，腰省量和底边扩展量等分，绘制弧线圆顺。前身的收腰和底边扩展量都略小于后身，使前身下摆呈现更合体的外观效果，确定侧片纸样轮廓线。

5. 前片和领结构（图5-7-3、图5-7-4）

（1）绘制分割线：与侧片分割线在袖窿相交，腰省量等分，胸围线上略保持距离，画圆顺弧线，与侧片的前分割线长度相等。

（2）口袋：在前分割线上确定插袋的袋口位置。

（3）从领口加大后的侧颈点延长肩线2.2cm，与翻领造型前中位置连线，确定领翻折辅助线。

（4）从侧颈点做领翻折线的平行线，长度等于后领弧长●，做等腰三角形确定后领倒伏量5cm，可以根据面料性能进行微调。

（5）做领后中线与后领三角形的底边保持垂直，根据造型确定领宽和前身翻领外口线。

（6）领翻折线：与领后中线保持垂直，后身领座宽度相似渐变，沿领翻折辅助线画顺领翻折弧线。

（7）领省转移：从侧颈点到BP点连线作为纸样剪切辅助线，将原型保留的1/3袖窿

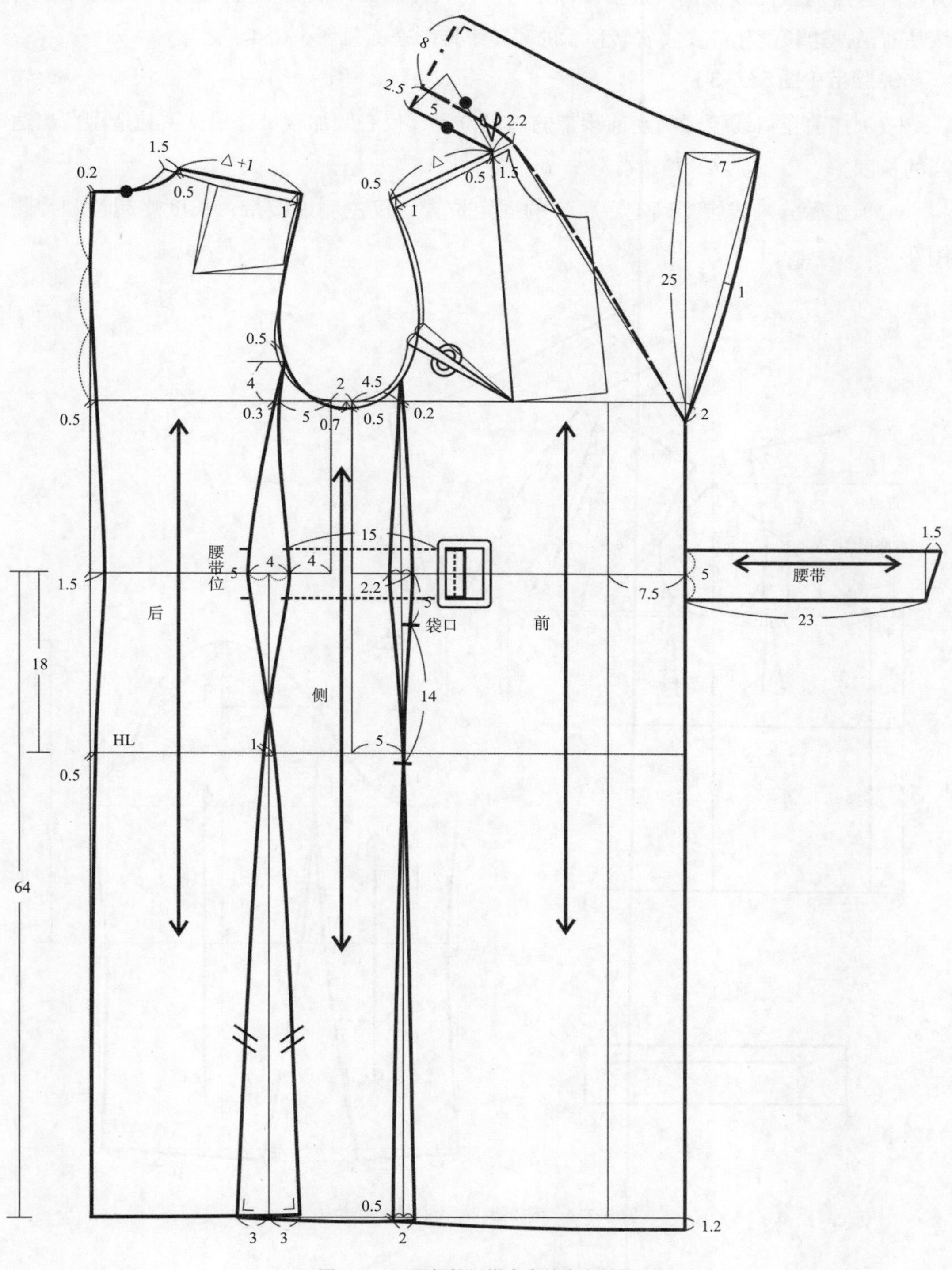

图 5-7-3　翻领偏门襟大衣的衣身结构

省量转移至肩线侧颈位置；绘制领省方向符合人体曲面并被翻领完全遮盖，适当调整肩线使省道两边长度相等，领省转移后的完整纸样形态参见图5-7-4。

6. 腰带（图5-7-3）

（1）在前止口线腰部确定前腰带的固定位置，仅右侧加腰带，根据系扎造型留出适当的长度。

（2）在后分割线腰部确定后腰带的固定位置，仅左侧加腰带，长度略超过侧片腰围宽。

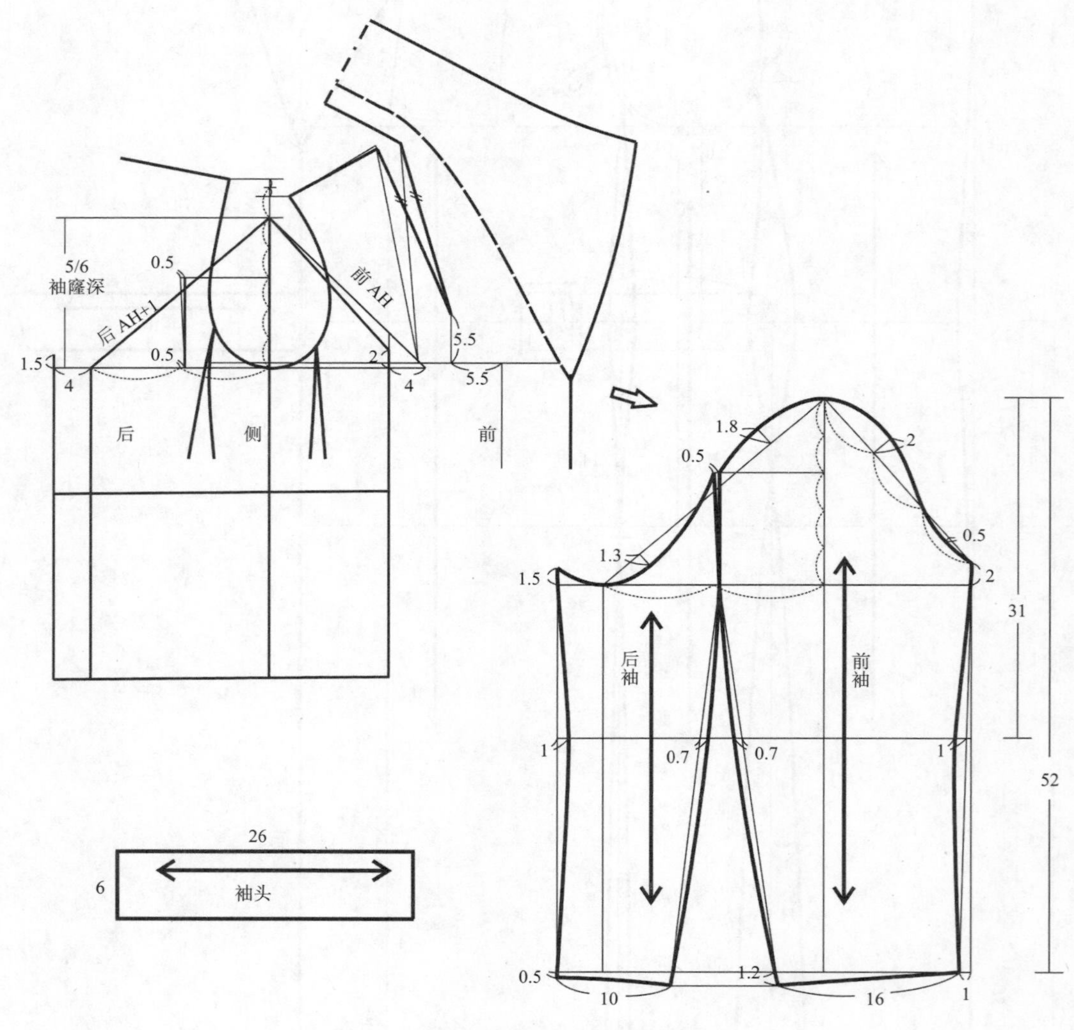

图5-7-4　翻领偏门襟大衣的衣袖结构

7. 衣袖结构（图5-7-4）

（1）在领省转移后的衣身纸样上测量前、后袖窿深，前、后袖窿弧长以侧片袖窿弧线最低点作为划分点并对位缝合。

（2）取袖山高=5/6袖窿深（前后平均值），前袖山斜线=前AH，后袖山斜线=后AH+1，确定袖宽。

（3）将后袖宽等分，向中线偏移0.5cm做垂线，与3/5袖山高的水平线相交

（4）从前袖宽位置减4cm做垂线至袖底边水平线，为前袖缝垂线；从后袖宽位置加4cm做垂线，为后袖缝垂线。

（5）袖山弧线：前袖缝垂线在袖宽线以上取2cm，后袖缝垂线在袖宽线以上取1.5cm，分两段绘制袖山弧线，在后袖中部保持间距0.5cm，使拼合后的袖山整体圆顺，袖山吃缝量2.5~3cm。

（6）大袖：前袖缝从前袖缝垂线略向内收，袖口斜线长16cm，根据造型绘制前袖的纸样轮廓线，袖宽线以上的后袖缝弧线基本垂直。

（7）小袖：先在后袖缝垂线基础上略内收确定小袖的前袖缝弧线，与大袖的前袖缝分割线长度相等，袖口斜线长度10cm，根据造型绘制小袖的纸样轮廓线，袖宽线以上的后袖缝略内收呈弧线。

（8）袖头：根据造型绘制袖头的纸样轮廓线，袖头为全封闭不开口形态。如果需要更合体的袖口造型，可以将纸样均匀剪切后下口略内收，呈现上大下小的弧线袖头形态。

第六章

背心的结构设计

背心和马甲都是指不带袖子的上衣，也可以统称为背心。现代女装中的背心造型丰富，按照穿着方式通常分为贴身穿着的背心和外套式马甲，可以和多种服饰组合穿着。女装背心的材质类型多样，实用性强，根据造型风格的不同而具有各自独特的造型和结构设计特点。本章重点介绍几款经典造型女背心的纸样设计实例，这些款式兼具实用功能性与时尚性。

第一节 | 背心的造型和结构特点

导学问题：

1. 背心和马甲有什么区别？

2. 背心的袖窿结构设计和有袖子的服装有什么差异？

一、背心的概念和造型分类

背心和马甲都是指不带袖子的上衣，通常无领，长度较短。如果严格区分的话，背心一词来源于汉代、魏晋的的裲裆，取其“当背当心”之意，唐宋时称作背心或半臂；马甲最初是指战马防护所用的“马胄”，发展为骑者方便骑射所穿的无袖外衣，明清时的“比甲”“坎肩”已经成为日常服装形式。20世纪后中国引入西式服装，“马甲”一词更多是指来源于西服套装中可以外穿的无袖短上衣。现代女装中的无袖上装都可以称为背心，在生活中穿着普遍，实用性强，可以和多种服饰组合呈现不同的造型风格。

女装背心在生活中一般按照制作材料分类，如针织背心、皮背心、毛线背心、羊绒背心等。背心可以制作成单层或里外夹层，也可在夹层背心中填入絮料，即为棉背心、羽绒背心。

背心按照穿着方式可以分为贴身穿着的背心和外套式马甲背心。贴身穿着的女装背心可以作为内衣或夏季上衣，对合体舒适性要求较高，对应英文中的singlet，gilet；外套式马甲背心通常穿着在衬衫、毛衫或外衣之上，造型装饰性强，同时使躯干保温并便于双手活动，对应英文中的waistcoat，vest。

女装背心根据常见的造型和用途主要分为以下几类，参见图6-1-1。

1. 夏季贴身背心

以无领无袖形态为主，造型简洁，材质轻薄舒适，领口和袖口加滚边或贴边。年轻女孩穿着夏季背心时身体外露部位较多，如抹胸背心、吊带背心、斜肩背心等，是夏天一道瑰丽的风景。

2. 西装背心

来源于19世纪男西服三件套中的西装马甲，造型短而合体，前衣片采用与西装相同的面料裁制，后衣片采用面料或与西装相同的里料裁制。现代女西装背心保留了传统西装背心的挖袋、手巾袋、后身带襻等细节造型，无领或驳领设计，长度更加灵活，多用于偏向中性化的套装设计或职业制服设计。

3. 休闲背心

造型和材料多样，以保暖和功能性设计为主，结合流行时尚而各自不同，如运动背心、针织背心等。通常穿着在衬衫或T恤之上，衣身有收腰式、直身式等，领型有无领、立领、翻领、驳领等，开口有套头、开襟、交襟等各种不同形式。

图6-1-1　背心的造型分类

4. 中式马甲背心

造型较宽松，多采用丝绸、棉、麻等传统面料制作，采用中式大襟、对襟、琵琶襟等门襟造型，无领或搭配中式立领，可以穿着在衬衫、毛衫等多种上衣之外，搭配裙装或裤子，风格突出，保暖实用性强。

5. 特殊功能性背心

以适合多种体型的宽松造型为主，根据不同用途而采用特定的材料和设计细节。如有大量立体口袋的摄影背心、钓鱼背心，交警和环卫工人所穿的反光背心，内部填充金属或陶瓷板的防弹背心等。

二、背心的结构分类及特点

女装背心的结构来源于不同的衬衫或外套衣身造型，因而形式多样，主要可以分为以下几类：

1. 合体针织背心

采用有弹力的针织面料制作，基础结构来源于T恤衫的衣身设计，常作为内搭服装。衣身的整体围度放松量较小，有时胸围可以小于净胸围，依靠面料弹性满足活动功能。由于面料容易变形，采用分割线设计需谨慎，通常按照人体受力方向而设计。领口和袖窿多采用绷缝机固定滚边，保持形态稳定并有足够的弹性调节量。

2. 夏季梭织背心

基础结构来源于女衬衫的衣身设计，面料轻薄透气、类型多样，常用丝绸、棉、麻、雪纺等织物。衣身肩部或胸围较合体，确保受力部位形态稳定，其余部位的结构根据造型灵活变化，常添加较轻便的领子作为装饰性结构。

3. 合体短背心

以传统男西装背心的结构为基础，长度略超过腰围线，穿着轻便利落。衣身采用三开身或四开身分割，包含较大的合体省量，多采用毛呢类织物制作，内部加黏合衬及里料辅助定型，适合秋冬穿着。

4. 中长背心

长度至臀围线附近，以女外套的衣身结构为基础，包括各种合体和宽松造型。可以按照不同季节而采用不同材质，如牛仔背心、针织毛背心、羽绒背心、皮草背心等，经典实用，根据款式风格而设计不同的结构造型细节。

5. 长背心

长度超过大腿根部的背心，在衬衫或毛衫外穿着，合体造型来源于欧洲18世纪的长背心男装外套结构，宽松造型以女式风衣的衣身结构为基础，胸围和袖窿较宽松，风格沉稳，方便实用。

三、背心的袖窿设计

背心纸样的其他部位和对应的上装衣身结构几乎一样，主要是袖窿的设计有所差异。

对于贴身穿着的夏季背心，袖窿不宜过大以避免走光，袖窿深通常在原型基础上适当抬高1~2cm。袖窿的纸样形态或直或方，不一定是接近于原型袖窿的圆弧形，制作完成后的袖窿工艺不容易变形即可。可以在袖窿上部增加少量袖头或连袖结构，需要注意不影响手臂活动。

对于套装内部搭配穿着的背心，如西装背心、针织毛背心等，袖窿需要大于内穿的衬衫，形态接近原型袖窿弧形或更加狭长。肩宽通常小于人体肩宽，胸宽和背宽通常不超过人体胸宽、背宽，袖窿深略大于原型袖窿深，但同时袖窿弧长也不宜过大，以免松量堆积形成褶皱，影响穿着外套时的造型。

作为秋冬季节外层穿着的背心，胸围放松量较大，面料较厚实，袖窿设计宜大不宜小。肩宽设计通常接近人体净肩宽，袖窿弧线形态顺滑，但侧缝的前后袖窿不一定需要拼接圆顺，外穿型背心经常采用贴边、黏合衬等形式进行袖窿的工艺定型。

由于女装背心的结构功能性差异较大，本章将重点介绍几款经典造型女背心的纸样设计实例，这些款式兼具实用功能性与时尚变化细节。

项目练习：

参考教材中的经典女背心款式，收集相应的女背心设计实例图片一组，分析其造型风格和结构特点，重点关注不同着装方式对于背心的合体性和结构设计的影响。

第二节 | 吊带针织背心的纸样设计

一、造型与规格

1. 款式特点和面料

本款背心为贴身穿着的背心经典造型，通常作为内搭穿着。背心上边前高后底，长度略超过臀围线，前后身各一片，如图6-2-1。本款背心采用针织面料和弹力花边进行拼接，吊带滚边采用较松软的斜纱面料或有弹力的针织面料，使用四线绷缝机进行拼合缝制。

图6-2-1 吊带针织背心的造型

2. 成品规格与用料

以女装标准M码160/84 A号型为例，本款背心的成品规格设计参见表6-2-1。

表6-2-1 吊带针织背心的成品规格表（160/84A） 单位：cm

	后衣长	前衣长	胸围	腰围	下摆围
净体尺寸	背长38	/	84	66	臀围90
成品规格	36	42	82	72	86

二、结构制图

由于本款背心的围度设计高度合体，结构设计时以胸围、腰围、臀围的净尺寸为依据直接计算，制图步骤参见图6-2-2。

1. 后身基础结构

（1）在原型基础线上确定胸围宽和腰围宽，胸围宽略小于净胸围。

（2）胸围宽和肩宽等分，确保后肩带位于人体肩背中部，受力方向合理。

（3）根据造型确定背心上口边和袖窿弧线形态。

（4）后中线取适当长度确定底边水平线位置，下摆宽略小于净臀围。

（5）绘制侧缝弧线和底边弧线相垂直，侧缝起翘量根据面料性能而适当调整。

（6）根据造型确定底边的花边分割线位置。

2. 前身基础结构

（1）在原型基础线上确定胸围宽、腰围宽和底边宽，前后身宽度相等。

（2）根据后肩带确定前肩带的肩部位置，与BP点相连，确定前肩带位置合理。

（3）根据造型确定背心上口边和袖窿弧线形态。

（4）绘制侧缝弧线和底边弧线相垂直，侧缝起翘量根据面料性能而适当调整。

（5）根据造型确定胸上部和底边的花边分割线位置。

3. 肩带及袖窿滚边

肩带和袖窿滚边一体缝合完成，滚边条的长度为袖窿弧长+前后肩带长－弹性收紧量1.2cm，成品宽约0.7cm。

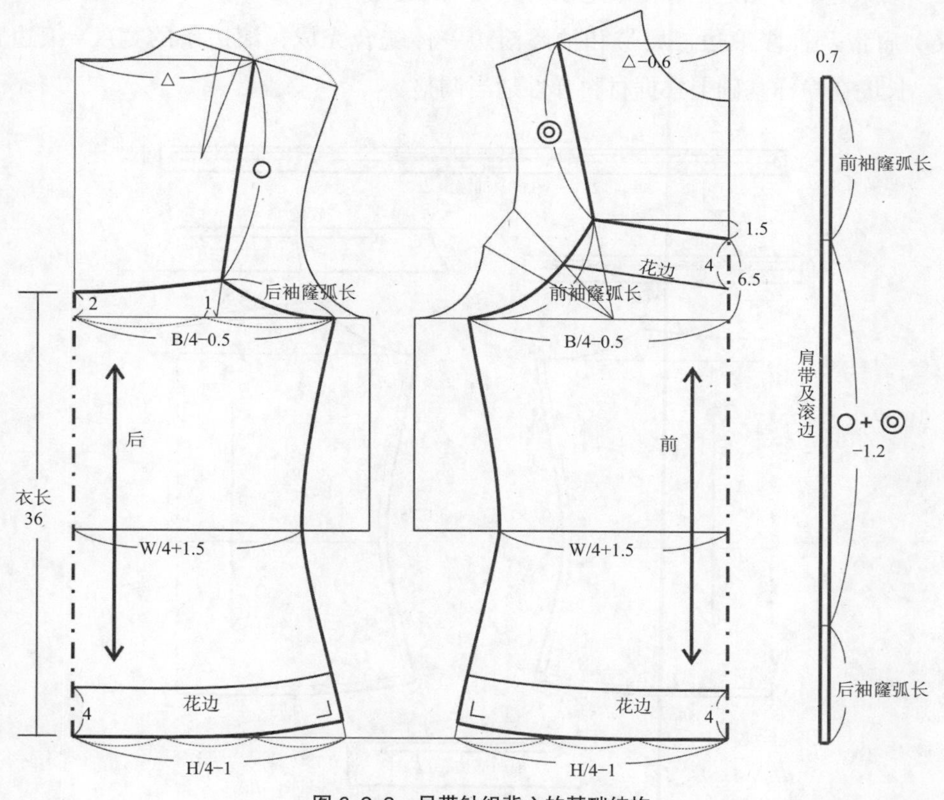

图6-2-2　吊带针织背心的基础结构

4. 衣片净样和工艺样板

按照每个衣片的纸样轮廓线进行分割修正，就可以获得衣片净样。由于弹性针织面料和弹力花边的放缝计算量和普通面料不同，在此加入相应的缝头，获得本款吊带背心的裁剪工艺样板，如图6-2-3。

（1）后片：按照花边位置分割，后中线连裁，底边和侧缝加缝头0.75cm，使用四线包缝机将衣片拼合锁边一起完成。上口边和袖窿采用滚边，不加缝头。

（2）前片：按照花边位置分割，前中线连裁，上口、底边和侧缝加缝头0.75cm，袖窿采用滚边，不加缝头。

（3）底边花边：按照前、后衣片的底边长度确定花边长，如果弹力花边和针织面料的弹性指数不同时，需要适当调整花边的长度，使缝合后的线迹平整美观。侧缝加缝头0.75cm，先拼合花边，然后和衣片一起缝合侧缝。

（4）前胸花边：按照花边分割线的长度确定前胸花边底边长，做垂线并按照原衣身中线确定省道位置，袖窿采用滚边不加缝头。缝合时先拼合花边，然后收省，再和衣片一起缝合吊带袖窿滚边。

（5）后滚边：根据造型确定滚边条的宽度=滚边宽 ×2+1cm，长度≈后片上边长 ×2。

（6）肩带及袖窿滚边：肩带和袖窿滚边一体缝合完成，滚边条的宽度=滚边宽 ×2+1cm，长度在净样基础上根据材料弹性适当调整。

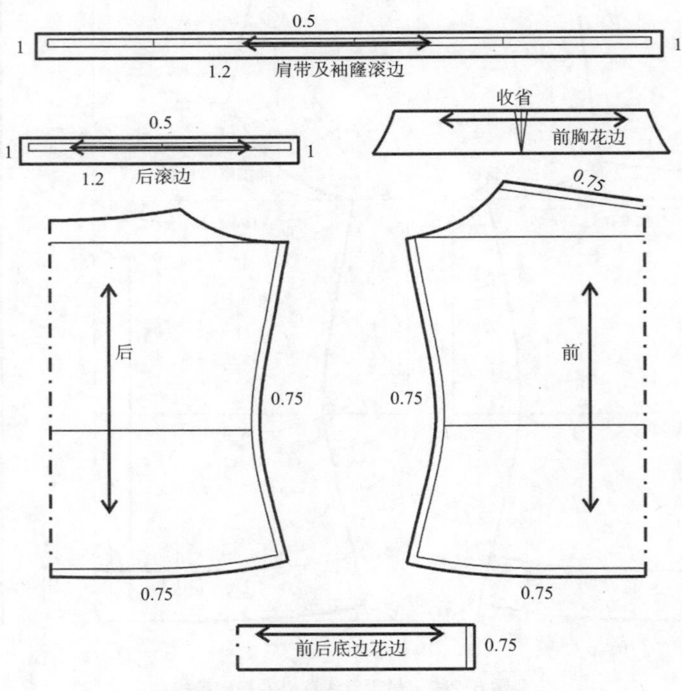

图6-2-3 吊带针织背心的裁剪工艺样板

第三节 | 交襟收腰背心的纸样设计

一、造型与规格

1. 款式特点

本款为贴身穿着的夏季背心，整体呈现收腰合体的曲线廓形，风格浪漫优雅。背心的前门襟交叠，高腰分割，前身胸下收褶，后身上部收省，下部分割，腰线以上加里布，领口加荷叶边装饰，侧缝装隐形拉链，如图6-3-1。

图6-3-1 交襟收腰背心的造型

2. 成品规格与用料

本款背心适合采用真丝绸、雪纺、府绸等外观光洁柔软、悬垂性较好的面料，也可以采用不同面料的拼接。面料幅宽143 cm，用料100cm。

以女装标准M码160/84 A号型为例，本款背心的成品规格设计参见表6-3-1。

表6-3-1 交襟收腰背心的成品规格表（160/84A） 单位：cm

	后衣长	胸围	腰围	下摆围	袖窿弧长
净体尺寸	背长38	84	66	净臀围90	/
成品规格	56	90	约80	约97	约42.3

二、基础结构制图（图6-3-2）

1. 原型处理（图6-3-2）

将后肩省的1/2转移作为袖窿松量，剩余1/2肩省量暂时保留，画直线连接新的肩线。前片将1/3袖窿省量保留作为袖窿松量，剩余2/3袖窿省暂时转移至胸围线。

2. 后身基础结构（图6-3-2）

（1）根据造型确定底边水平线位置，略超过臀围线，向上取后衣长确定后领深位置。

（2）沿转移后的肩线根据造型取后领宽，肩线端点略小于人体净肩宽，绘制后领弧线和肩线。

（3）后胸围宽取1/4净胸围+1cm，袖窿深抬高1.2cm，画顺袖窿弧线。

（4）从后胸围宽做垂线，确定侧缝弧线。

（5）根据造型确定后腰省中线，腰线收省2cm，底边适当重叠增加下摆围度。

（6）根据造型确定两条高腰分割线。

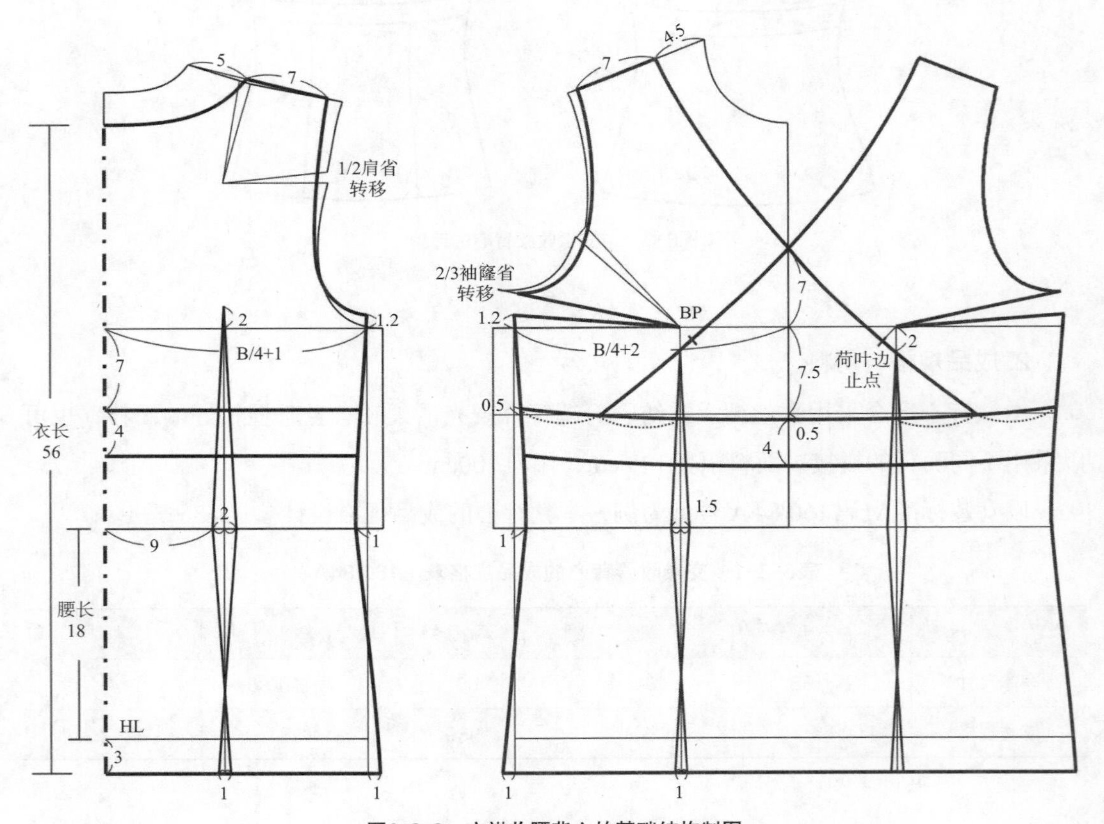

图6-3-2　交襟收腰背心的基础结构制图

3. 前身基础结构（图6-3-2）

（1）沿肩线加大4.5cm，使前领宽略小于后领宽，前、后肩线长度相等。

（2）前胸围宽取1/4净胸围+2cm，略大于后胸围宽，重新画顺袖窿弧线。

（3）做前胸宽的垂线，袖窿深抬高1.2cm，底边线高度一致，使侧缝长度相等，确定侧缝 弧线。

（4）从BP点做垂线确定前腰省辅助中线，腰线收省1.5cm，底边适当加大重叠。

（5）根据造型确定高腰分割线，呈两条平行弧线。

（6）以前中线对称，扩展左侧衣身的轮廓线，获得左右完整的前衣身。

（7）根据造型确定前领口分割线，左右对称，右侧门襟在上，左侧在下。

4. 衣片净样（图6-3-2、图6-3-3）

（1）后身上部纸样：按照后身基础结构的腰线进行纸样分割，获得后身上片的纸样轮廓线。里料纸样可以和面料同样收省，也可以将收省量直接在侧缝减去。

（2）后身下部纸样：按照后身分割线和腰省进行纸样分割，获得后下中片、后下侧片的纸样轮廓线。

（3）后腰：后腰分割线中部的省道拼合，后腰纸样呈略向下弯曲的弧线。

（4）前身上部里料纸样：按照前身基础结构的腰线分割，腰线上的少许省量收活褶，侧缝线收省位置可以稍向下平移，缝合后更平整。拼合另一侧的省道并修正纸样轮廓线圆顺。

（5）前身上部面料纸样：按照前身上部里料的纸样将胸围线省量转移至胸下，和剩余的腰省合并作为褶皱量，拼合另一侧的省道并修正纸样轮廓线圆顺。面料采用斜纱方向可以使褶皱更柔和，门襟边不容易变形。

（6）前腰：前腰分割线中部的省道拼合，纸样呈略向下弯曲的弧线。

（7）前身下部：腰分割线以下的纸样合并，使分割线、腰线、底边线长度相等，重新画顺侧缝，获得前身下片的纸样轮廓线。前身下部整体裁片的设计更适合添加印花图案或刺绣装饰。

5. 领荷叶边（图6-3-3）

（1）从BP点向领口线做垂线确定领口荷叶边的端点位置，测量后领弧长和前领的荷叶边内侧弧长。

（2）按照接近圆环的形态绘制领荷叶边造型，内圆半径r=（后领弧长+前领荷叶边弧长）/2π+1，使荷叶边褶量均匀并留出足够的缝头空间。

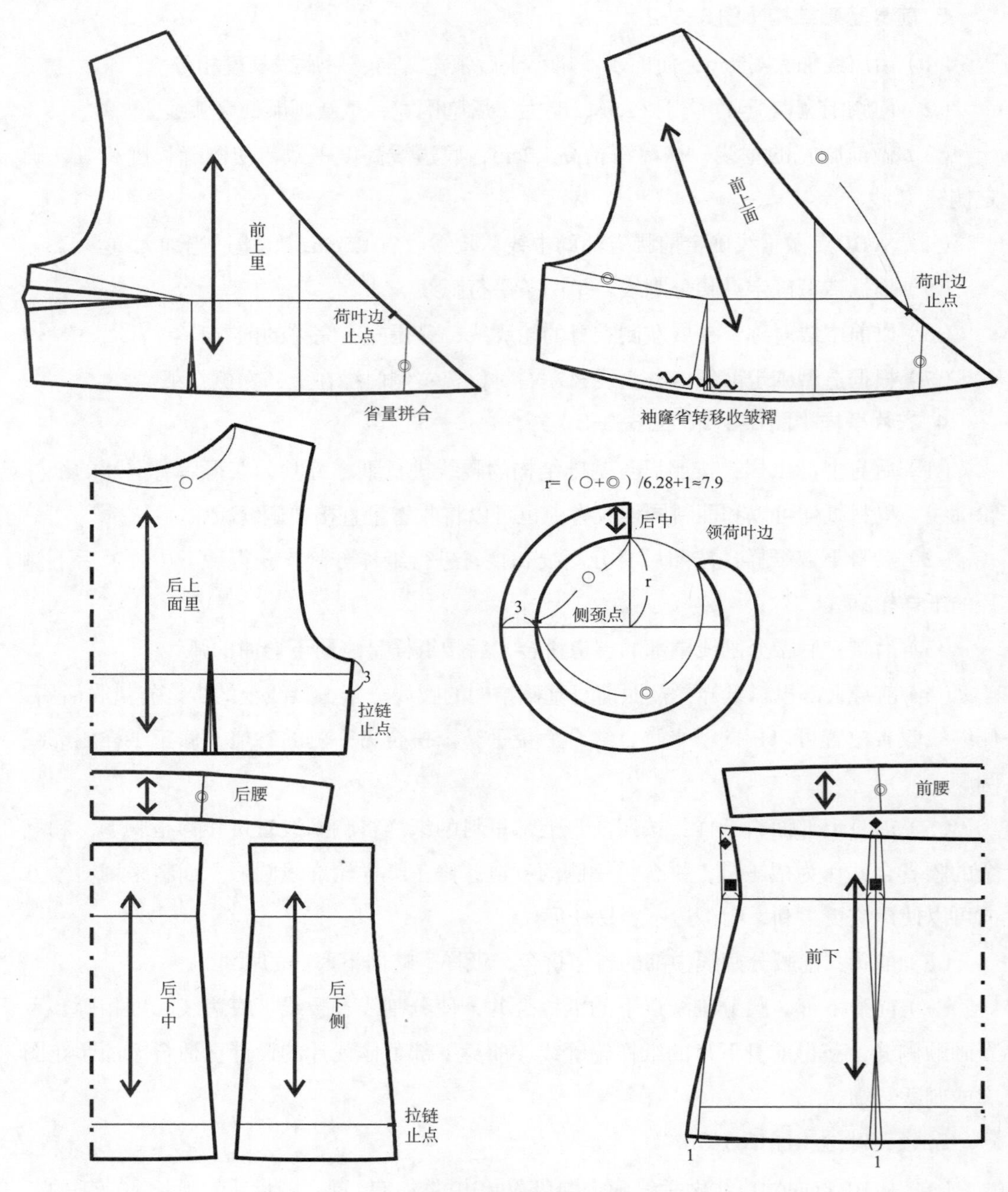

前上里
荷叶边
止点
省量拼合
前上面
荷叶边
止点
袖窿省转移收皱褶
后上面里
3
拉链止点
r=（○+◎）/6.28+1≈7.9
后中
领荷叶边
r
3
侧颈点
后腰
前腰
后下中
后下侧
拉链止点
前下
1
1

第四节 ｜ 女西装背心的纸样设计

一、造型与规格

1. 款式特点

本款为衬衫外穿着的西服套装背心，合体收腰的短款造型，也称为西服马甲，可以和半身裙或西裤组合成套装，风格活泼帅气。背心的前后身都有公主线分割设计，前中门襟四粒扣，前身两侧单开线挖袋，后身加腰带襻，如图6–4–1。

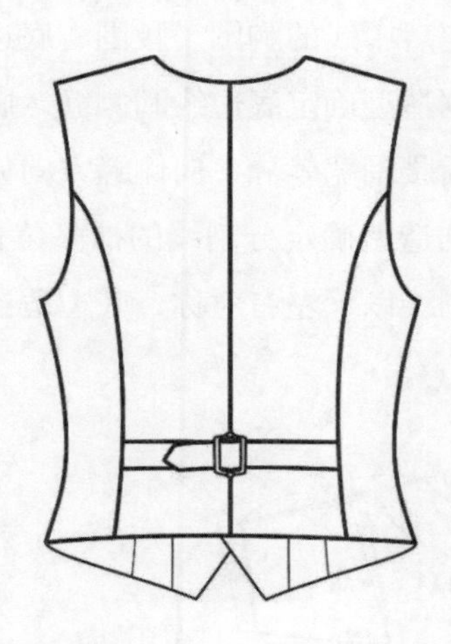

图6–4–1 女西装背心的造型

2. 成品规格与用料

本款背心适合采用羊毛哔叽、斜纹呢、花呢等质感高级，保型抗皱性较好的面料。根据面料的不同厚度和性能搭配适当的里料和黏合衬。使用面料幅宽143 cm，用料70cm；里料幅宽110 cm以上，用料60cm。

以女装标准M码160/84 A号型为例，本款女西装背心的成品规格设计参见表6–4–1。

表6–4–1 女西装背心的成品规格表（160/84A） 单位：cm

	后衣长	胸围	腰围	下摆围	袋口大	袖窿弧长
净体尺寸	背长38	84	66	净臀围90	/	/
成品规格	后中46	91	76	约87	11.5	约49

二、结构制图

1. 原型处理（图6-4-2）

将后肩省的1/2转移作为袖窿松量，剩余1/2肩省量暂时保留，画直线连接新的肩线。前片袖窿省3等分并和BP点连线。

2. 后身结构（图6-4-2）

（1）后领宽和后领深都适当加大，绘制后领弧线。

（2）肩线端点减1.5cm，沿省道转移后的连线绘制后肩线，测量后肩线长度为△。

（3）后袖窿深降低2cm，画顺袖窿弧线，背宽比原型适当减小。

（4）确定后中线的胸围、腰围、底边收省量，绘制后中弧线圆顺。

（5）根据造型确定底边线和侧缝，底边宽度与胸围宽相似，侧缝弧线圆顺。

（6）将后腰围宽等分，向侧缝方向偏移1cm做垂线，作为后身分割辅助线。

（7）根据造型确定分割线的袖窿位置，收省量整体均衡，确定后片的两条分割线长度相等，腰围线以下左右对称，底边适当上翘与分割线保持垂直。

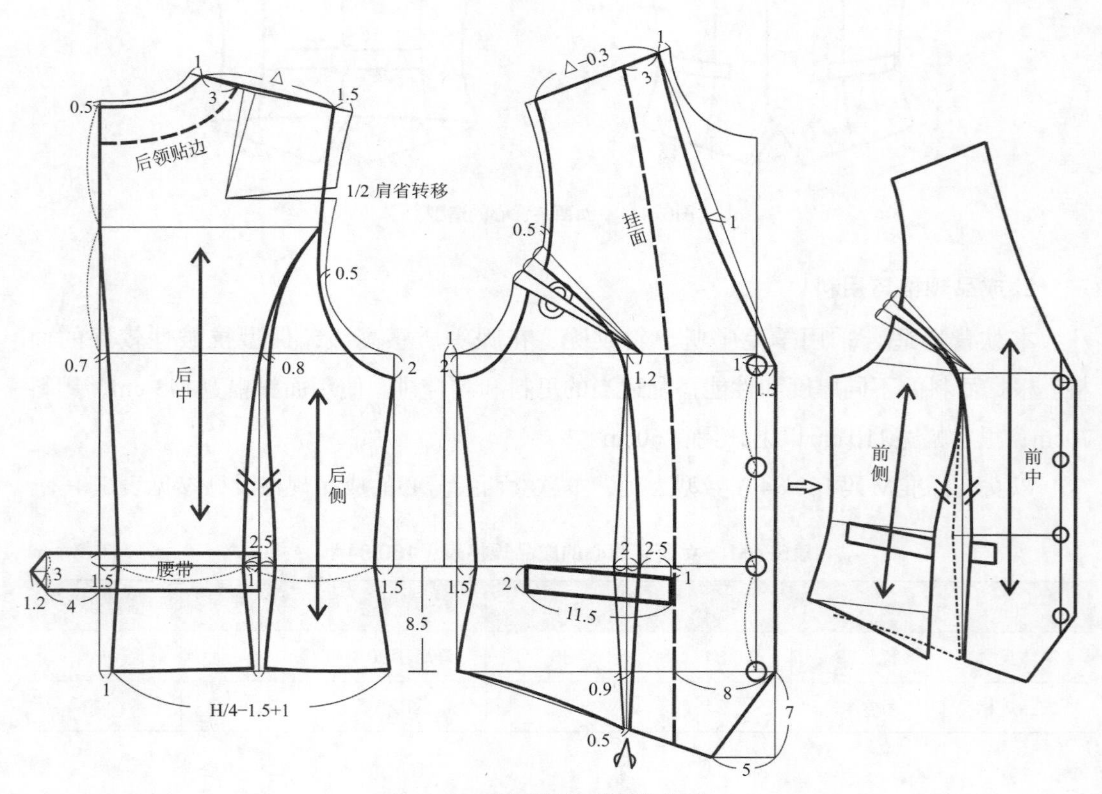

图6-4-2　女西装背心的结构制图

3. 前身结构（图6-4-2）

（1）前中线增加叠门宽1.5cm，前领宽增加量和后片相等，根据造型确定前领口弧线。

（2）绘制前肩线长度略小于后肩线长度△，吃缝量0.3cm。

（3）袖窿深降低2cm，前胸围宽减1cm做垂线，确定前侧缝弧线，收腰量和后片相等。

（4）根据造型确定底边水平线和斜角造型。

（5）画顺前袖窿弧线，原袖窿省的下2/3省量位置暂时保留。

（6）从BP点向侧缝方向偏移1.2cm做垂线，作为前身分割辅助线。

（7）从袖窿省3等分点确定分割线的袖窿位置，确定前中片的分割线，收省量前后均衡。

（8）沿分割垂线从胸围线下约2cm位置，根据腰省和底边省量，绘制前侧片分割线的基础结构。

（9）前侧片省道转移：将袖窿省的下1/3省量转移到底边分割线位置，底边开口加大，两条分割线之间保持1/3袖窿省量，侧缝和底边线上翘。确定前侧片的纸样轮廓线，保持两条分割线的长度相等，拼合后的袖窿弧线圆顺，经纱方向和胸围线保持垂直。

4. 口袋（图6-4-2、6-4-3）

前中袋口位置距离分割线2.5cm，根据造型确定上袋口位置，厚面料适合图6-4-3中的单开线挖袋工艺，薄型面料选择单开线或双开线口袋均可。

5. 后腰带（图6-4-2、6-4-3）

根据造型确定后腰带结构，左腰带和扣襻缝合固定，右腰带增加适当的交叠量。

6. 挂面和后领贴边（图6-4-2、6-4-3）

根据造型和工艺需要确定挂面和后领贴边结构，肩线宽3~4cm，挂面的胸围线以下接近垂直；后领贴边与领口弧线基本保持平行。

三、衣片裁剪工艺样板

按照每个衣片的纸样轮廓线进行分割，根据工艺制作要求添加适当的缝头，获得相应的衣片裁剪工艺样板，包括面料和里料的裁剪样板，如图6-4-3。

1. 面料

（1）后身分割为2片，底边缝头3.5cm；

（2）前身分割为2片，底边缝头3.5cm，挂面缝头1cm；

（3）根据口袋的制作工艺添加相应的开线、袋布等裁剪纸样，图为单开线口袋的袋口开线。

（4）后腰带内外双层缝合，面料较厚时内层可以使用里料。

（5）衣身内侧的挂面和后领贴边采用面料，后中线连裁。

2. 里料

（1）后身里料分割为2片，底边不加缝头，贴边位置为双层，适合轻薄型里料；

（2）前身里料从挂面分割，将公主线改为袖窿省和腰省，保持袖窿弧长不变，腰围和底边宽度不变。

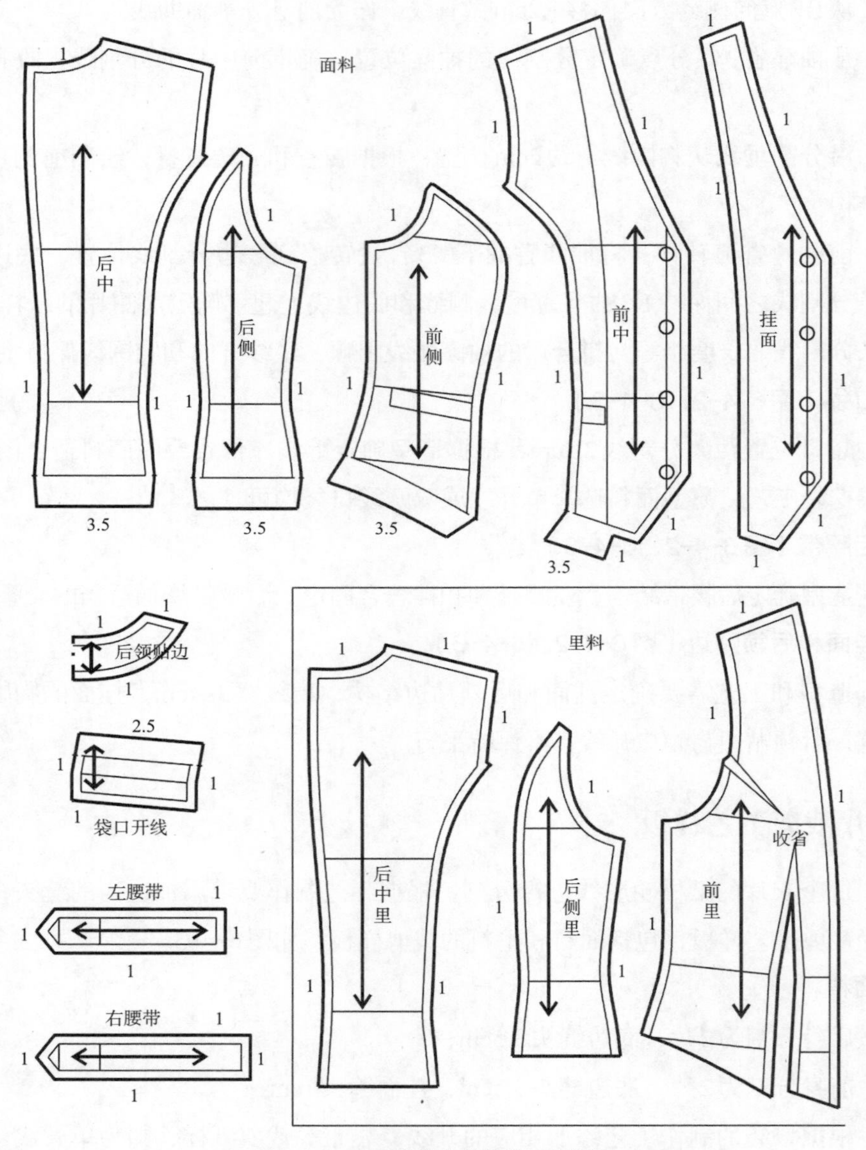

图6-4-3　女西装背心的裁剪工艺样板

第五节 | 驳领长背心的纸样设计

一、造型与规格

1. 款式特点

本款为衬衫外穿着的外套式背心，强调合体收腰的女性化造型，风格优雅大方。背心的前后身各设计公主线分割，驳领，前中双排两粒扣，前身两侧挖袋加袋盖，底边后中开衩，如图6-5-1。

图6-5-1 驳领长背心的造型

2. 成品规格与用料

本款背心适合采用羊毛哔叽、斜纹呢、双面呢或化纤混纺面料，保暖实用，保型抗皱性较好。根据不同面料搭配适当的里料，使用面料幅宽143cm，用料110cm；里料幅宽143cm，用料100cm。

以女装标准M码160/84 A 号型为例，本款女西装背心的成品规格设计参见表6-5-1。

表6-5-1 女西装背心的成品规格表（160/84A） 单位：cm

	后衣长	胸围	腰围	臀围	肩宽	袖窿弧长
净体尺寸	背长38	84	66	净臀围90	/	/
成品规格	后中83	约95	80	100	约36	约50

二、结构制图

1. 后身结构（图6-5-2）

（1）后领宽适当加大，绘制后领弧线。

（2）肩线端点减3cm，测量后肩线长度为△。

（3）后袖窿深降低3cm，后胸围宽增加1cm，画顺袖窿弧线，背宽比原型适当减小。

（4）根据造型确定底边水平线和臀围线位置，收腰量和下摆扩展量根据造型均衡分配。

（5）确定后中线的胸围、腰围、底边收省量，绘制后中线圆顺。

（6）从后胸围宽做垂线至底边水平线，确定后侧缝弧线。

（7）将后腰围宽等分取腰省量，从腰省中线做垂线，作为后身分割辅助线。

（8）根据造型确定分割线的袖窿位置，胸围线收省0.5cm，腰围线以下的分割线左右对称，确定后片的两条分割线长度相等，底边线适当上翘。

2. 前身结构（图6-5-2）

（1）前领宽增加量和后片相等，前肩线长度=后肩线长度△—吃缝量0.3cm。

（2）前袖窿深降低3cm，画顺前袖窿弧线，原袖窿省位置暂时空缺。

（3）前中线增加叠门宽7cm，根据造型确定驳头止点位置。

（4）从前胸围宽做垂线至底边线，收腰量和底边重叠量都与后片相等，确定前侧缝弧线。

（5）从BP点向侧缝方向偏移4cm做垂线，作为前身分割辅助线。

（6）从袖窿省确定分割线的袖窿位置，腰线收省2cm，底边重叠2.5cm，确定前侧片的分割线。

（7）沿前身分割辅助线从胸围线下3cm位置，确定胸省剪切线位置。根据造型绘制前侧片的分割线，剪切线以下的分割线左右对称。

（8）将原型袖窿省的2/3省量合并转移到胸省剪切位置，两条分割线之间保持1/3袖窿省量，根据造型绘制前中片的分割线，缝合胸省后的分割线长度相等。

（9）前中线适当加长，绘制上翘的底边弧线，与分割线、侧缝都保持垂直。

3. 口袋（图6-5-2）

袋口位置距离前中线7.5cm，根据造型确定上袋口位置和袋盖宽度，袋盖侧缝边和衣身侧缝方向基本保持平行。

4. 挂面（图6-5-2、6-5-4）

根据工艺需要确定挂面结构，肩线宽3~4cm，腰围线以下保持垂直。

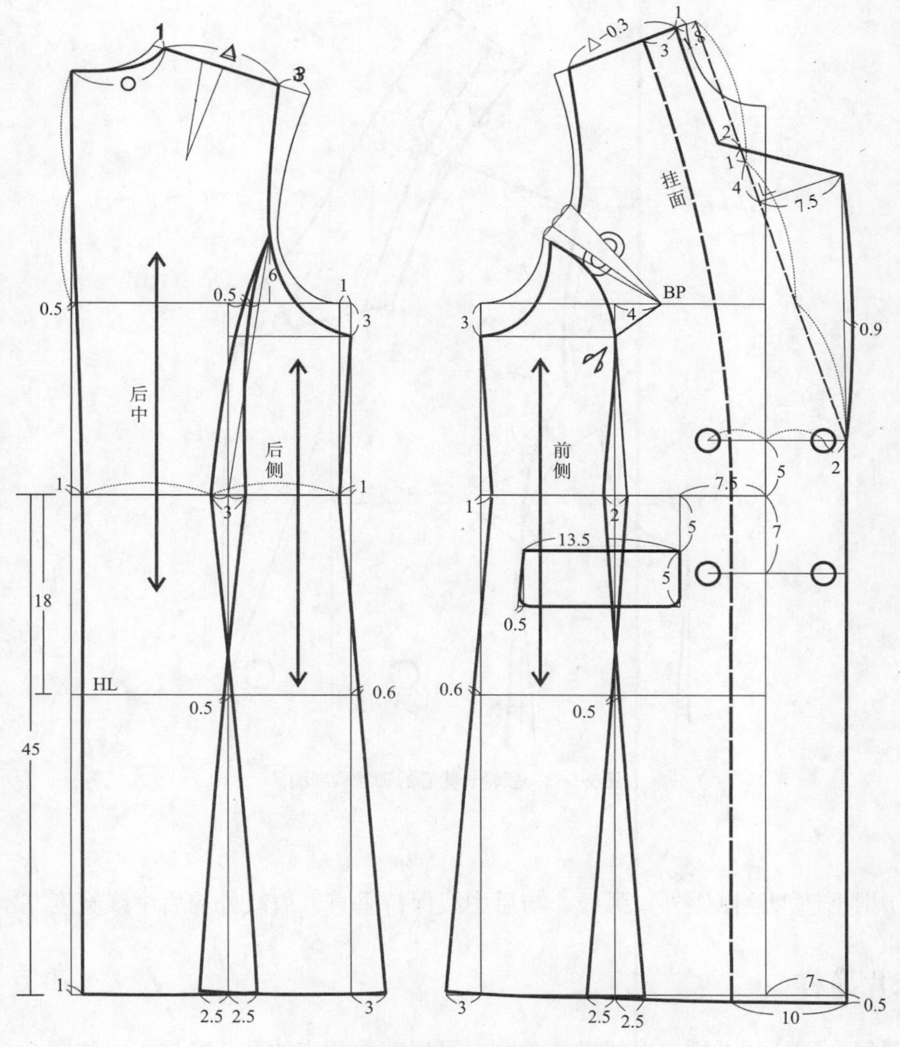

图 6-5-2　驳领长背心的结构制图（一）

5. 衣领结构（图6-5-3）

（1）做驳折线与衣身肩点的垂直距离1.8cm。

（2）从肩点做驳折线的平行线，长度为后领弧长○。

（3）取后领倒伏量3cm，过肩点做等腰三角形。

（4）后中线与倒伏量三角形下边垂直，取领座宽2.5cm，翻领宽4cm。

（5）绘制领底弧线与后中线保持垂直，与衣身肩线重叠0.6cm。

（6）绘制领翻折线与后中线保持垂直，肩线处领座宽约2.1cm，与衣身驳折线连接

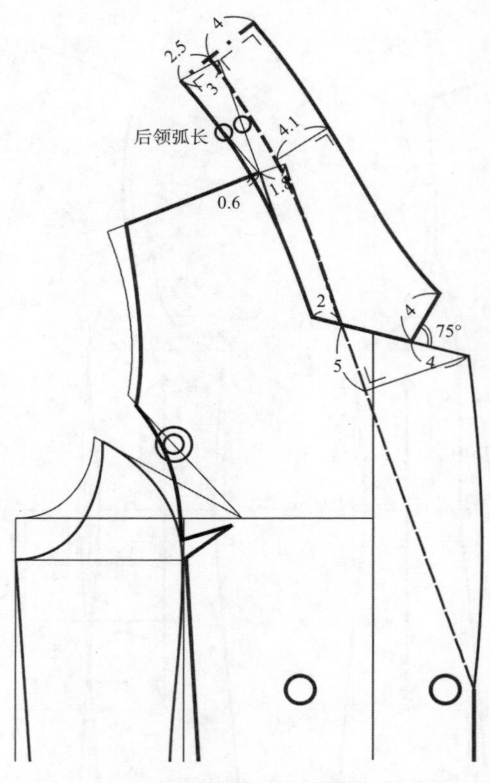

图6-5-3　驳领长背心的领结构制图

圆顺。

（7）根据造型绘制领外口弧线，与后中线保持垂直，肩线处与后中线宽度基本一致。

三、衣片净样

按照每个衣片的纸样轮廓线进行分割，可以获得相应的衣片净样板，如图6-5-4。

（1）后身分割为2片纸样，后中片和后侧片的分割线长度相等。

（2）前身分割为2片纸样，前中片和前侧片的分割线长度相等，袖窿弧线可以微调，确保分割线拼合后的袖窿弧线圆顺。

（3）口袋盖按照造型拷贝净样，缝制时需要按照前中片的上袋口位置进行定位。

（4）将衣领基础结构拷贝翻转，就获得左右完整的领底净样，确保后领中部弧线圆顺。

（5）将领底净样的后领部分进行纸样切展，领外口线根据布料厚度适当外扩，左右对称拷贝获得领面净样。

（6）按照前身内部的挂面虚线结构进行分割，确定挂面的面料纸样。

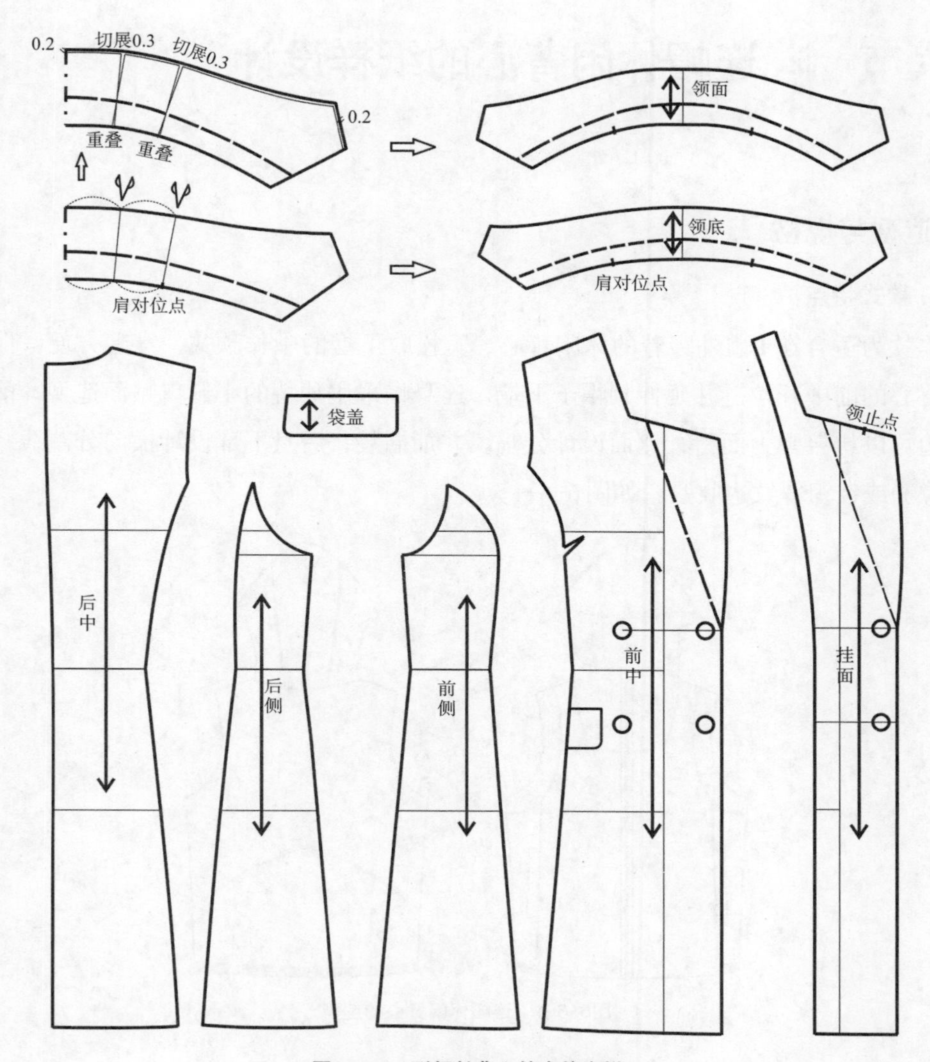

图6-5-4　驳领长背心的衣片净样

第六节 ｜ 连帽休闲背心的纸样设计

一、造型与规格

1. 款式特点

本款为适合在T恤外穿着的休闲背心，宽松收下摆的中长款式，穿着方便，保暖实用。背心的前中开拉链并延伸到帽子下端，连身帽采用独特的小开口贴面造型。前身袖窿贴边可以拼接弹力面料，侧面设计分割线并加插袋；后身下部设计横向分割线，底边采用橡筋或针织罗纹边收紧，如图6–6–1。

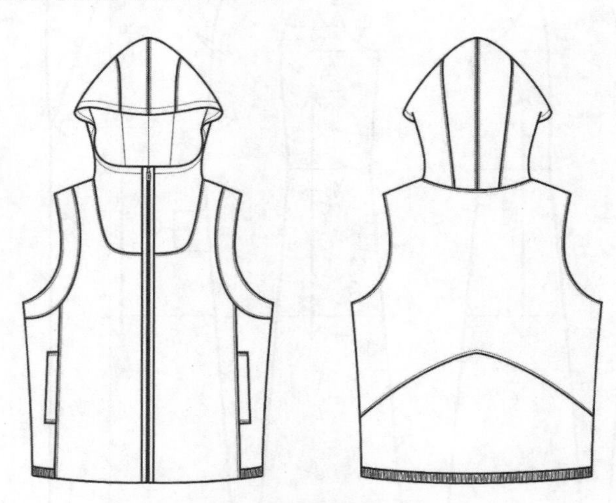

图6–6–1 连帽休闲背心的造型

2. 成品规格与用料

本款背心适合采用斜纹棉卡其、牛仔布、复合防水面料、加绒或夹棉面料等多种材质，根据不同季节的保暖要求而选择。背心可以制作为单层也可以加衬里，根据面料的不同厚度和性能搭配适当的里料。使用面料幅宽143cm，用料110cm。金属或塑胶拉链，长70cm。

以女装标准M码160/84 A号型为例，本款连帽休闲背心的成品规格设计参见表6–6–1。

表6–6–1 连帽休闲背心的成品规格表（160/84A） 单位：cm

	后衣长	胸围	下摆围	肩宽	袖窿弧长
净体尺寸	背长38	84	净臀围90	净肩宽38.5	/
成品规格	62	102	98	约38	约56

三、基础结构制图

1. 原型处理（图6-6-2）

将后肩省的1/2转移作为袖窿松量，剩余1/2肩省量暂时保留，画直线连接新的肩线。前身原型的袖窿省量保留作为袖窿松量。

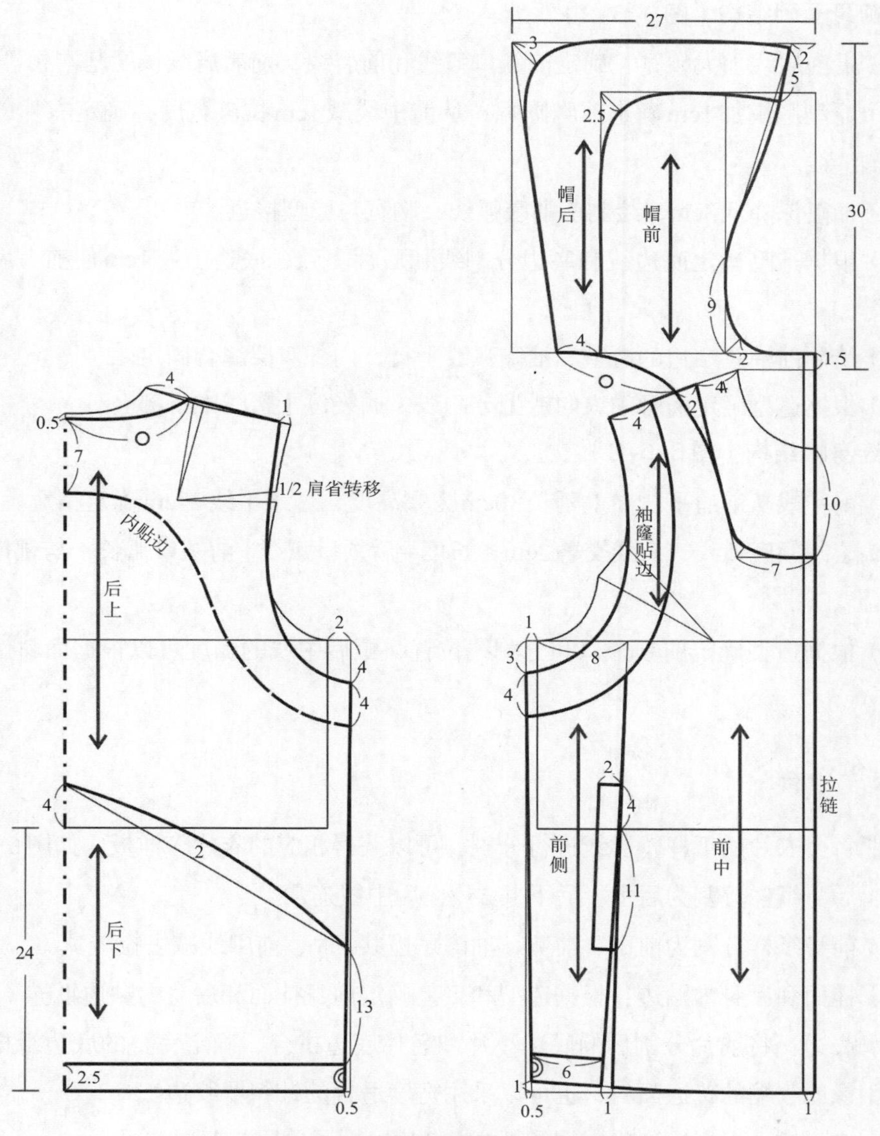

图 6-6-2　连帽休闲背心的基础结构

2. 后身基础结构（图6-6-2）

（1）沿重新绘制的肩线加大领宽，确定后领口弧线和后肩线。

（2）原型胸围加2cm确定后胸围宽，袖窿深降低4cm，绘制后袖窿弧线，背宽与原型接近。

（3）根据造型确定后中部的横向造型分割线和底边分割线，绘制后侧缝线稍向内收。

（4）根据造型确定后身的内贴边，使领子和袖窿缝合后平整光洁。

3. 前身基础结构（图6-6-2）

（1）沿前肩线加大领宽，确定前领口弧线和前肩线，前后肩线长度基本相等。

（2）原型胸围加1cm确定前胸围宽，从前中线减1cm拉链宽度，确定衣片的前中净样线和侧缝线。

（3）袖窿深降低3cm，绘制前袖窿弧线，胸宽与原型接近。

（4）根据造型确定底边线和底边分割线和后片一致，底边上翘1cm使前、后侧缝线长度相等。

（5）绘制前袖窿贴边的造型和袖窿弧线平行，内外双层缝合固定。

（6）根据造型确定前身的纵向造型分割线，插袋位于腰线中下部。

4. 连身帽结构（图6-6-2）

（1）前中线从前肩平线向上延长30cm为帽高度，做水平线27cm确定帽宽。

（2）绘制领底弧线，肩线交叠2cm，长度=后领口弧线+前领口弧长，与领口线下半部分重合。

（3）根据造型确定前领开口和分割线位置，帽后中线的弧度可以根据面料性能进行微调。

三、衣片净样

按照每个衣片的纸样轮廓线进行分割，可以获得相应的衣片净样板，如图6-6-3。

（1）后身纸样分割为后上、后下共2片，后中线连裁。

（2）前身纸样分割为前中、前侧、袖窿贴边共3片，前中线减去拉链宽。

（3）挂面和后身内贴边：根据造型和工艺确定前身挂面和后身内贴边纸样。

（4）底边：将前片分割后的底边小片和后片底边拼合，确定完整的底边纸样。底边可以使用橡筋收缩的普通面料，也可以采用宽度适合的针织罗纹边。

（5）连身帽：根据造型确定帽子纸样共2片，帽子单层或双层均可。

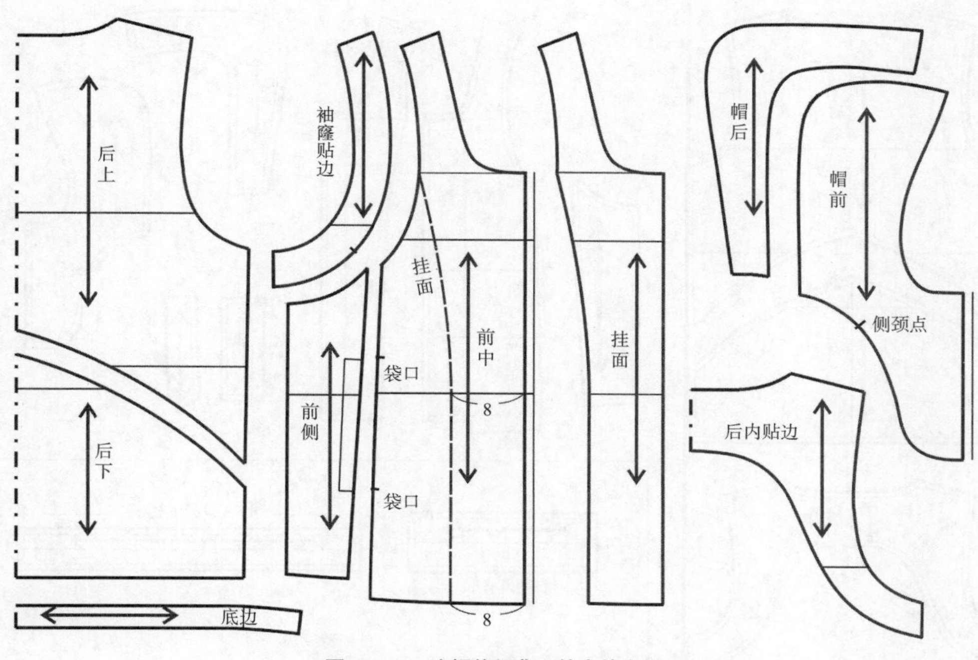

图 6-6-3　连帽休闲背心的衣片净样

四、裁剪工艺样板

在衣片净样基础上按照工艺制作要求添加适当的缝头，获得相应的裁剪工艺样板，如图6-6-4。由于批量生产时面料无法对折，因而标准裁剪样板的连裁边需要对称拷贝后加放缝头。

1. 面料纸样

包括衣身外部衣片和内侧挂面、后内贴边、口袋垫布、袋牌纸样等共10片，采用较厚实致密的面料。

2. 袖窿贴边和底边罗纹纸样

图6-6-4中的袖窿贴边和底边使用针织罗纹边。底边罗纹边按照1∶0.85的面料伸长比例计算后适当缩减长度。袖窿罗纹边的长度等于袖窿弧长，罗纹边双层内外连折。

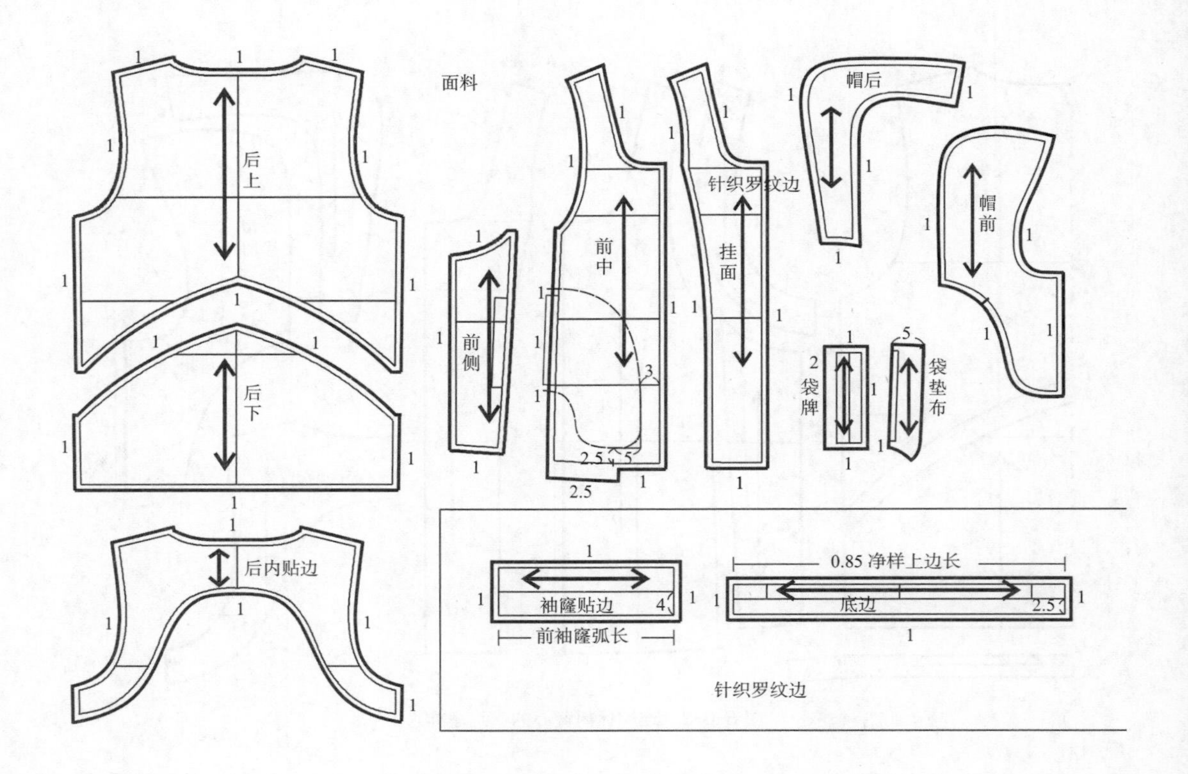

图6-6-4 连帽休闲背心的裁剪工艺样板

第七节 | 毛边中式背心的纸样设计

一、造型与规格

1. 款式特点

本款为适合春节等传统节日穿着的中式冬季背心，造型较宽松，采用舒适的低立领，斜襟盘扣，领口、袖口和门襟位置都添加装饰性毛边。本款中式背心适合穿着在较合体的毛衫之外，采用不同类型的面料可以形成华贵或古朴的设计风格，搭配裙装或裤子均可，如图6-7-1。

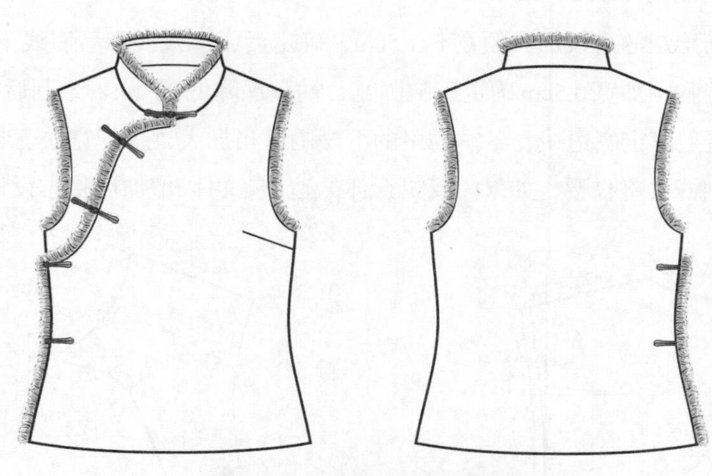

图6-7-1　毛边中式背心的造型

2. 成品规格与用料

本款背心适合采用中式织锦缎、棉麻或羊毛混纺面料，单色面料可以在前身增加中式风格的装饰图案，使用面料幅宽143 cm，用料70cm。内部衬里可以选择加绒或夹棉等多种材质，保暖实用，里料幅宽110cm以上，用料60cm。装饰毛边适合采用兔毛或人造毛等较柔软蓬松的材质，毛边条的底宽1cm，长250cm。

以女装标准M码160/84 A 号型为例，本款中式女背心的成品规格设计参见表6-7-1。

表6-7-1　毛边中式背心的成品规格表（160/84A）　　单位：cm

	后衣长	胸围	下摆围	肩宽	袖窿弧长
净体尺寸	背长38	84	净臀围90	净肩宽38.5	/
成品规格	54	97	101	约38	约50

二、衣身基础结构

1. 原型处理

将后肩省的1/2转移作为袖窿松量，剩余1/2肩省量暂时保留，画直线连接新的肩线。前片的袖窿省量2等分，和BP连线后暂时保留。

2. 后身结构制图（图6-7-2）

（1）沿重新绘制的肩线加大领宽1~1.5cm，确定后领口弧线和后肩线。

（2）将原型胸围加宽0.5cm确定后胸围宽，袖窿深降低2.5cm，绘制后袖窿弧线。

（3）根据造型确定底边线，冬季马甲的下摆围适当加大，搭配宽松下装时更加方便。

（4）绘制侧缝线略收腰，如果需要更合体的造型，可以增加后腰省设计。

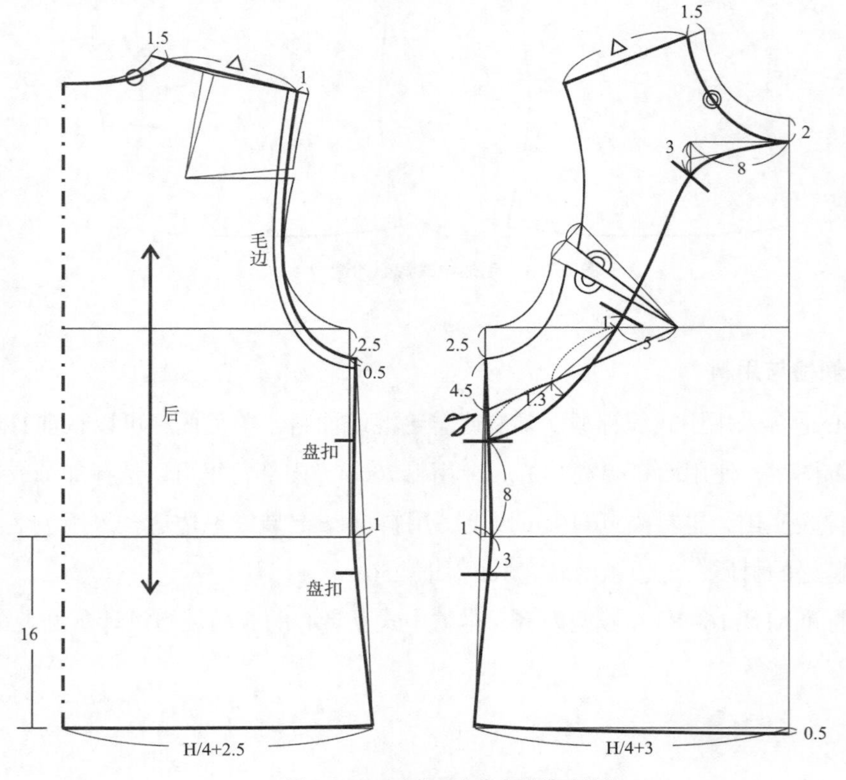

图6-7-2　毛边中式背心的基础结构

3. 前身基础结构（图6-7-2）

（1）根据造型确定前领口弧线，绘制前肩线和后肩线长度相等。

（2）将原型袖窿深降低2.5cm，绘制前袖窿弧线。袖窿省中点以上沿原型的袖窿弧线延长，预留1/2袖窿省的两边长度相等，绘制下段袖窿弧线，使拼合后的袖窿弧线保持圆顺。

（3）根据造型确定前底边线宽度，前中线加长0.5cm，前身底边线弧度大于后身。

（4）绘制侧缝线，前、后侧缝的收腰量相等，长度相等。

（5）根据造型确定门襟边和盘扣位置。盘扣固定位置需注意人体受力方向，在胸围线和腰围线附近设计扣位，必要时可以在内侧加暗扣。盘扣固定方向与门襟边基本保持垂直。

（6）在侧缝线上确定省道位置，将预留的1/2袖窿省量转移至侧缝，参见图6-7-3。

三、前衣片净样

1. 左侧门襟纸样（图6-7-3）

将前身基础结构拷贝对称，根据门襟分割线确定左前片门襟纸样，省道转移后绘制腋下省，省尖点距BP4cm，门襟和袖窿加装饰毛边。

2. 右侧里襟纸样（图6-7-3）

右侧前身按照门襟分割线造型增加衣身内的里襟交叠量，确定右前片纸样如图6-7-3。门里襟扣合时每粒盘扣下至少有3cm以上的交叠量，袖窿加装饰毛边并连接后袖窿。

四、立领结构制图

立领结构可以单独制图，也可以在衣身基础上直接连接制图，前领造型更加直观贴合，如图6-7-3。制图步骤如下：

1. 领底弧线

在衣身的前领口弧线基础上绘制前领底弧线，肩线处交叠1.5cm。从交点做肩线的垂线，与前领底弧线连接圆顺，领底弧线总长度等于衣身的前领弧长+后领弧长。

2. 领后中线

与领底弧线保持垂直做领后中线，后领高度根据造型确定，不超过后颈长度。

3. 领外口造型线

根据造型绘制立领外口弧线，与后中线保持垂直，前领下部约2.5cm与前中线方向连接圆顺。领外口加装饰毛边，与衣身左片的门襟毛边连接圆顺。

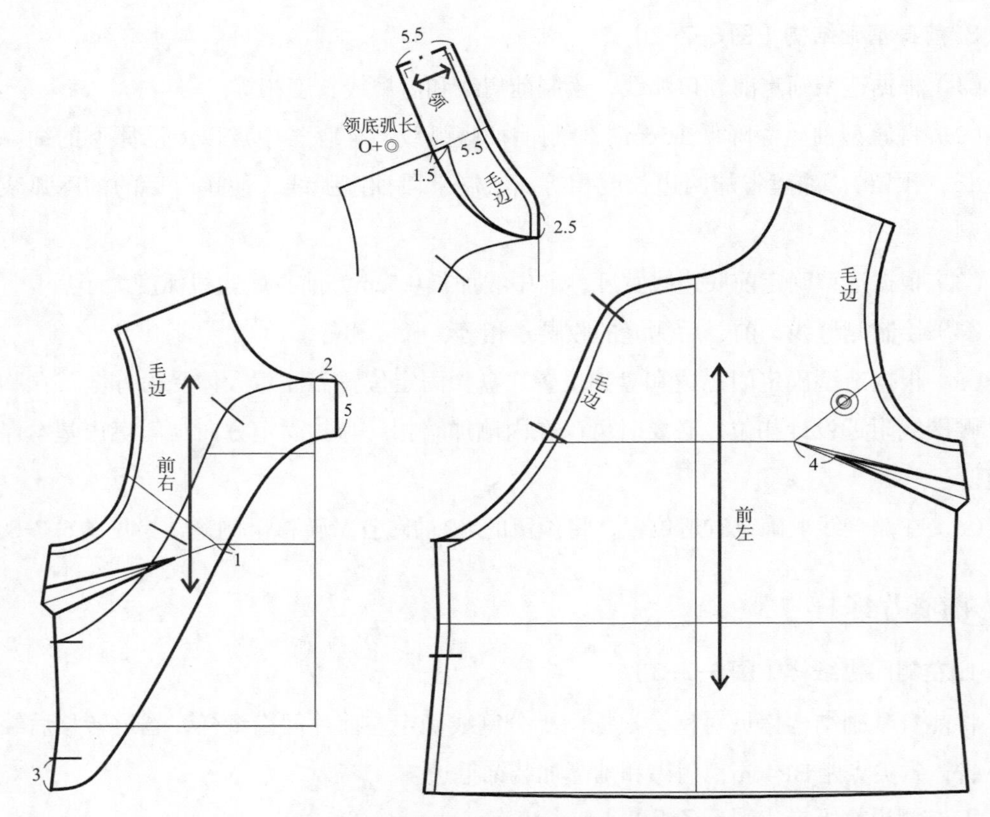

图6-7-3　毛边中式背心的前身和立领结构

第七章

女裤的结构设计

裤子是穿着于人体下肢的常见服装形式，形态多样。现代女裤始于19世纪末，其造型和基础结构都来源于男裤，和人体下半身的基本形态十分接近，适合不同年龄及体态的人穿着。相较于裙装而言，裤子的结构更为复杂，受人体形态和活动的影响更大，不同的裤子结构尺寸会直接影响穿着舒适度，因而合体型女裤的结构设计需要更多考虑人体体型的差异，造型和结构设计变化也更多受到下肢运动机能的限制。

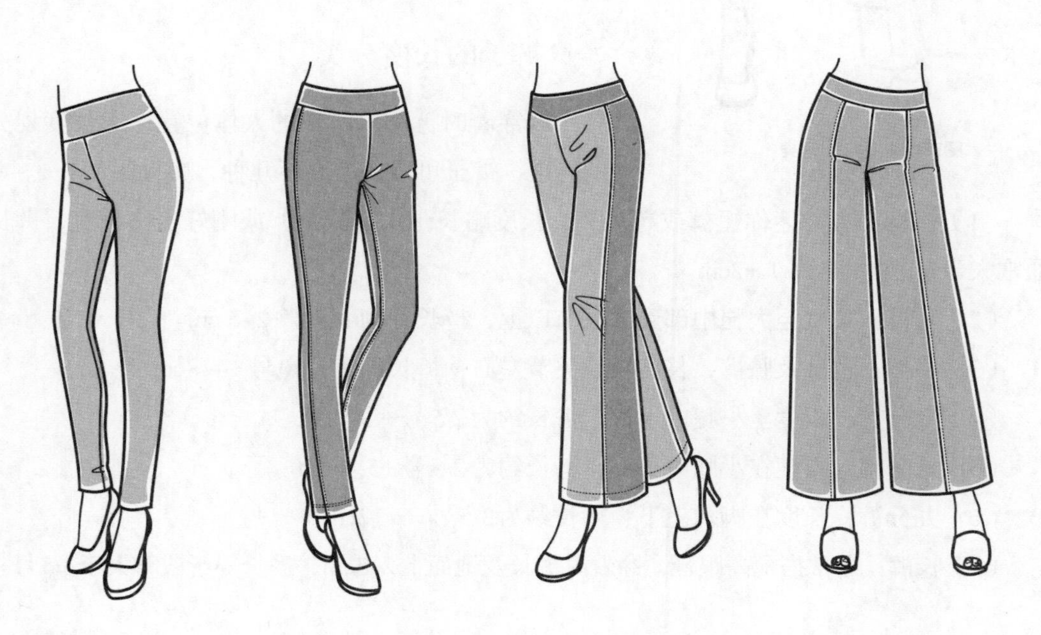

第一节 | 裤子的造型分类

导学问题：

1. 裤子的造型分几种基本类型？

2. 裤子的不同分割结构与人体有什么关系？

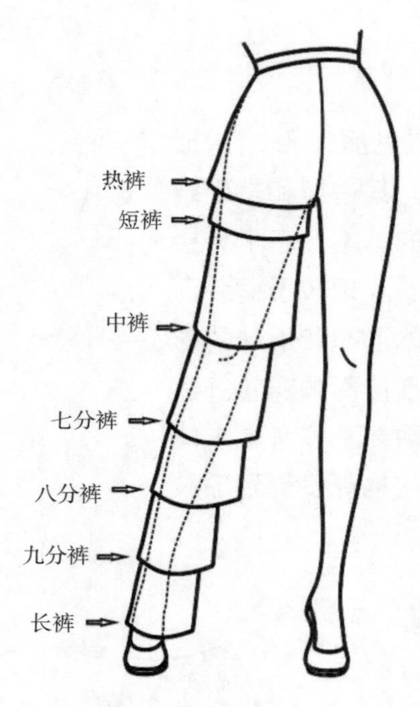

图7-1-1 裤长分类

裤子的英文名为Trousers或Pantaloon，是指包围人体腰腹臀部，臀底分开包裹双腿的服装形式。在西方服装的发展历史中，裤子最初是男性专用的下装，直到19世纪末才开始作为可以在户外活动时穿着的女装形式。相较于半身裙而言，女裤的结构更加复杂，但外观上更具有私密性，在穿着时方便运动，适合不同年龄和体态的人穿着。

裤子的类型多样，随时代变迁创造出丰富多样的造型和用途，可以搭配各种正装或休闲装而体现出不同的设计特色。按照女裤的造型和构成特点，主要有以下几种分类方式：

一、裤子的长度分类

以穿着时裤脚口所在的人体位置作为长度划分的标准，裤子可以分为以下几种，参见图7-1-1。

（1）热裤：也称迷你短裤或超短裤，长度略长于大腿根部，或刚好盖住臀底，裤长通常大于1/5号（身高）+2cm。

（2）短裤：长度至大腿中部到膝关节以上，裤长约为1/4号+2~5 cm。

（3）中裤：也称及膝裤，长度至膝关节左右，裤长约为3/10号+4~8cm。

（4）七分裤：长度至小腿中上部，裤长约为2/5号+2~5 cm。

（5）八分裤：长度在小腿中下部，裤长约为2/5号+5~8 cm。

（6）九分裤：长度在脚踝上下，裤长约为3/5号−6~12cm。

（7）长裤：通常搭配高跟鞋，穿着时裤长及地面上2~3cm，裤长等于或略大于3/5号。

二、 裤腰的造型分类

裤腰是裤子穿着时最主要的受力部位，根据裤腰和裤身的连接形态可以分为连腰头和装腰头两种裤子造型，同时根据裤子腰位的高度又可以分为三大类，参见图7-1-2。

（1）中腰裤：裤子腰位基本处于人体的腰线处，穿着舒适合体，是最常见的裤子基本款式。

（2）高腰裤：裤子的腰位高于人体腰线，这类裤型设计多强调细腰宽臀的曲线形态，具有女性化复古风格。

（3）低腰裤：裤子的腰位低于人体腰线，设计低腰位置时不宜过低，以免影响穿着的稳固性和舒适性。

（4）无腰头裤：外部无腰头，内侧加装腰贴边或腰线上口滚边包缝，常用于低腰或中腰裤形态。

（5）连腰裤：裤腰部分和裤身相连即成为连腰裤款式，没有单独的腰头或在髋部采用育克分割，通常用于高腰形态。

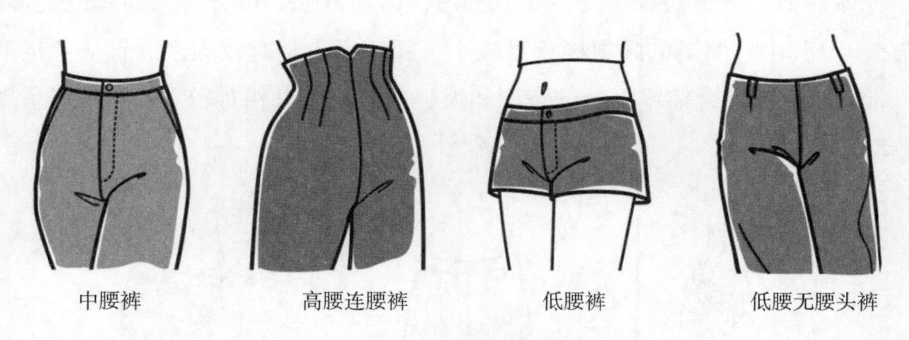

图7-1-2 裤腰的造型分类

三、裤子的外轮廓形态分类

裤子的外轮廓造型千变万化，会受到设计风格、面料质感、工艺处理等多重因素的影响。裤子的外轮廓造型对应人体的松量，可以分为紧身裤型、合体裤型、宽松裤型；在此基础上，又可以根据设计细节进行款式上的细分。

（1）紧身裤型：裤子的整体宽松量较小，穿着时廓形贴合人体身形。紧身裤又可以根据局部形态分为笔杆裤、骑车裤（侧缝开衩或开口）、踩脚裤等不同款式，参见图7-1-3。

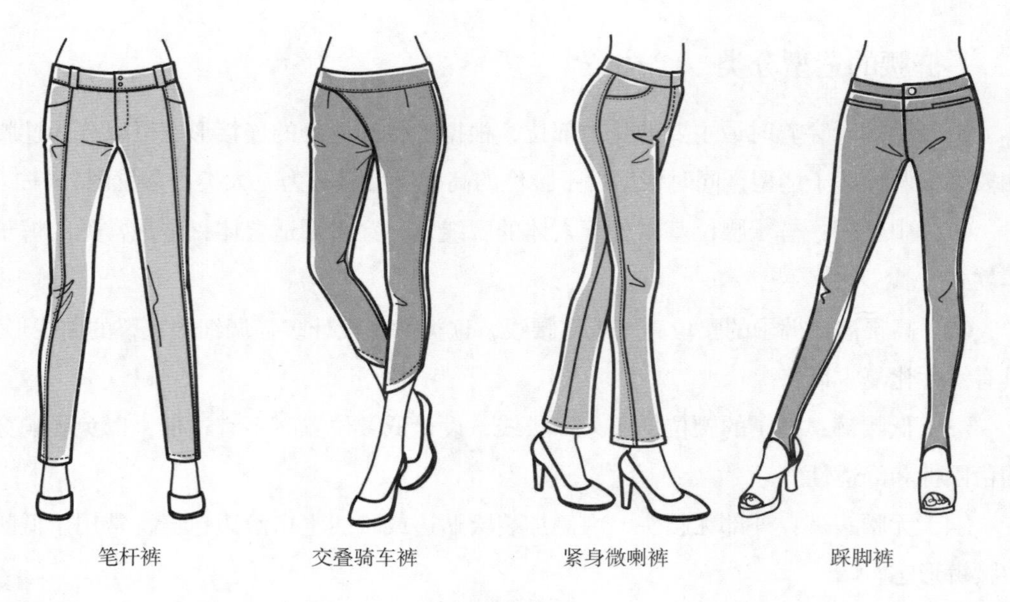

图7-1-3　紧身裤型

（2）合体裤型：裤子松紧适度，穿着舒适，活动方便，可分为直筒裤或锥形裤等，参见图7-1-4。其中直筒裤的腰臀围松量较小，腿部松量相对较大，裤管从上至下成直筒形状，常用于正装。合体锥形裤的臀围和大腿部位的松量相对较多，向裤口呈现逐渐收细的造型。

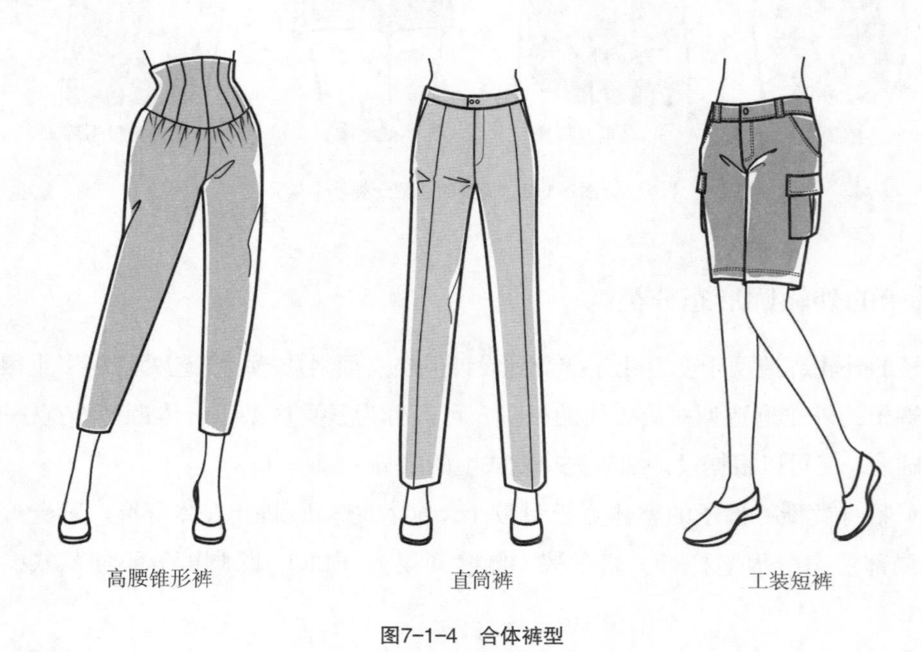

图7-1-4　合体裤型

（3）宽松裤型：裤子的整体宽松量较大，富有装饰效果。根据增加松量的主要部位不同，常见的宽松裤造型主要分为倒T型、A型、灯笼型三种不同的外轮廓造型。

倒T型裤包括哈伦裤、马裤等款式，最初为方便骑马等活动而设计，臀围和腿根部位松量较大，膝下至裤口处收紧合体，常在脚口加拉链或纽扣。A型裤也称为裙裤或裤裙，腰围和臀围较合身，裆部和裤腿都加大，形成宽松扩展的A型廓形。灯笼型裤的整体廓形肥大，腰围加褶皱提供较大的臀围松量，裤腿在脚口处收褶皱，形成蓬松内收的形态，适合采用较柔软轻薄的面料制作。参见图7-1-5。

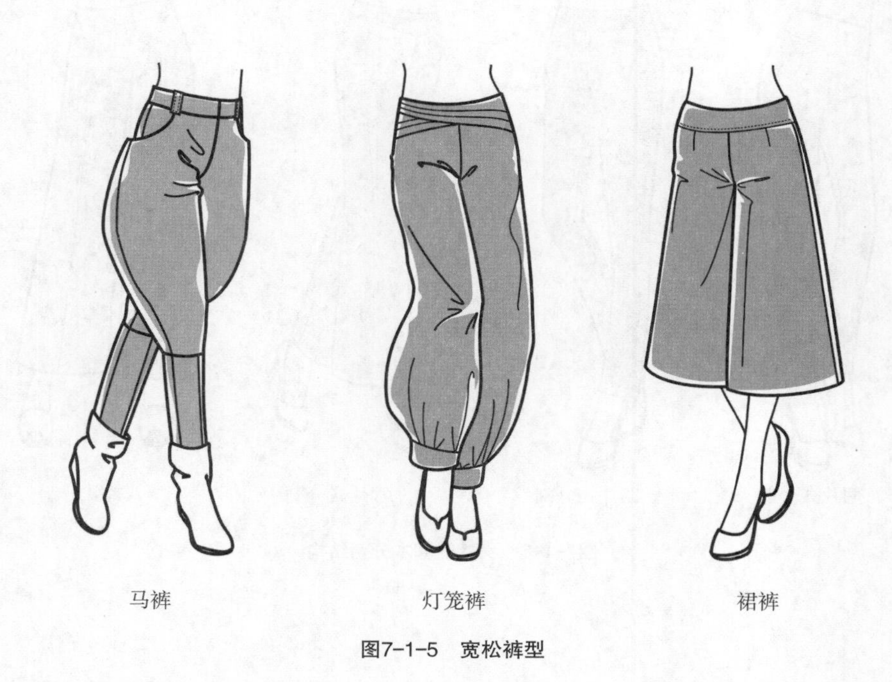

图7-1-5　宽松裤型

四、裤子的基本分割构成分类

裤子在结构分割时受到人体活动的限制，通常根据人体下肢的前后、内外体面进行分割，形成基本纵向分割线的变化，主要分为两片式、四片式、六片式及八片式等不同分割结构，参见图7-1-6。

（1）两片式：裤子的分割线只位于前后中线和内侧缝线上，外侧缝前后连成一个整体，将裤子分成左右两片，这类裤型主要用于打底裤、运动裤，适合采用弹性较大的面料。

（2）四片式：这是最常见的裤子分割构成形式，分割线分别位于前后中线及内外侧缝线，裤子分为前左、前右、后左、后右四片。

（3）六片式：裤子在前后挺缝线与外侧缝线之间分别做分割线，外侧缝无分割线，使分割后的侧片形成一个单独的面，前后中线、内侧缝线做分割线，整条裤子构成分为六片，常用于运动裤等较合体又要求活动功能性好的款式。

（4）八片式：在前后中线、前后挺缝线、内外侧缝线分别做分割线处理，将裤子分割为八片，结构线均衡流畅，可以根据造型进行不同部位的形态调整，如上紧下松的鱼尾式造型。

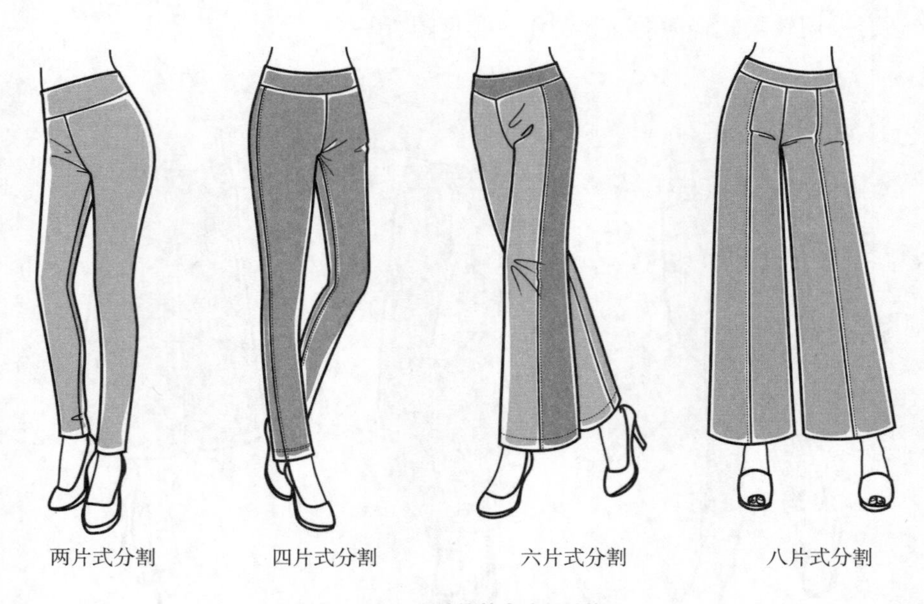

图7-1-6　女裤的基本分割结构

第二节 | 裤子的规格设计和人体测量

导学问题：

1. 裤子结构设计所涉及到的人体测量部位有哪些？

2. 影响裤子造型的成品部位规格主要有哪些？

一、人体下体的测量方法和部位

人体体型作为服装造型和结构设计的基础，裤子结构设计中首先需要掌握人体下体测量的方法。针对裤子结构所对应的造型部位和活动功能要求，人体下体测量的方法和测量指标都与上装人体测量有所区别。

1. 人体下体测量方法

人体下体测量通常采用软尺手工测量方法，使用厘米为单位的软皮尺。被测量者需要穿着内裤或贴体紧身裤，保持自然站姿或直立静坐，注意测量前首先要在腰围处系细带，保持腰围水平定位，才能获得准确的测量结果。

2. 下体测量部位

裤子结构所涉及到的下体测量数据主要包括围度和长度两大类，围度尺寸是确定裤子纸样水平宽度的基本依据，长度尺寸是确定纸样长度的依据，下体测量的具体部位如图7–2–1。

（1）腰围：沿人体腰部最细位置水平围量一周。

（2）中腰围（中臀围）：沿人体腹部最突出位置水平围量一周。

（3）臀围：沿人体臀部最丰满位置水平围量一周。

（4）腿根围：经过大腿根部的最丰满处水平围量一周。

（5）膝围：沿膝关节中央位置水平围量一周。

（6）小腿围：经过小腿肚最丰满位置水平围量一周。

（7）脚腕围（踝围）：经过小腿外踝骨点水平围量一周。

（8）足围：将足抬起，从足跟至脚背围量一周。

（9）上裆围（前后裆围）：从前腰线中点绕经裆底，至后腰线中点围量。

（10）腰高（腰围线高）：从腰围线量至地面的直线距离。

（11）臀位高：从臀围线量至地面的直线距离。

（12）下裆位高（会阴高）：从会阴最低处量至地面的直线距离。

（13）膝盖中点高：从膝盖中部的后折线处量至地面的直线距离。

（14）足踝高：从外侧足踝关节凸点量至地面的直线距离。

（15）股上长：坐姿，保持腰围线水平，从腰线量至椅面的直线距离。

（16）上裆长：直立时腰围线至大腿根的直线距离，也可以用（腰高-下裆位高）计算。

（17）臀长（腰长）：腰围线至臀围线的直线距离，也可以用（腰高-臀位高）计算。

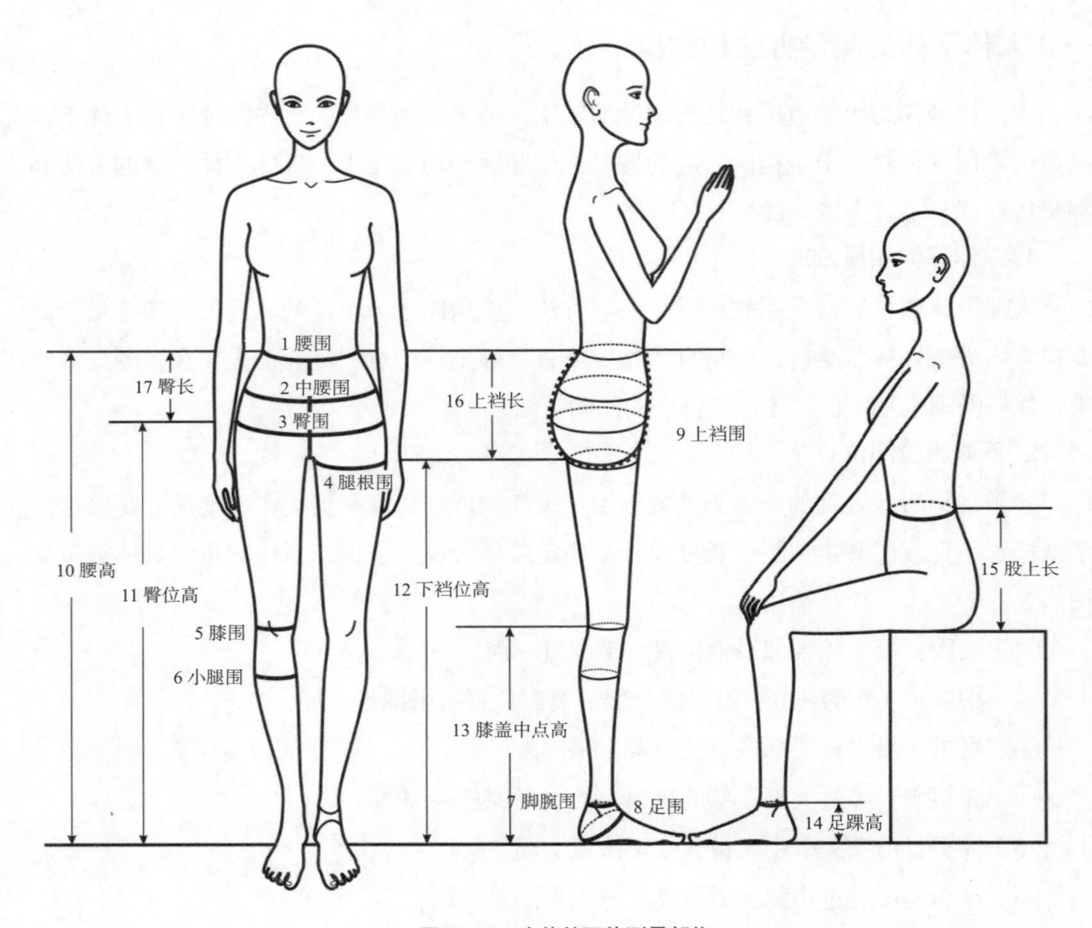

图7-2-1　人体的下体测量部位

二、裤子的规格设计

1. 裤子的号型规格

裤子的成品规格根据服装造型而确定，以人体测量数据为基础，也是影响服装结构设计的基本要素。我国的裤装工业规格采用国家标准GB/T1335-2008《服装号型》进行分类，以“号”代表身高，按照5cm分档；以“型”代表腰围，按照2cm分档；以体型标志字母代表体型类别，按照胸腰围差将人体分为Y、A（标准体）、B、C四种类型，从而作为工业化裤装纸样设计和消费者选购成品裤子的依据。

在裤子的结构设计中，合体围度尺寸主要涉及人体的腰围和臀围。在大规模人体测量统计的基础上，对应Y、A（标准体）、B、C四种体型类型，我国服装号型规格中男性和女性所采用的人体胸腰围差和腰臀围差范围不同，参见表7-2-1。

服装企业通常采用的裤子中间标准尺码制作基础纸样，一般为男裤号型“170/72A”、女裤号型“160/68A”，采用5/4档差（身高档差5cm、腰围档差4cm）进行推板，然后获得其他号型的裤子样板。譬如女裤号型为“160/68 A”，意味着这条裤子适用于身高约160cm、腰围68cm、胸围和腰围差14~18cm、腰围和臀围差20.6~23.4cm的女性穿着。

表7-2-1　不同体型类别的人体三围差　　单位：cm

		Y	A	B	C
胸腰围差（胸围－腰围）	男	22~17	16~12	11~7	6~2
	女	24~19	18~14	13~9	8~4
腰臀围差（臀围－腰围）	男	22.8~17.6	19.6~13.2	17.6~6.2	11.6~0.2
	女	27.4~24.8	23.4~20.6	22.4~14.8	18.4~10

2. 裤子的成品部位规格

生活中穿着的常规裤型通常有着较为固定的成品规格范围，主要包括长度、围度、宽度三类，根据造型和不同季节的着装厚度而确定裤子成品部位规格的具体设计。

进行裤子的成品部位规格测量时，首先需要将裤子的纽扣、拉链等扣合完整，整体铺平后使用软尺测量，测量时不可用力拉伸或卷曲，主要测量部位如图7-2-2。

（1）裤长：沿外侧边，由腰口线到裤口边的距离。

（2）腰围：沿腰口上边线直接测量左右距离为1/2腰围，中腰裤的腰围通常为净腰围+0~3cm。

（3）臀围：由腰口往下对应人体臀围线位置的左右水平距离。由于不同款式的女裤臀围加放松量差异大，腰线到臀围线长度差异也较大，在裤子实物测量时容易造成臀围

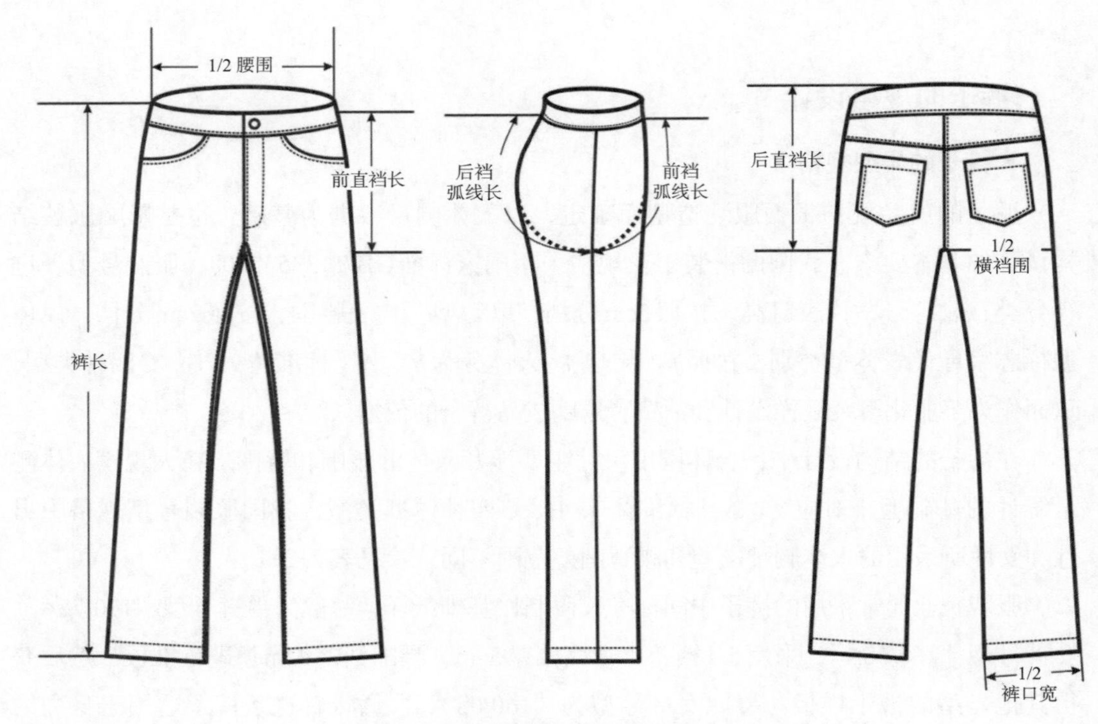

图7-2-2　裤子的成品规格测量

尺寸数据偏差。

（4）直裆长（立裆长）：裤子前中线由腰口往下到横裆线的直线距离，包含腰头宽度。中腰裤的直裆长通常为人体股上长+0~2cm。

（5）前裆弧线长（前浪长）：裤子前中线由腰头下边到横裆线的曲线距离，是确认裤子实际造型和工艺的重要部位规格，需要在裤子纸样完成后进行测量。

（6）后裆弧线长（后浪长）：裤子后中线由腰头下边到横裆线的曲线距离。

（7）横裆围：在横裆线处测量一个裤腿的左右水平距离为1/2横裆围。

（8）裤口宽（脚口宽）：裤脚口两边之间的距离，合体裤的脚口宽通常为净臀围/5±0~5cm。

项目练习：

完成自己的下体尺寸测量，结合标准体型的测量数据和生活中的裤装穿着经验进行对照，分析个人的下体体型特征，以及不同裤子造型与人体各部位宽松量之间的关系。

第三节　|　基础型女裤的结构设计

导学问题：

1. 基础型女裤的结构线与人体结构之间有什么关系?

2. 基础型女裤前片和后片的尺寸有什么关联?

一、基础型女裤的造型特点

女裤的款式多种多样，大部分都可以根据基础型女裤的造型和结构变化而来。基础型女裤呈中腰合体裤造型，在人体臀围的放松量较小，裤腿松紧适度，裤长到脚踝关节处，如图7-3-1。基础型女裤的设计以人体形态为基准，其纸样结构线能够比较准确地与人体关节点和体表形态线条对应，尤其是在处理中裆线时，可以较准确地与膝盖部位相对应。

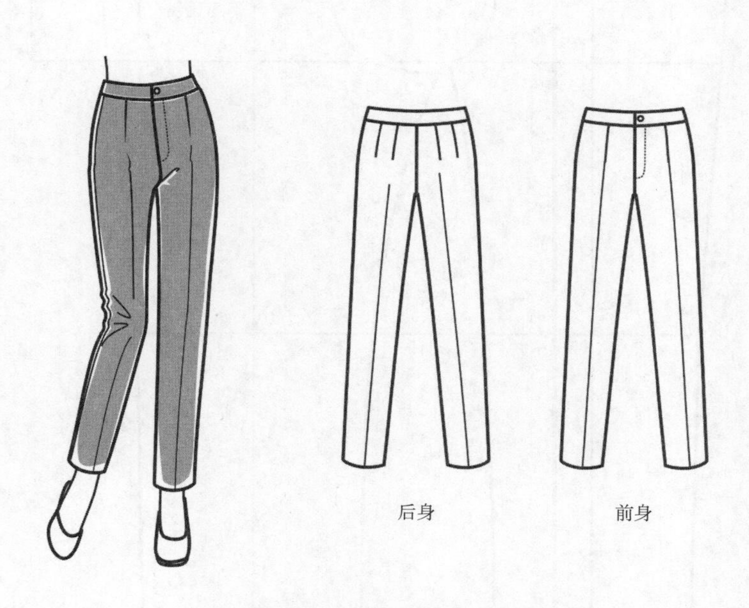

图7-3-1　基础型女裤的造型

二、裤子纸样的结构线名称

人体的下半身曲面形态复杂，裤子纸样的不同部位名称通常根据人体的对应部位来确定。在设计裤子纸样的时候，要了解制图步骤，首先需要熟知裤子纸样的结构线名称及其所在部位，以便更好地理解裤装结构特点和掌握裤装结构设计的方法。裤子纸样的主要结构线名称如图7-3-2。

1. 腰线（前/后）

位于人体腰部的裤子纸样上边轮廓线，腰部是整个裤子的主要受力支撑部位，因此裤子腰线尺寸需要在对应的人体围度尺寸上适当增加放松量，前腰线中部略低，后腰线中部略高，使腰线与人体紧密贴合，满足活动需要。

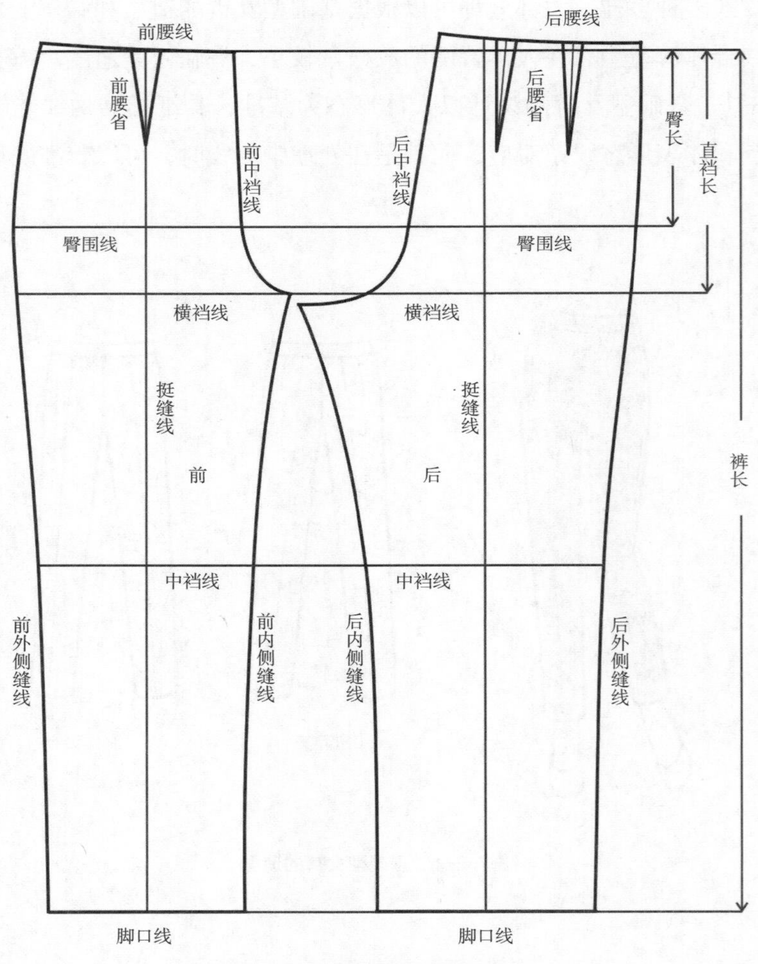

图7-3-2　裤子纸样的结构线名称

2. 臀围线

与人体臀围线相对应的水平结构线，臀围线与腰围线的间距通常对应人体臀长（腰长）。裤子臀围线的宽度根据款式不同而变化，前臀围宽通常小于后臀围宽，以造型美观、穿着舒适为原则。

3. 横裆线

位于裤裆底部的水平线，将裤子从横裆线之下左右分开为裤腿部分，这也是裤子区别于裙子的主要结构线。横裆线与前后中线、内裆缝线的交点称为“横裆尖点”。

4. 中裆线

也称为膝线，处于人体膝盖中上部的水平结构线，处于大腿到小腿的关节过渡部位。中裆线的宽度直接影响裤腿的宽松量，在塑造较合体裤型时可以适当向上调整。

5. 脚口线

裤子脚口的水平结构线，前脚口宽略小于后脚口宽。裤子的脚口尺寸根据造型设计需要而变化，通常不小于脚踝围度，以便穿脱。

7. 前中线

也称为前中裆线，处于人体腰腹部前中心线的位置，臀围线以上部分基本呈直线，从臀围到裆底呈现符合人体体型的弧形。裤子的前中线经常设置方便穿脱的门襟拉链或纽扣。

8. 后中线

也称为后中裆线，处于人体腰臀部后中心线的位置，臀围线以上部分为倾斜的直线，从臀围到裆底部呈现符合人体体型的弧形。后腰起翘使后中线加长，满足下蹲等活动需要。

9. 挺缝线

也称为前/后烫迹线，是指从脚口线中点垂直到腰线的纵向结构线，通常与面料的直纱方向保持一致，西裤熨烫的时候会根据挺缝线熨烫出裤缝而显得更为挺括。

10. 内侧缝线

也称为内裆缝线，位于腿部内侧的裤片轮廓线，前、后片裤腿的内侧缝线曲率不同，可以借助修正弧线、归拔工艺等，使前、后内侧缝线长度相等，缝合后平整美观。

11. 侧缝线

也称为外侧缝线，是裤子纸样的前、后外侧轮廓线，也是前后裤片的外侧缝合连接线。

12. 腰省

确定了腰围与臀围差量之后，根据人体曲面不同，进行省量分配所做的省道。裤子腰省起到塑造腰臀部合体曲面形态的作用，前腰省根据造型需要也可以用褶裥来代替。

三、基础型女裤的成品规格

以服装企业常用的女裤中间号型（160/66 A）为例，根据造型确定基础型女裤所用的成品部位规格，参见表7-3-1。

表7-3-1　基础型女裤的成品规格表（160/66A）　单位：cm

	裤长（L）	直裆长	腰长	腰围（W）	臀围（H）	裤口宽	腰头宽
成品尺寸	95	26	17	67	94	20	3
计算方法	3/5号−1	28（人体股上长）+1−3（腰头宽）	18（人体腰长）−1	66（净腰围）+1	90（净臀围）+4	/	/

四、结构制图

1. 结构基础线（图7-3-3）

（1）绘制最上方的腰围水平线和下方裤脚口水平线，间距为裤片总长度92cm=裤长−腰头宽。

（2）从腰围水平线向下取直裆长26cm，做横裆水平线。

（3）从腰围水平线向下取腰长17cm=人体腰长−1/3腰头宽，做臀围水平线。

（4）将横裆线之下的长度2等分，从等分点向上4cm做水平线为中裆线。

（5）在腰围水平线右侧取前臀围宽AB＝（净臀围+4）/4=23.5cm。

（6）从A、B点分别做纵向垂线，与横裆线交于C、D点，和臀围线分别交于E、F点。

（7）将前臀围宽四等分，每个等分量用△表示，从中点向右取△/3确定G点。

（8）经过G点做垂直线为裤子的前挺缝线，向上到腰围水平线，向下到脚口水平线。

（9）在横裆线上由C点向左做延长线，CH长度即为前横裆宽=臀围宽四等分量△−1。

（10）在腰围水平线左侧取后臀围宽=（净臀围+4）/4=23.5cm，做两条纵向垂线到横裆线。

（11）在横裆线上由后中垂线交点C′向右做延长线，取后横裆宽=前横裆宽+2/3△。

（12）在臀围水平线上从后中取E′G′和前片EG的距离相等（≈9.8cm），经过G′点做垂直线为裤子的后挺缝线，向上到腰围水平线，向下到脚口水平线。

（13）将后挺缝线与腰后中线的距离等分，等分点和横裆线后中垂线交点C′连接，确定裤子的后裆斜线，并向上延长2cm。

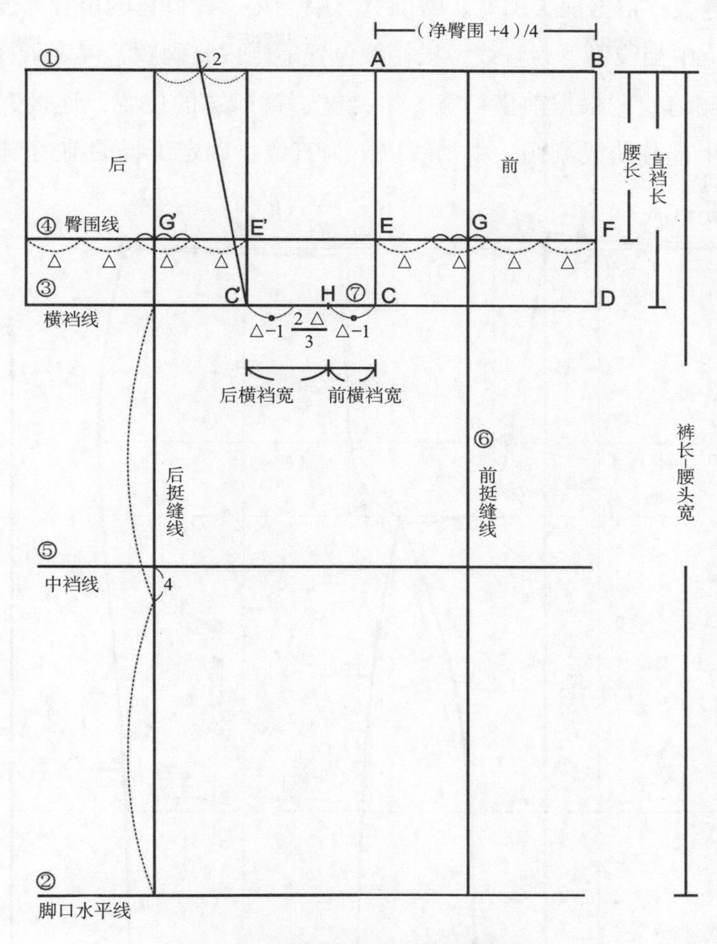

图 7-3-3 基础型女裤的结构基础线

2. 前片纸样轮廓线（图7-3-4）

（1）前中裆线：腰线前中内收1cm，下落0.7cm，与臀围线前中E点连直线；E点和前横裆宽H点连斜线；从横裆线C点向斜线EH做垂直线；量取此直角斜线的长度做三等分；过第一等分点做弧线和臀围线以上的直线连接圆顺，确定裤子纸样的前中裆线。

（2）前腰线：从前中线上端点向腰围水平线量取前腰围宽=（腰围+1）/4+前腰省量3=19.75cm，与前中线上端保持垂直，画弧线确定纸样的前腰线。

（3）前脚口线：在脚口水平线上取前裤口宽19cm=裤口宽−1，在前挺缝线两侧等分，确定纸样的前脚口线。

（4）在中裆线上取前中裆宽21cm=前裤口宽+2，在前挺缝线两侧等分。

（5）前侧缝线：根据前腰围宽、臀围宽、中裆宽、裤口宽的位置，连接4个参照点绘制弧线圆顺；中裆线以下为直线，横裆线位置适当内收画顺，确定纸样的前侧缝线。

（6）前内侧缝线：根据前横裆宽、中裆宽、裤口宽的位置，连接3个参照点绘制弧线圆顺；上半部分曲线流畅，中裆线以下为直线，确定纸样的前内侧缝线。

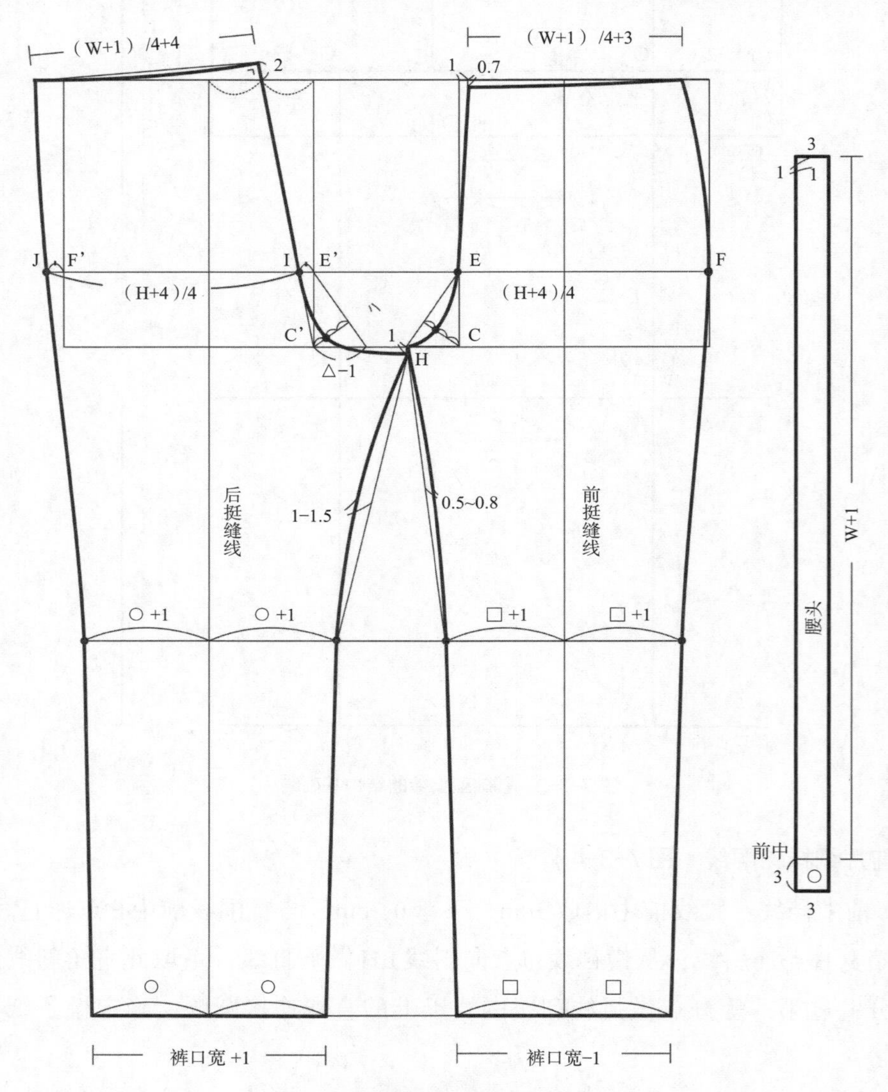

图7-3-4　基础型女裤的纸样轮廓线

3. 后片纸样轮廓线（图7-3-4）

（1）后中裆线：借鉴前裆宽距离与臀围线后中E'点相连做斜线，从横裆线交点向斜线做直角斜边并三等分；过下部1/3等分点做曲线，至后横裆宽端点下落1cm；和臀围线以上的后裆斜线连接圆顺，确定裤子纸样的后中裆轮廓线。

（2）后腰线：从后中线2cm起翘点向腰围水平线量取斜线，长度为后腰围宽=（腰围+1）/4+后腰省量4=20.75cm，画弧线与后中线呈直角，确定纸样的后腰弧线。

（3）后脚口线：在脚口水平线上取后裤口宽21cm=裤口宽+1，在后挺缝线两侧等分，绘制纸样的后脚口轮廓线。

（4）在中裆线上取后中裆宽23cm=后裤口宽+2，在后挺缝线两侧等分。

（5）将后臀围的后中线损失量E'I在侧缝方框外延长，F'J=E'I，确定后臀围宽=（净臀围+4）/4。

（6）后侧缝线：根据后腰围宽、臀围宽、中裆宽、裤口宽的位置，连接4个参照点绘制弧线圆顺；中裆线以下为直线，横裆线位置适当内收画顺，确定纸样的后侧缝线。

（7）后内侧缝线：根据后横裆宽、中裆宽、裤口宽的位置，连接3个参照点绘制弧线圆顺；上半部分有一定曲度，中裆线以下为直线，确定纸样的后内侧缝线。

4. 腰省（图7-3-5）

（1）前腰省：前片根据挺缝线确定省道位置，省中线长10cm，腰省量3cm在挺缝线两边等分，绘制前腰省。前腰省量可以根据腰臀围差进行调整，与侧缝的收腰量接近。

（2）后腰省：后片预设的后腰省量4cm，均匀分配为2个腰省。将后腰线三等分，取两个等分点作为收省的一边端点；做省道中线与腰线基本垂直，靠近裤后中线的省道中线长12cm，靠近外侧缝的省道中线长11cm，分别绘制两个后腰省。

5. 腰头

基础型女裤的腰头宽3cm，根据不同的制作工艺，腰头长度需要预留相应的里襟宽度，腰头前中部的门襟锁扣眼，里襟钉纽扣，参见图7-3-4。

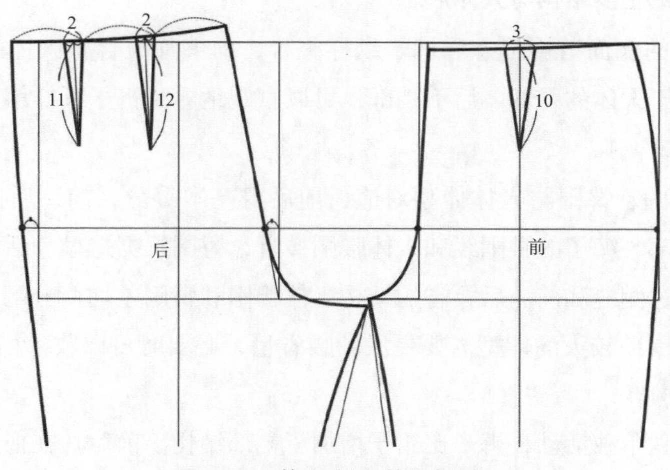

图7-3-5　基础型女裤的腰省结构

第四节 | 人体与裤子纸样的结构关系

导学问题：

1. 人体的下体静态形态和裤子纸样的结构有什么关系？

2. 人体的下体活动机能和裤子纸样的结构有什么关系？

一、人体的下体静态形态与裤子结构

1. 人体下体功能分区和裤子结构

观察基础型女裤及其纸样，裤子所包裹的人体可以分为三个功能分区：

腰围至臀围区间为贴合区，整体宽松量很小，和合体半身裙臀围以上的结构接近，收腰省后形成贴合人体的曲面形态。

臀围至大腿根区间为自由区，宽松量较大，并且后裤片的尺寸和放松量都明显大于前裤片，用于满足人体运动时臀底延展偏移所需要的调整空间。同时该区域依然需要适度合体，才能使裤子穿着起来舒适美观，因而横裆宽、后裆斜线、前裆弯弧线、后裆弯弧线都会对应不同体型而进行微调，对于结构设计的要求最高。

下肢部位为裤腿造型设计区，中裆线以下的挺缝线两侧基本对称，裤子的挺缝线位置、裤子长度，裤脚口大小都可以随着造型设计不同而适当调整。

2. 裤子纸样的主要结构与人体形态

将人体下体的侧面剪影形态和裤子纸样叠合，前裤片覆合于人体的腹部、前下裆部，后裤片覆合于人体的臀部、后下裆部，可以直观地看到裤子纸样结构线与人体的对应关系，参见图7-4-1。

合体裤的腰围、臀围与人体体型对应，前后身基本等分，前、后挺缝线基本位于前、后裤腿的中部。裤子的腰围线和人体腰围接近，臀围根据造型和活动需要而增加适当的放松量。通过侧缝和前、后腰省的结构，使腰围和臀围差均衡分配，适合人体曲面形态。对于腰臀围差较大的体型需要更大的腰省量，必要时可以收2个前腰省或者将前腰省改为褶裥结构。

为了便于双腿单独活动，裤子比裙子增加了裆部结构，前后片在横裆线中部增加的总裆宽量略大于人体侧面的腹臀宽，通常计算采用的人体腹臀宽≈0.21净臀围，其中前

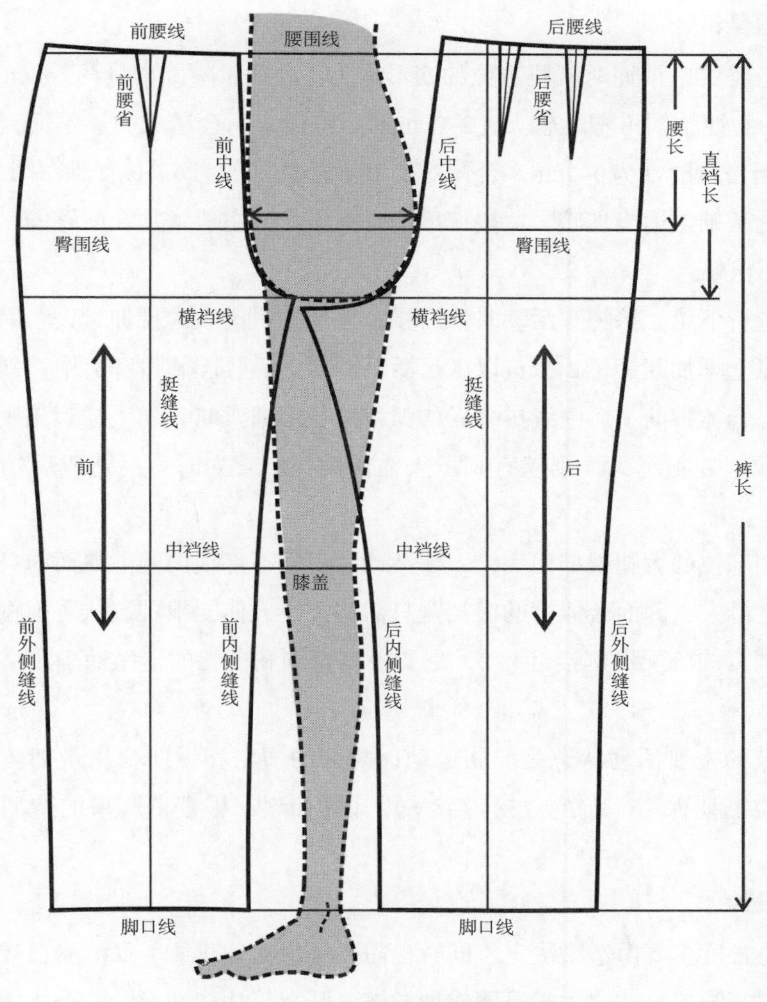

图7-4-1　裤子纸样结构与人体形态

裆宽与后裆宽的分配比例接近1:2。

裤子前、后中线的倾斜角与人体中线倾斜角度对应，尤其是后裆斜线角度可以对应不同体型的臀凸角度进行调整，通常略小于人体臀凸角度。合体女裤常用的后裆斜线角度通常为7~15°，紧身裤的后裆斜线角度可以达到18°，大摆宽松裙裤的后裆中线可以为0°的垂直直线，具体结构变化可以参见第八章女裤的纸样设计实例。

二、人体的下体动态特征与裤子结构

裤子的结构设计不仅需要造型美观合体，还要考虑穿着者的运动舒适性，这就要求裤子结构需要结合下肢的行走、坐、下蹲、上下楼梯等常规活动要求，符合人体工学的设计。

1. 围度松量设计

当人体坐姿90°前屈时腰腹部位的变形最大，经测量腰围增量约2~3cm，臀围增量约4cm。由于女性腰围可塑性较大，2~3cm的压迫通常不会造成明显不适，因而基础型中腰裤的腰围松量通常为0~2cm，合体裤的臀围松量一般为4~6cm，紧身裤和宽松裤的臀围松量在此基础上适当加减。宽松裤增加臀围松量时主要增加在前臀围，避免后臀围过大而穿着不伏帖。

当人体进行下蹲、抬腿等活动时，后腰和臀部的肌肉纵向拉伸量大，因而裤子的后中线在腰围以上增加起翘量2~3cm以满足活动需要。后腰起翘量和后中裆斜线角度、面料弹性有关，合体裤前、后中线拼合后的弧线总长度通常略大于人体上裆围。后中裆斜线越大、后腰起翘量越大，则越有利于人体活动，但直立时容易造成后裆底部下落不合身。

对于横裆部位的大腿根部而言，人体活动时后臀下部横向略伸展而前身皱缩，大腿内侧的伸展量最大，因而合体裤的横裆宽只需略大于人体腿根围，从臀围宽增加的前横裆宽和后横裆宽的分配比例接近1∶2，主要根据臀围和裤腿的造型而确定适当的横裆宽放松量。

人体下肢的主要活动状态是前屈运动，膝部的横向和纵向变化量都较大，因而裤腿在膝盖部位需要保留一定的放松量或采用弹性面料，根据裤脚口的造型需要而适当调整。

2. 长度设计

裤子的总长度主要由造型决定，同时也需要考虑活动机能。如裤脚口较紧窄的长裤需要方便穿脱，脚口尺寸应大于足围或加拉链、开衩等功能性设计；合体中裤的长度通常不设计至膝盖中部，否则腿部前屈时后裤脚口容易卷折变形，也影响穿着的舒适性。

裤子的直裆长与人体上裆长和股上长密切相关，合体裤的直裆长通常略大于人体上裆长，接近股上长，使裤子穿着时裆底自然贴近人体耻骨部位，在臀底留有0~1cm的活动间隙量。后片横裆线中部比前片下落0.5~1cm，以确保前后内侧缝线长度一致。裤子的直裆长度不足时会出现勒裆而不舒适，直裆长度过长时容易落裆而影响下肢行走活动。

第五节 | 女裤的造型和结构变化

导学问题：

1. 女裤的廓形变化主要和哪些部位的尺寸相关？

2. 合体裤的款式变化时有哪些注意事项？

一、裤子廓形与成品部位规格

女裤的造型风格多样，大多数常规裤型的制图方法和基础型女裤相似，只是采用不同的成品部位规格，就能获得完全不同的裤子廓形。如小脚裤、西裤、直板裤、喇叭裤可能仅仅是改变了裤脚口的大小和裤腿造型，横裆线以上的纸样结构制图也许完全相同。

裤子最主要的成品部位规格通常包括裤长、直裆长、腰围、臀围、裤口宽，决定了裤子廓形的长度和主要部位的围度松量设计，在纸样实际制图时需要用到的部位规格还有腰头宽、腰长、横裆宽、中裆宽、中裆高等尺寸。

裤子的长度设计非常直观，与时尚潮流密切相关，不同款式的裤子长度和计算公式可以参见本章第一节的图7–1–1。直裆长和腰长的设计与腰部造型有关，高腰裤需要对应人体腰围线向上增加，低腰裤则在人体腰围线向下相应降低。中裆线高度既和人体的膝线位置有关，也和裤腿造型相关：合体裤的中裆线通常位于膝盖中上部，喇叭裤的中裆线适当提高可以拉长小腿比例，锥形裤通常不需要设计中裆线，从横裆线到脚口的裤腿尺寸逐渐减窄即可。

女裤的围度部位规格通常是在相应的人体测量尺寸上增加适当的放松量，各部位的放松量大小既和造型有关，也需要考虑人体活动机能。

女裤常用的成品部位规格与人体净尺寸的关系参见表7–5–1。

表7–5–1 基础型女裤规格表

单位：cm

	裤长			直裆长	腰长	腰围		臀围	裤口宽	
	长裤	中裤	短裤			高/中腰	低腰		宽口	紧口
对应人体测量数据	腰围线高	膝长/膝位高	股上长	人体上裆长/股上长	人体腰长	腰围	中腰围	臀围	臀围	足围/足踝围

除了造型和活动要求之外，裤子的成品部位规格设计还需要考虑内穿服装和面料质感的影响。合体裤对于面料抗皱和强度的要求较高，因此应该选择不易变形而且耐磨程度较好的面料。包括中厚型棉布如牛仔布、牛津纺等；精纺毛织物如华达呢、马裤呢等；或组织较致密的化纤混纺面料。春夏季的裤子面料轻薄，适合裙裤等多种宽松造型；冬季的裤子面料较厚重，更适合相对合体、褶皱较少的造型，还需要按照穿着习惯适当增加内穿保暖衬裤的宽松量，可以直接在紧身毛裤之外测量腰围和臀围，所增加的围度松量更精确合理。当采用有弹性的面料时，臀围、横裆等围度松量可以适当减小。

二、腰部造型和结构变化

1. 裤襻设计

女裤穿着时在腰部受力最大，西裤、牛仔裤等合体造型经常添加用于固定皮带的裤襻设计，使腰部受力形态稳定均衡，使腰围尺寸可以调整而更加合体。裤襻通常为5或6个，宽1~1.5cm，休闲裤的裤襻可以加宽并呈异形设计。具体位置和结构设计参见第八章“商务型低腰女西裤”纸样设计实例。

2. 门襟开口结构设计

除了休闲便装裤等在腰围加橡筋等弹力材料的设计以外，大多数裤子需要增加可开口的门襟或拉链才能同时满足腰围合体平整、穿脱方便的要求。女裤的门襟开口位置以前中线为主，偏向于女性化、腰腹部造型特殊的裤型经常在侧缝或后中线设计隐形拉链，还可以根据造型需要在前挺缝线附近设计门襟，参见图7-5-1。

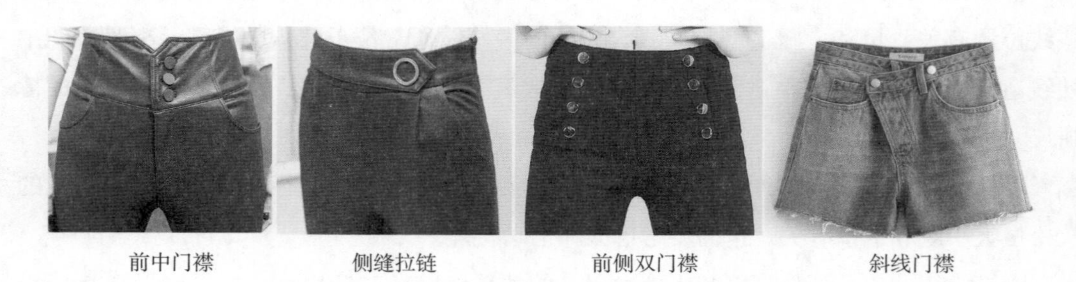

图7-5-1　女裤的门襟开口结构设计

合体裤的门襟开口长度通常略低于臀围线才能确保穿脱方便，宽松裤的开口下端可以稍高。女裤前中线开门襟的结构设计来源于男裤，因而通常和男裤一样以左侧为门襟，左裤片正面缉明线固定门襟片；里襟在右侧，使用拉链或纽扣和左侧门襟进行固定。在基础型女裤的纸样上，增加前中线门里襟的结构设计如图7-5-2。

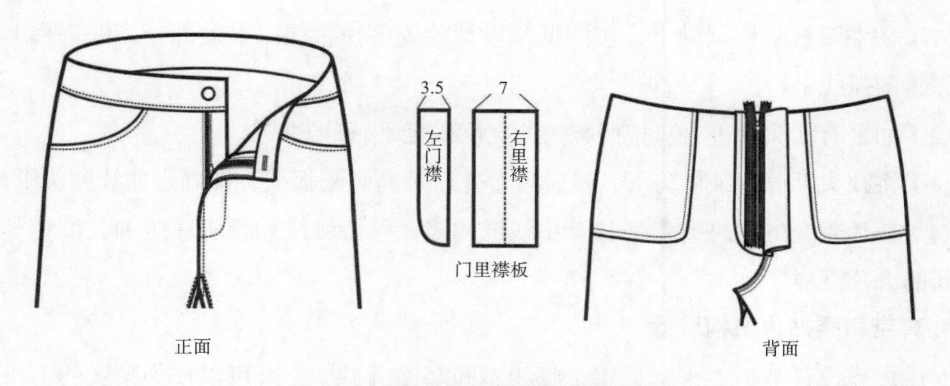

图7-5-2　前中线加门襟拉链的结构设计

3. 低腰结构设计

女裤经常采用低腰结构设计，臀围以上整体收紧贴合人体曲线，不收腰省，比较适合年轻时尚的苗条女性穿着。低腰裤的腰线位置从人体腰围线适当下移，通常不低于髋骨凸出的位置，可以在一定程度上掩饰较粗的腰围，同时人体腰部没有腰头的束缚，活动更便利舒适。

低腰裤结构设计可分为有腰头和无腰头两种造型。由于低腰裤的腰头实际位于人体髋部，腰头必须呈上小下大的形态才能使穿着平伏，即腰头造型呈曲线。

低腰结构设计可以在中腰裤的纸样基础上进行变化而获得，如图7-5-3。

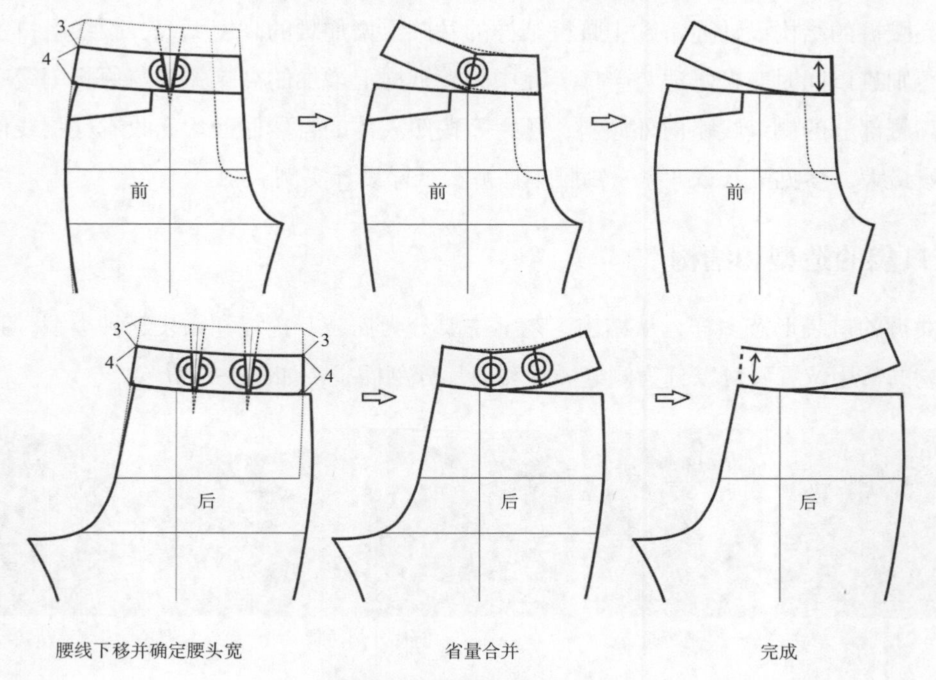

图7-5-3　低腰裤的腰头结构

（1）在中腰裤纸样基础上，按照低腰设计位置剪掉腰线以上的部分，保持腰上口弧线与原腰围弧线平行。

（2）如果有腰头则进一步按照腰头的宽度确定平行分割线。

（3）将腰头部分的纸样剪下，腰省量合并，重新画顺弧线，即确定曲线腰头纸样。

（4）裤片剩余的少许省量平移至中线或侧缝，保持腰线和腰头底边的长度相等，即获得新的裤片纸样。

4. 育克和腰贴边结构设计

女裤育克设计的形态多样，用于腰线不同高度的裤型，既可以作为腰头的下口分割线，也可以在裤片中作为分割线位置，根据造型设计而确定。育克分割线需要经过腰省尖点附近，才可以将腰省合理的剪切转移至分割线上，形成曲线形态的育克，纸样设计方法参见图7–5–3和第八章“低腰微喇休闲裤”的纸样设计实例。

女裤造型中将裤腰和裤身连为整体的形态为无腰头裤，无腰头裤多数为低腰设计，在腰部内侧加入和曲线腰头同型的腰贴边，宽4~6cm，纸样设计方法和育克设计相同。

5. 高腰结构设计

高腰裤的腰线位置高于人体腰围线，可以加长下身的视觉比例，强调细腰丰臀的女性化曲线。高腰裤的腰部造型平挺贴体，弯腰、扭转等活动对于裤身的影响较大，必须在臀围、裆底和大腿内侧保持足够的宽松量，也可以采用弹力面料以满足活动需要。

高腰裤的结构设计通常在中腰裤纸样的基础上增加腰的高度弧线，腰线上口不宜过高，否则难以同时兼顾舒适与合体。在中腰裤纸样上增加的高腰弧线与原腰围线基本平行，高腰部分的侧缝线略向外倾斜，腰臀差按照人体的自然曲面均衡收省，腰线位置的收省量最大，参见第八章“紧身高腰牛仔裤”纸样设计实例。

三、口袋的造型和结构

女裤的口袋形态多样，从结构工艺上主要分为插袋、挖袋和贴袋三种类型，其中根据插袋的常用位置又可以分为侧缝插袋和前片分割插袋，如图7–5–4。

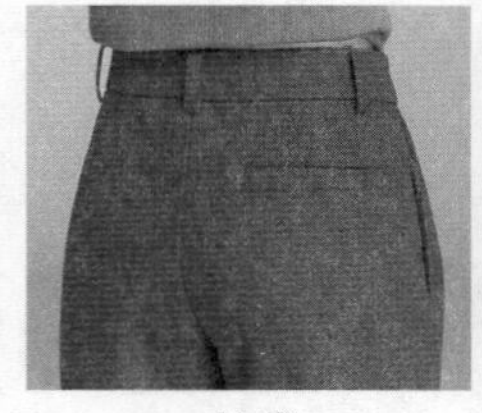

挖袋

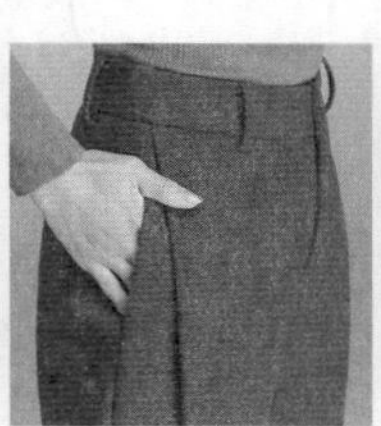

侧缝插袋

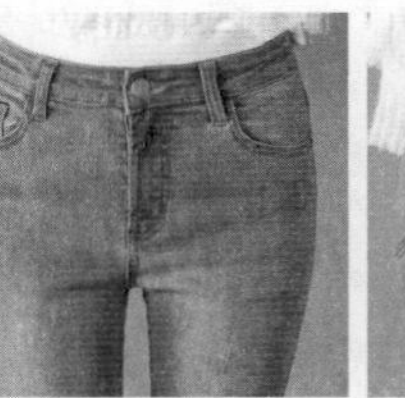

前片分割插袋

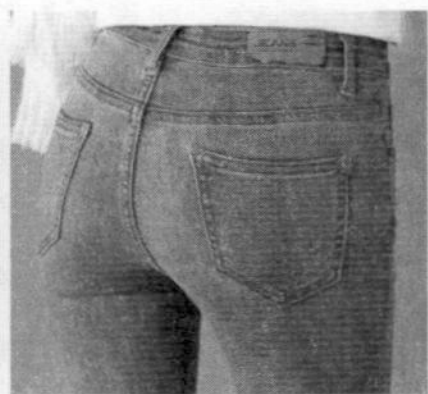

贴袋

图7–5–4　女裤的口袋设计

1. 侧缝插袋

女裤的侧缝插袋形态隐蔽，对裤片结构几乎没有影响。插袋上口距离腰头1~3cm，插袋下口通常到臀围线附近，袋口长度通常为13~15cm，略大于人体掌围，确保穿着者伸手进出口袋方便。

侧缝插袋的内容量较大，袋布在内侧可以移动，更适用于稍宽松的裤子造型，基本不影响行走和坐姿舒适性。侧缝插袋的上下两层袋布形态近似，袋布的宽度到前挺缝线附近，袋布底边的高度略低于横裆线。

2. 前片分割插袋

女裤的前身可以按照袋口造型分割线，将裤片和袋布分割成两个部分。前片分割插袋的袋口形态可以是直线也可以是弧线，受到手部活动机能的限制，横开袋口位置通常不超过挺缝线，纵向开袋口的位置不低于臀围线，参见第八章女裤的纸样设计实例。

对于合体裤而言，位于挺缝线附近的袋口分割线可以包含适当的腰省量，袋口呈弧线或折角直线形态，使裤子造型更加接近人体腰腹部的曲面形态。

前片分割插袋的上下两层袋布形态不同：下层袋布和侧缝插袋的袋布形态接近，可以使用面料作为下袋布或者在袋布上增加一层面料垫袋布；上层袋布只到分割线位置，和裤片缝合后形成造型各异的裤袋口，参见第八章“商务型低腰女西裤”的零部件纸样。

3. 挖袋

裤子的挖袋制作工艺复杂，对面料的密度有一定要求，主要用于西裤等正式场合穿着的裤子，面料不宜过厚。裤子的挖袋口多为横向，前挖袋主要位于前腰下接近侧缝的位置，后挖袋主要分布在后腰下中部，实用型挖袋口长度通常为10~14cm，应大于人体掌围。

4. 贴袋

贴袋的造型直观，制作工艺简单，可以应用于裤子的任何部分，增加造型装饰性。合体裤的后贴袋通常位于人体臀凸部位，可以凸显臀部曲线，拿取方便。裤腿上的装饰性贴袋经常呈现立体化造型，固定于裤片时避开膝盖部位以免造成活动不便。

四、裤子的分割结构变化

女裤的分割线与人体形态相结合，既包括分割线两边纸样形态不同的结构分割线，也包括纯粹作为装饰性的造型分割线，线条形态多样。由于下体坐、蹲、行走等活动范围较大，裤子容易受力变形，裤子的分割线形态以直线或线条圆顺的弧线为主，分割线不宜过于密集。

1. 合体裤的分割结构设计

合体裤的分割线主要是在裤前片或后片内进行分割为主，基本不影响裤子的规格尺寸和活动功能性。其中横向分割线多位于臀围线以上和膝盖附近，纵向分割线常位于前、后挺缝线或侧缝附近。合体裤还经常在大腿内侧、膝盖等受力部位采用弹力面料进行分割拼接设计，从而获得更好的活动舒适性，参见第八章“紧身高腰牛仔裤”纸样设计实例。

2. 宽松裤的分割结构设计

宽松裤受到人体活动功能的限制较少，分割线设计更加自由，可以将纸样进行更灵活的剪切、拼接，可打破基础型女裤的前、后片基本纸样形态，塑造较夸张的廓形。宽松女裤经常在分割线位置采用缉明线、不同材质拼接、开衩、加嵌条装饰等细节变化，对于纸样的基础形态影响不大，参见图7-5-5。

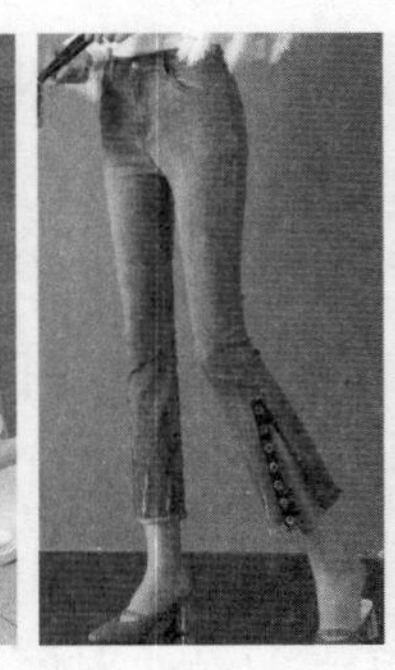
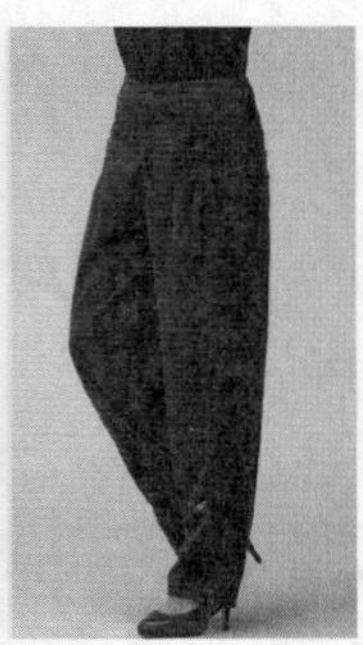

图7-5-5 宽松裤的分割线设计变化

五、女裤的褶皱结构和纸样应用

在满足裤子各部位规格的平面纸样基础上，增加褶皱设计可以丰富裤子的层次感和体积感，使裤子更加宽松而富有装饰感。裤子褶皱从形态和纸样设计的变化形式而言，主要分为增加整体松量的褶皱和局部装饰性褶皱两大类。

1. 增加整体松量的褶皱结构

对于裤子造型整体宽松的裤型，可以在设计成品规格时增加足够的宽松量，直接制图获得相应的裤子纸样。也可以先完成合体裤型的基本纸样，通过纸样切展增加松量的形式而使裤片整体加大，面料自然垂落后形成不同形态的褶线装饰效果，廓形自然舒展，参见第八章“褶皱哈伦裤”纸样设计实例。

2. 局部装饰性褶皱的结构设计

女裤的局部装饰性褶皱经常与分割线进行组合，形态多样，确定褶皱收拢后的缝合线两边长度一致即可。局部装饰性褶皱从外观上可以分为缩褶和定位褶两类，结构设计的方法相似。首先根据廓形确定裤子的基本纸样，然后设计造型分割线，按照褶线方向设计纸样的剪切线，在剪切线加入适当的切展松量，然后根据不同的褶皱工艺确定最终的裤片纸样轮廓线。

缩褶的外观呈现自然蓬松的成组密集褶线，具有半立体化的装饰效果，整体风格轻松自由。合体裤造型的密集缩褶通常适用于轻薄型面料，所形成的局部褶皱造型柔和，缝线平整；如果采用厚面料时会明显地向外膨出，很难做到褶皱部位的外观平整美观。裤子局部增加缩褶的纸样设计参见第八章“抽褶休闲裤”纸样设计实例。

定位褶也称为褶裥，用于腰线时可以在一定程度上代替腰省，其形态与省道相比更加活泼生动。定位褶的外观平整合体，偏向于平面化的装饰效果，更适合优雅端庄的造型风格。定位褶的纸样设计不仅需要考虑褶量的大小，还需要确定褶裥的位置、折叠方向和熨烫定型长度，当褶裥与分割线呈现的不是90°的斜角造型时，还需要根据实际纸样折叠效果修正纸样，实际纸样轮廓线在褶裥位置呈现不规则的锯齿状线条形态。

项目练习：

选择一款自己的长裤进行成品规格测量，结合裤子各部位测量尺寸和个人体型测量数据，分析该款裤子的结构设计特点和主要围度松量。

第八章

女裤的纸样设计实例

女裤的款式变化丰富，结构设计与人体体型密切相关，一方面受到流行时尚的影响，另一方面不同用途的裤子功能性需求不同，也决定了结构设计的不同要求，包括成品规格、分割方式、材料、局部设计工艺细节等。本章所选择的女裤款式以经典女裤为主，关注典型性结构细节变化，介绍几款具有实践应用意义的女裤纸样设计实例。

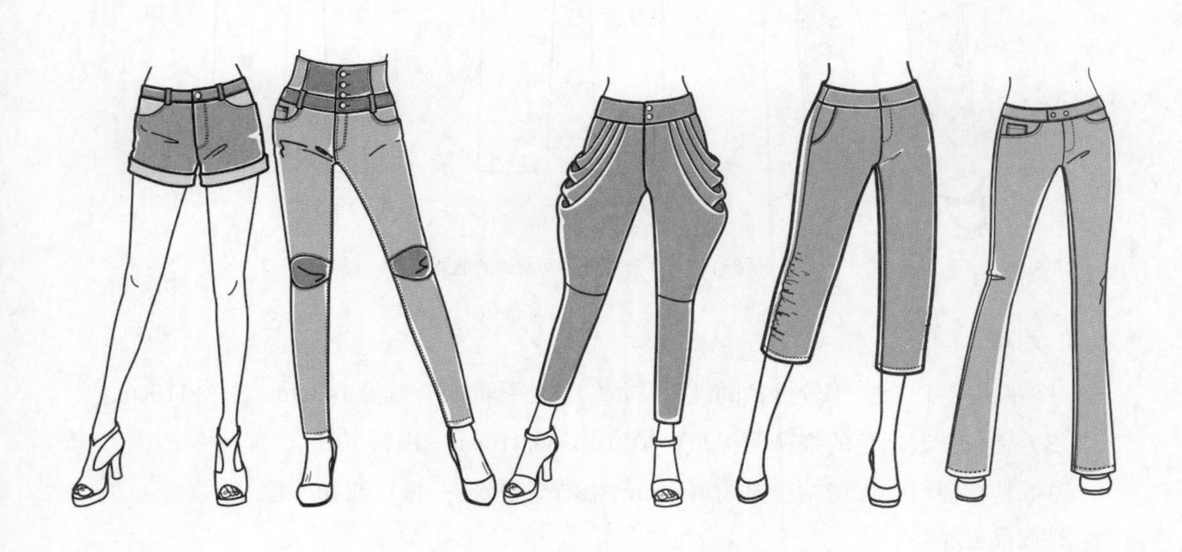

第一节 ｜ 商务型低腰女西裤

一、造型与规格

1. 款式特点

女西裤通常与西服类外套搭配穿着，是女性在职场中最常用的正式裤装造型，突显合体、庄重的风格特征。根据不同时期的流行特征，女西裤的裤脚口大小变化明显，但总体保持臀腹部合体、裤腿流畅的较合体直线形态，适合不同体型的人穿着。

本款女西裤为合体直筒裤型，裤长略低于足底水平线，适合春秋季节穿着，搭配中跟商务型正装女鞋，整体裤型修长合体，穿着舒适时尚，如图8-1-1。曲线腰头略低于人体腰线，装腰带襻5个；前身斜插袋；前腰省2个，后腰省4个。

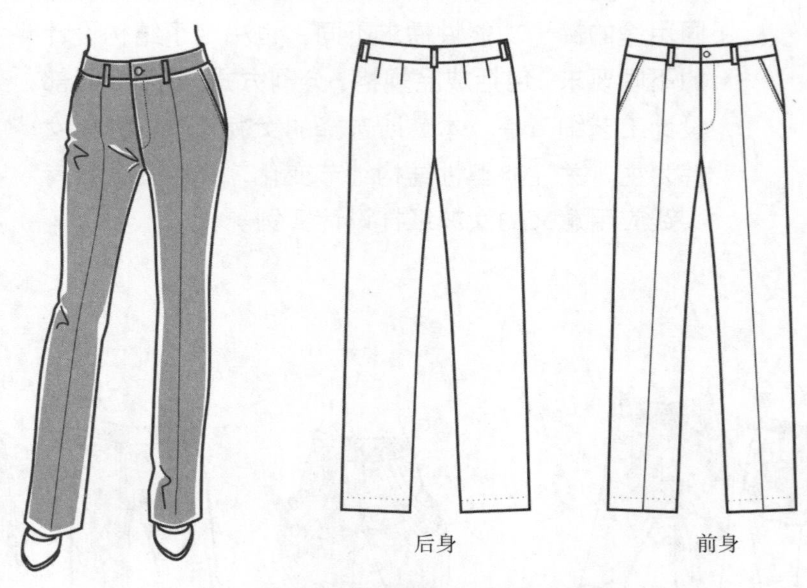

图8-1-1 商务型低腰女西裤的造型

2. 用料

（1）面料：适合采用较挺括的纯毛、混纺、化纤面料，幅宽143cm，用料110cm。

（2）袋布：近似色的细密薄棉布，幅宽143或110cm，用料40cm。

（3）其它辅料：无纺粘合衬用料20cm；18cm长拉链一根；纽扣一粒。

3. 成品规格

以女装标准中码160/68 A号型为例，本款女西裤的成品规格设计参见表8-1-1。

表8-1-1　商务型低腰女西裤的成品规格表　　单位：cm

号型	部位名称	腰围W	臀围H	裤长	直裆长	裤口宽	腰头宽
160/68A	成品规格	约71	96	99	28	18~20	3.5
	对应净体尺寸	W*=68	H*=90	98（腰高）+2-1（低腰量）	28（股上长）+1-1（低腰量）	22~24（足长）	/

二、结构制图（视频8-1）

本款商务型低腰女西裤的结构制图方法和基础型女裤相似，增加了口袋、门襟等功能性设计细节，所有低腰设计在完成前、后片基础结构制图后才进行截取，如图8-1-2。

视频8-1

1. 裤子基础水平线

根据造型确定5条基础水平线，其中上平线根据人体腰围线高确定，裤口水平线根据脚口造型高度确定，横裆线从上平线取人体股上长+裆底松量1cm，中裆线从上平线向下取人体膝长57。

2. 前片结构基础线

参照基础型女裤图7-3-3的制图步骤，取前臀围宽H/4-0.5=23.5cm，前裆宽取净臀围H*/20=4.5cm，根据前片总横裆宽等分确定前挺缝线。前腰围宽包含前腰省量，同时确保前侧缝线收腰量为1~2cm。

3. 后片结构基础线

取后中线斜度8°，腰围起翘2.5cm，从臀围位置按照腰围平行线量取后臀围宽斜线长H/4+0.5=24.5cm。后裆宽为净臀围H*/10=9cm，根据后片总横裆宽等分确定后挺缝线。后腰围宽包含后腰省量，同时确保后侧缝收腰量为0.5~1.5cm。

4. 前片轮廓线

根据造型确定前裤口宽，脚口大小跟随流行特征变化，通常略小于足长。从臀围线向脚口连直线适当内收，确定前中裆宽左右两侧相等。画顺前裤片的纸样轮廓线，前中线在臀围线以上为直线，侧缝线和内侧缝线在中裆线以下为直线。从基础腰线向下1cm为曲线腰头的上口线，向下取腰头宽3.5cm确定前裤片的腰线。

5. 后片轮廓线

根据造型确定后裤口宽和后中裆宽，中裆线以下的直线与前裤片斜度一致，后横裆尖点下落0.5~1cm使后内侧缝线和前内侧缝长度相等，绘制后裤片的纸样轮廓线。从基础腰线向下1cm为曲线腰头的上口线，向下取腰头宽3.5cm确定后裤片的腰线。

6. 腰省

基础结构的腰围线位置包括预留的2cm腰围放松量，根据腰围和臀围差确定总腰省

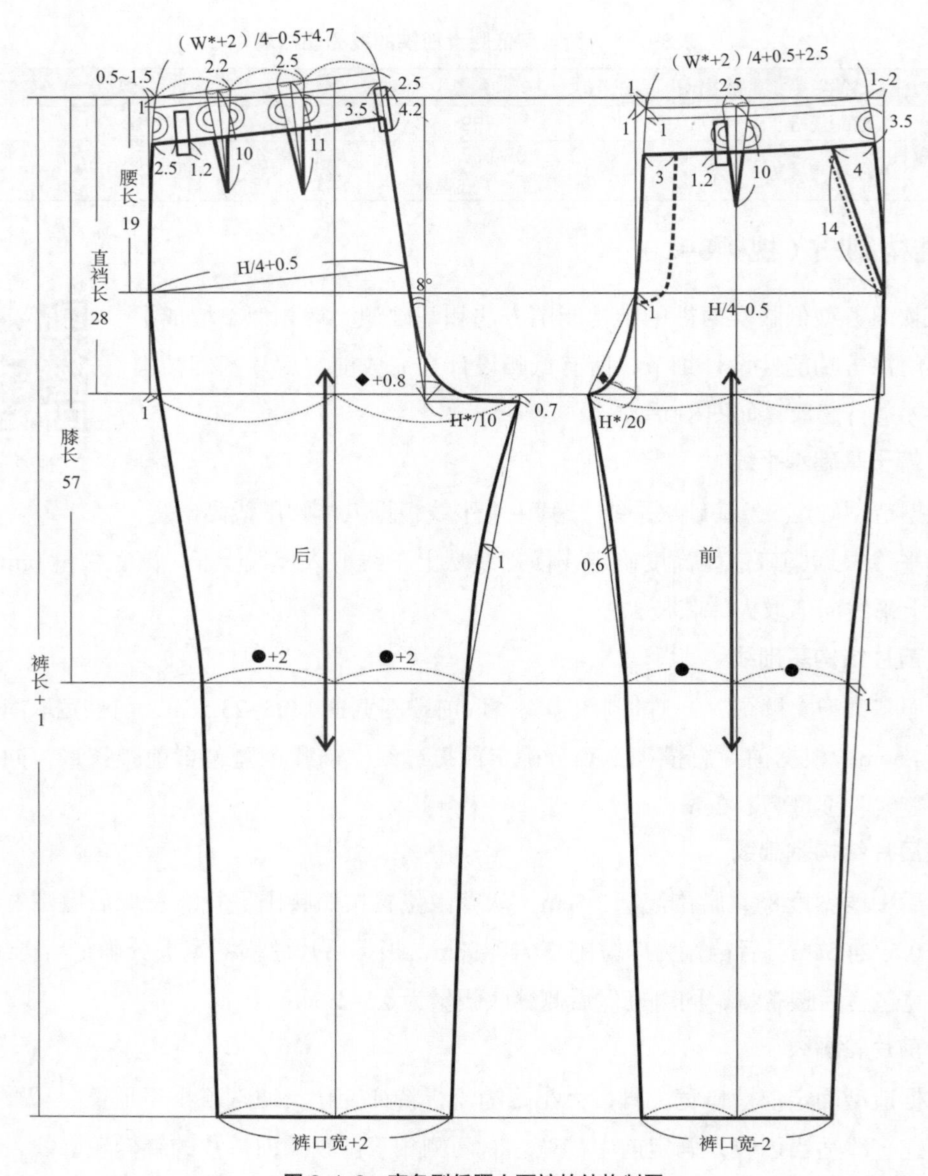

图 8-1-2　商务型低腰女西裤的结构制图

量，前、后腰省量均衡分配，每个省量通常为1.5~2.5cm。

7. 口袋

根据造型确定前身斜插袋位置，袋口下方至臀围线，将前片分为两部分。

8. 门襟

根据造型确定左侧门襟明线位置，宽2.5~3cm，长度略超过臀围线。

9. 腰头

将3.5cm宽的腰头位置进行纸样拼合，前后侧缝和所有省道都合并，画顺后确定合体型曲线腰头形态。前中线右侧增加里襟宽叠合量3cm，左侧适当延长腰头并加以扣钩辅助固定，如图8-1-3。

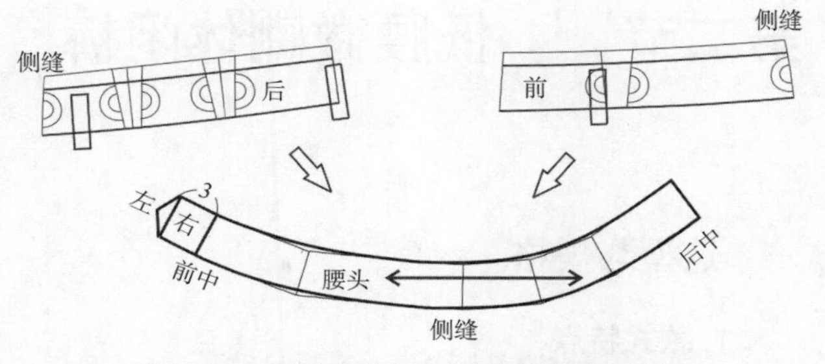

图8-1-3 商务型低腰女西裤的曲线腰头结构

10. 裤襻

也称为“腰带襻”或“串带襻”，5个裤襻分别位于前挺缝线旁、后中、后侧缝旁，单只裤襻的长度略大于腰头宽。裤襻下口在装腰头时一起缝合固定，距离腰头下口约1~1.5cm，上口低于腰线0.5~1cm缉明线固定。

三、裤片和零部件样板

将女西裤的前片按照袋口造型线进行分割，根据制作工艺的要求添加缝头，绘制门里襟、口袋等零部件，获得本款商务型低腰女西裤的全系列裁剪样板，如图8-1-4。

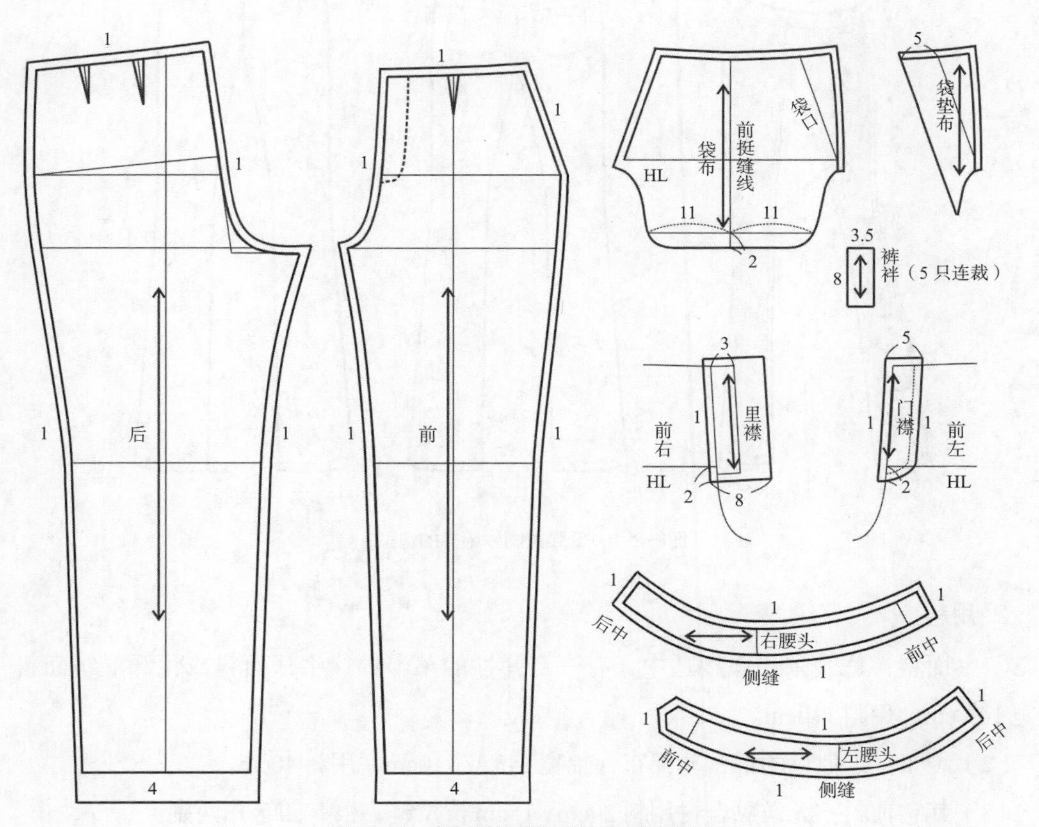

图8-1-4 商务型低腰女西裤的曲线腰头结

第二节　低腰微喇休闲裤

一、造型与规格

1. 款式特点

低腰微喇休闲裤是一款富有活力的时尚女裤，整体为紧身合体造型，低腰，臀部和大腿紧贴人体，从膝盖开始逐渐变松到裤脚口形成微喇轮廓，可以有效地拉长小腿部位比例。整体裤型线条简洁，同时显现青春活泼的时尚风格，适合日常休闲场合穿着，如图8-2-1。

本款低腰微喇休闲裤为低腰曲线腰头，前中线腰头两粒四合扣固定，前身两个弧线插袋，后片育克分割，后身加两个贴袋。

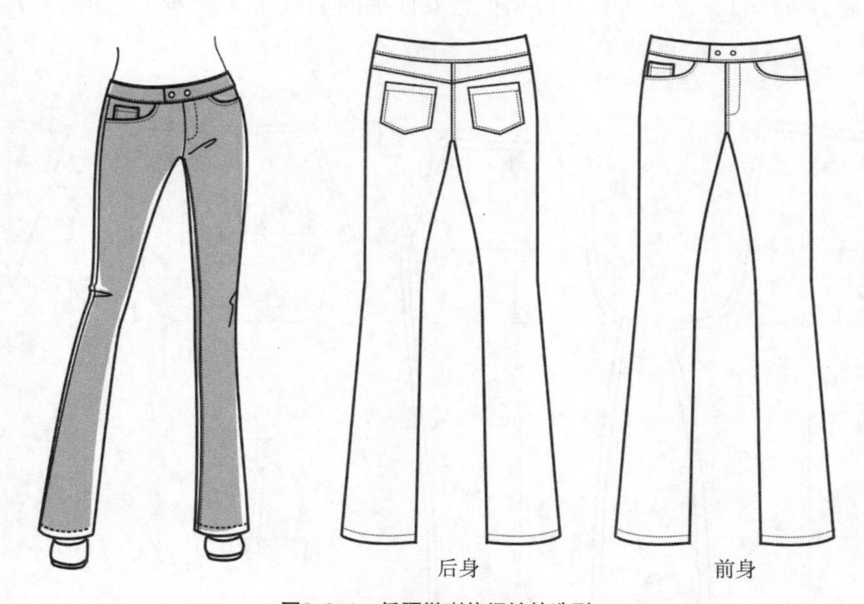

图8-2-1　低腰微喇休闲裤的造型

2. 用料

（1）面料：适合采用厚度适中，有一定弹性的莱卡棉、牛仔面料或化纤混纺面料。幅宽143 cm，用料110cm。

（2）袋布：近似色的细密薄棉布，幅宽143或110cm，用料40cm。

（3）其它辅料：无纺黏合衬用料20cm；15cm长拉链一根；四合扣两副。

3. 成品规格与用料

以女装标准中码160/68 A号型为例，低腰微喇休闲裤的成品规格设计参见表8-2-1。

表8-2-1 低腰微喇休闲裤的成品规格表 单位：cm

号型	部位名称	腰围W	臀围H	裤长	直裆长	裤口宽	腰头宽
160/68A	成品规格	约74	94	97	25	22	3
	对应净体尺寸	W*=68	H*=90	98（腰高）+2–3（低腰量）	28（股上长）–3（低腰量）	/	/

二、结构制图（视频8-2）

视频8-2

本款低腰微喇叭型的休闲裤在制图时以基础型女裤纸样为参照，再根据本款更为紧身的特点进行规格尺寸的调整处理。主要结构变化包括：降低腰线，裤腿造型微调形成喇叭裤效果，后片的育克分割设计，如图8-2-2。

1. 结构基础线

根据低腰上口造型将基础型女裤的腰水平线向下降3cm，从低腰的实际腰侧点向下取裤长97cm做裤脚口水平线，横裆线和臀围线位置不变，取膝长54cm做中裆线。前、后挺缝线位置不变，从前臀围宽5/12等分点做垂线确定，参见图7-3-3。

2. 前片

（1）为了使前片有更合体平整的效果，将前片臀围宽和横裆宽都适当减少，前后臀围宽的差量为1cm。参考基础型女裤结构获得低腰线的基本形态，再将前中线继续下移2cm，绘制前腰线呈前中下凹的形态。按照基础型女裤的制图方法绘制横裆线以上的裤片结构。

（2）裤口宽22cm，根据脚口前窄后宽的原则，以挺缝线为中点确定裤子前脚口大，弧线略上凹。

（3）为了塑造小腿更修长的造型效果，根据基础型女裤的原中档线向上抬1cm，并按照原中档宽左右各向内1cm，确定前片中档线宽≈前脚口宽。

（4）根据前脚口宽和中档宽，绘制裤子前片的内、外侧缝线。

3. 后片

（1）取后臀围宽=净臀围H*/4+0.5前后差+1放松量，后裆宽=净臀围H*/10，按照基础型女裤的制图方法绘制横裆线以上的后裤片结构。

（2）以挺缝线为中点确定裤子后脚口大，弧线略下凸。

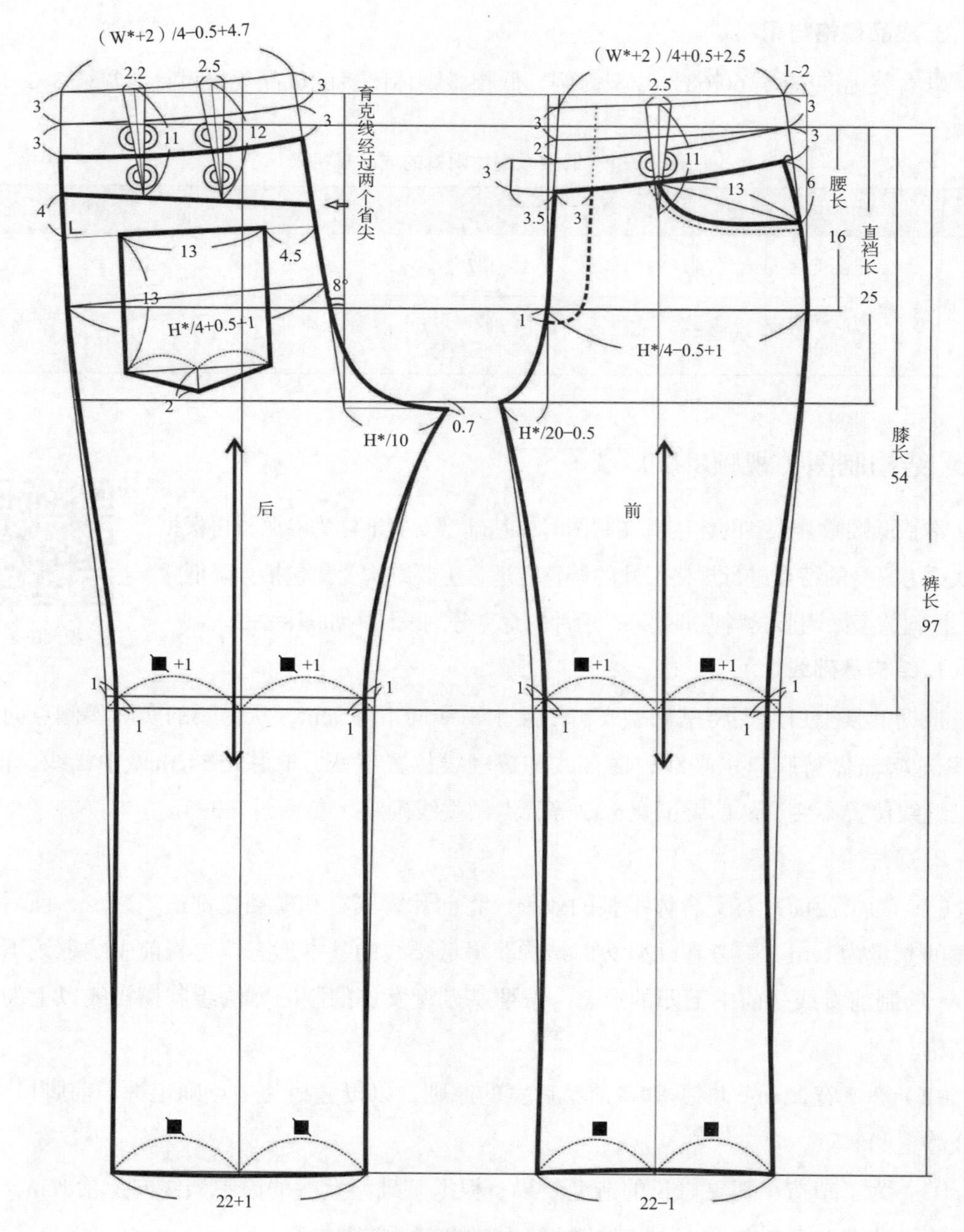

图8-2-2　低腰微喇休闲裤结构制图

（3）将基础型女裤的原中档线向上抬1cm，两端各向内1cm，确定后片中档线宽≈后脚口宽。

（4）根据后脚口宽和中档宽，绘制后片的内、外侧缝线。

4. 腰头处理

（1）从已经下降的低腰造型曲线向下量取3cm作为腰头宽，做弧线与低腰线平行。

（2）将后腰头部分的省道合并，弧线修正圆顺确定后腰头，参见图7-5-3、图8-2-4。

（3）将前腰头部分的省道合并，并从前中线向外延长3.5cm作为腰头交叠量。

（4）前腰头弧线以下剩余的省量直接转移到侧缝线，前侧缝线内收后重新修顺。

5. 前插袋

前片有两个弧形插袋，从前腰沿外侧缝线向下量6cm为袋口深度，向腰口弧线量取斜线长13cm为袋口前端点，用弧线连接画出前片插袋口造型，参见图8-2-2。

6. 前中门襟

根据造型确定左侧门襟明线位置，宽3cm，长度略超过臀围线，参见图8-2-2。

7. 后育克

育克分割线经过两个省尖点，将腰头分割之后剩余的部分省量转移到分割线侧缝位置，省道转移后的育克纸样呈曲线形态，如图8-2-3。

8. 后贴袋

根据造型确定后片育克线下的贴袋，贴袋上口距离育克分割线2~3cm，贴袋下口通常不超过横裆线，如图8-2-2。

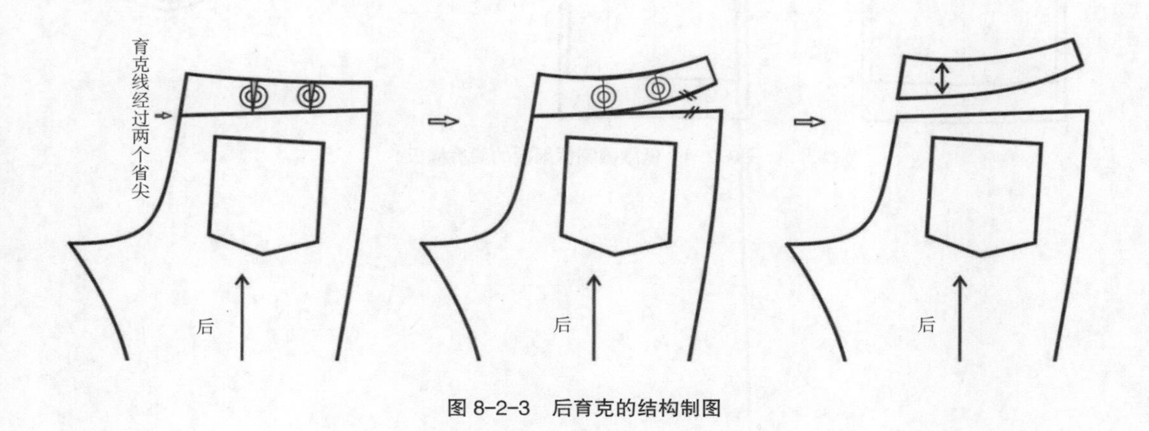

图8-2-3　后育克的结构制图

三、裤片和零部件裁剪样板

低腰微喇休闲裤的前、后片和育克样板的基本缝头1cm，脚口边缝头4cm。

腰头后片是一整片，在侧缝与前腰头缝合。前腰右侧中线向外增加3cm与里襟缝合，前腰左中线向外3.5cm作为延伸的固定交叠量。

门里襟、袋布等零部件的裁剪工艺样板具体制作方法如图8-2-4。

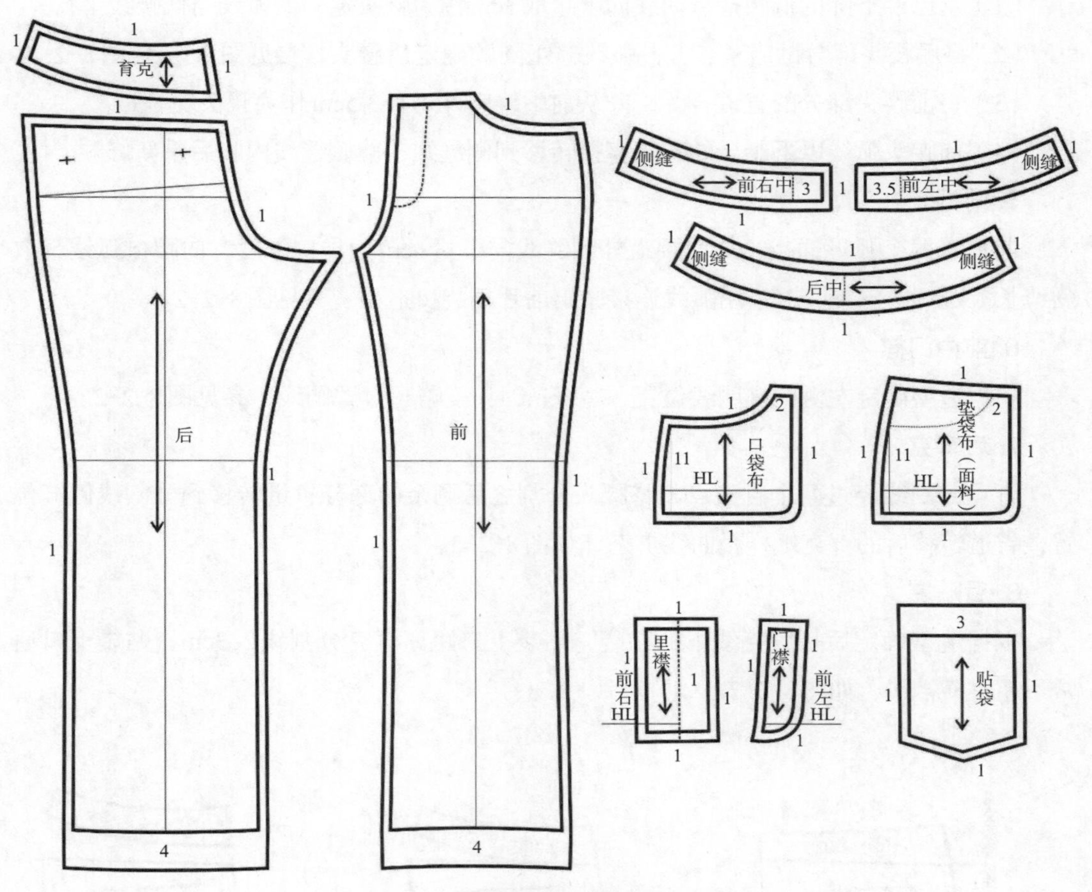

图8-2-4　低腰微喇休闲裤的裁剪样板

第三节 ｜ 高腰锥形八分裤

一、造型与规格

1. 款式特点

高腰锥形八分裤是带有怀旧复古风格的款式，高腰设计优化上下身比例，八分裤长，裤型松紧适度，整个裤腿形态从上向下逐渐收紧，右侧缝加装隐形拉链，如图8–3–1。

本款裤子比较有特色的是高腰分割设计，腰线上升远高于人体腰线，为了使裤腰更好地贴合人体，裤子高腰部位采用了多条包含腰省的分割线，显出柔和优美的腰部曲线，使整条裤子简洁中不失细节变化。

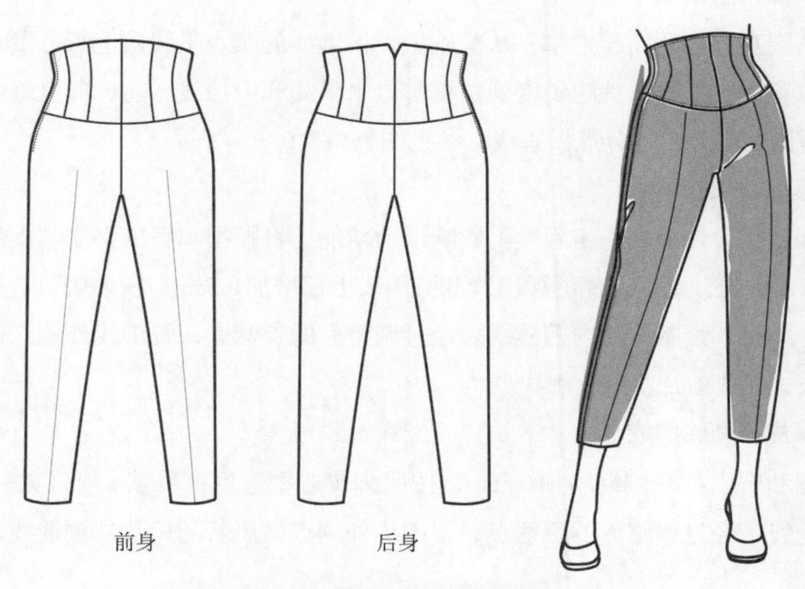

图8–3–1　高腰锥形八分裤的造型

2. 用料

（1）面料：适合采用较挺括、有一定悬垂性的化纤面料，也可以根据需要使用有一定质感的棉混纺面料，面料不宜过厚。幅宽143cm，用料100cm。

（2）其它辅料：无纺黏合衬用料40cm；30cm长拉链一根。

3. 成品规格

以女装标准中码160/68 A号型为例，高腰锥形八分裤的成品规格设计参见表8–3–1。

表8-3-1　高腰锥形八分裤的成品规格表　　单位：cm

号型	部位名称	腰围W	臀围H	裤长	直裆长	裤口宽	高腰量
160/68A	成品规格	约70	96	92	28	15	8
	对应净体尺寸	W*=68	H*=90	/	股上长28	/	/

二、结构制图（视频8-3）

与合体基础型女裤相比，高腰锥形八分裤的裤长和裤腿造型变化很大，第一步仅绘制横裆线以上的部分结构，和基础型女裤的结构制图方法一致，参见第七章图7-3-3、7-3-4的制图步骤。横裆线以下的裤腿部位直接根据造型尺寸进行结构制图，如图8-3-2。

视频8-3

1. 裤子结构基础线

根据高腰八分裤的高腰造型，从基础型女裤纸样的腰水平线向上8cm做水平线为前中线高腰位置。向下根据裤腿长度确定裤脚口水平线和中裆线。前、后挺缝线的位置不变，取前臀围宽的5/12等分点做垂线，参见图7-3-3。

2. 前裤片基础轮廓线

考虑到高腰设计会在一定程度上影响活动功能，将腰围和臀围都在基础型女裤尺寸上增加2cm，均匀分配后在侧缝腰围线和臀围线上都增加0.5cm；按照脚口造型取前裤口宽=裤口宽-1cm；绘制前片内侧缝线。经过调整后的腰侧点、臀围线外侧点做出新的前片外侧缝线，完成前片基础轮廓线。

3. 后裤片基础轮廓线

后腰围和臀围都在侧缝增加0.5cm，按照脚口造型取后裤口宽=裤口宽+1cm；绘制后片内侧缝线，经过调整后的腰侧点、臀围线外侧点做出新的后片外侧缝线，完成后片基础轮廓线。

4. 前片高腰结构

从腰侧点垂直向上6cm，向外0.3cm，与前片基础线连接形成高腰部分的外侧缝。延长前中线至高腰水平线，与腰外侧缝点连接曲线，形成符合款式要求的高腰上口弧线造型。按照造型在前腹部设计分割线，尽量接近基础女裤纸样的腰省尖点。

5. 后片高腰结构

从腰侧点垂直向上6cm，向外0.3cm，与后片基础线连接形成高腰裤的外侧缝。延长后中线与高腰水平线相交并上翘2.5cm，与腰外侧缝点连接，绘制腰上口造型曲线，在

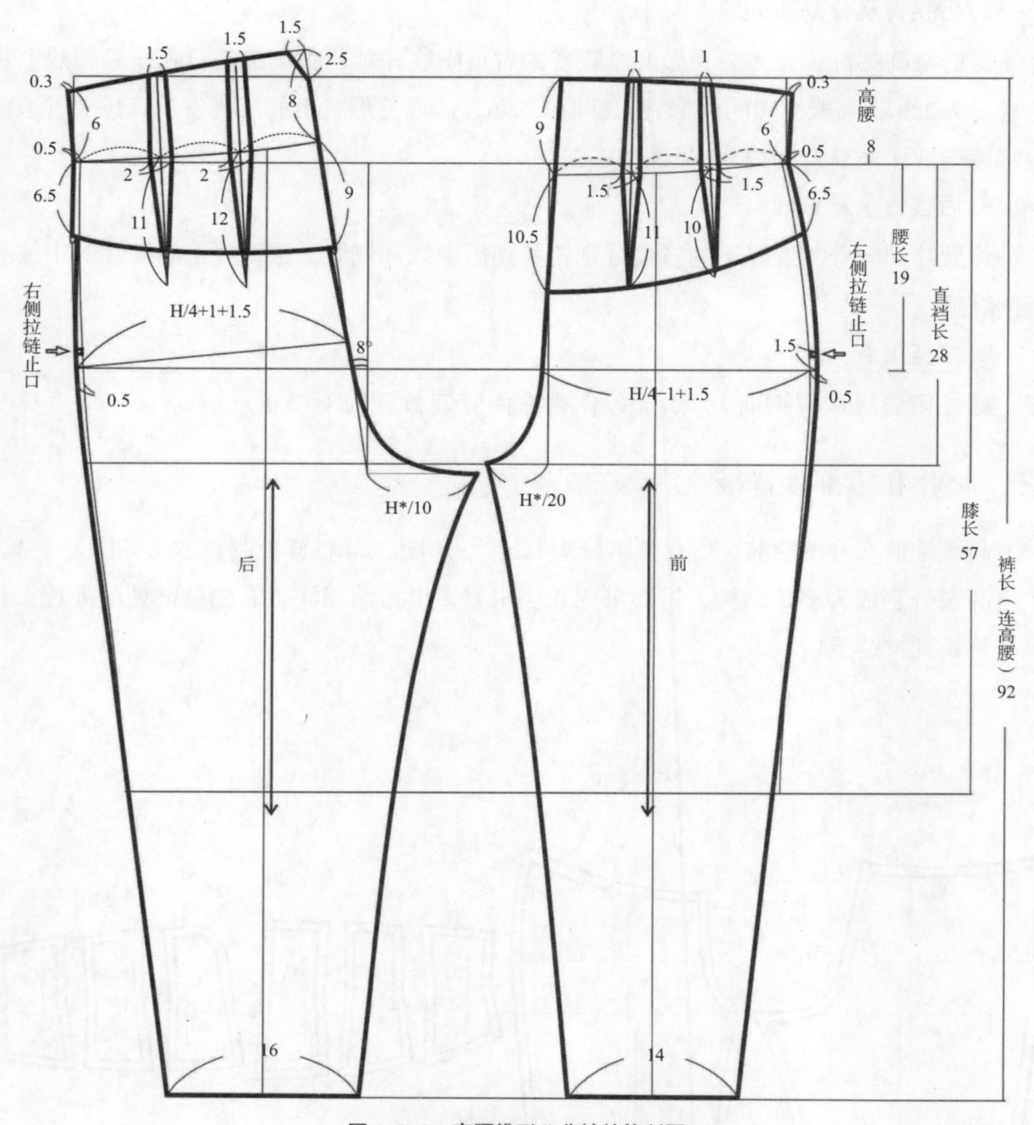

图 8-3-2　高腰锥形八分裤结构制图

后中位置做V型开衩。按照高腰造型在后片设计弧线分割线，注意侧缝位置和前腰分割线对齐。

6. 前腰省及分割线处理

将前腰线三等分，过等分点分别做两个腰省的省道中线与腰线保持垂直。腰线上每个省量为1.5cm，高腰上边的省道都收为1cm，使处理后的高腰省道形成菱形状态。按照省道两边将前腰纸样分割为3片，参见图8-3-3。

7. 后腰省及分割线处理

将后身高腰部位三等分，做两个腰省的省道中线并延长到高腰上口弧线。腰线上每个省量为2cm，高腰上边的两个省道都取1.5cm，形成菱形状态的高腰省道。按照省道两边将后腰纸样分割为3片，参见图8-3-3。

8. 后腰省余量处理

将后片横向分割线以下的省量分别转移到后中线和侧缝，重新修正后裤片的中线和后侧缝弧线。

9. 拉链止点

沿外侧缝线从臀围向上1.5cm，作为右侧缝装拉链的下口止点。

三、 裤片和零部件样板

高腰锥形八分裤的前、后片基本缝头1cm，脚口边4cm，样板制作方法如图8-3-3。

高腰分割成为多片结构，需要采用双层里衬，里衬贴褊注意右侧拉链处的处理，将里衬延长到拉链下口。

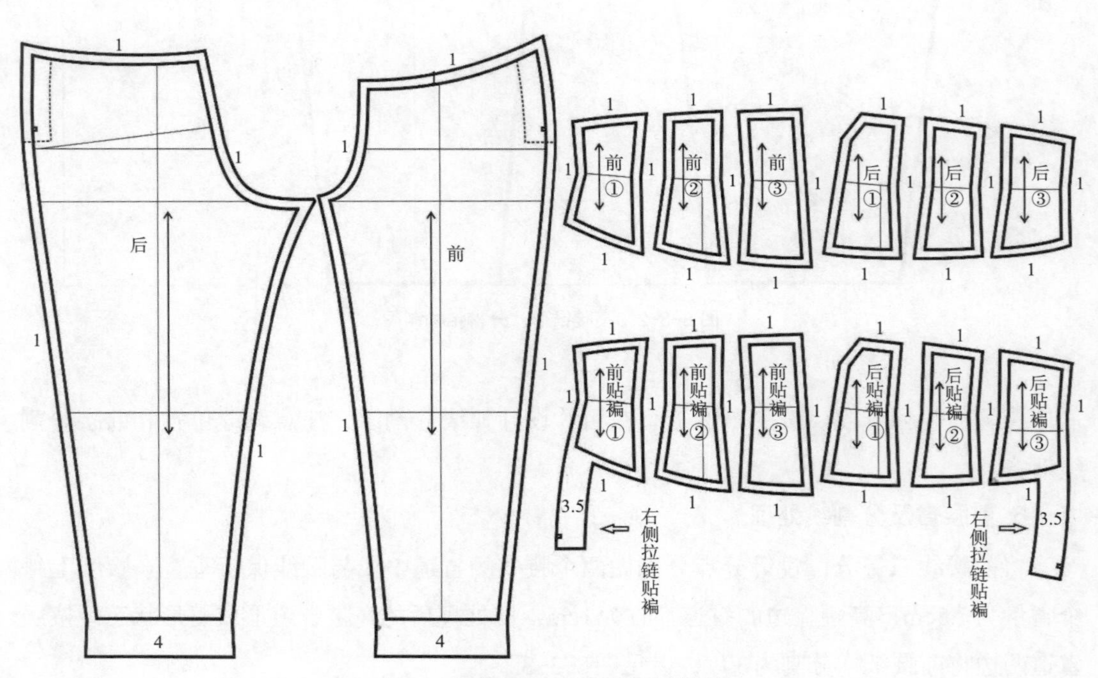

图8-3-3 高腰锥形八分裤的裁剪样板

第四节 | 紧身高腰牛仔裤

一、造型与规格

1. 款式特点

本款紧身高腰牛仔裤为高度合体的裤型，适合搭配休闲上衣，衣摆扎入裤腰更显下身线条修长，如图8-4-1。裤子比较特别的设计是在高腰和膝盖处，选用了不同质感和弹性的面料进行分割拼接，使裤子具有良好的活动功能。高腰腰头为假两层设计，前身弧线插袋，右侧加表袋，后身育克线加插袋，袋布缉明线固定，多种设计细节具有装饰作用，使整条裤子更有变化和个性。

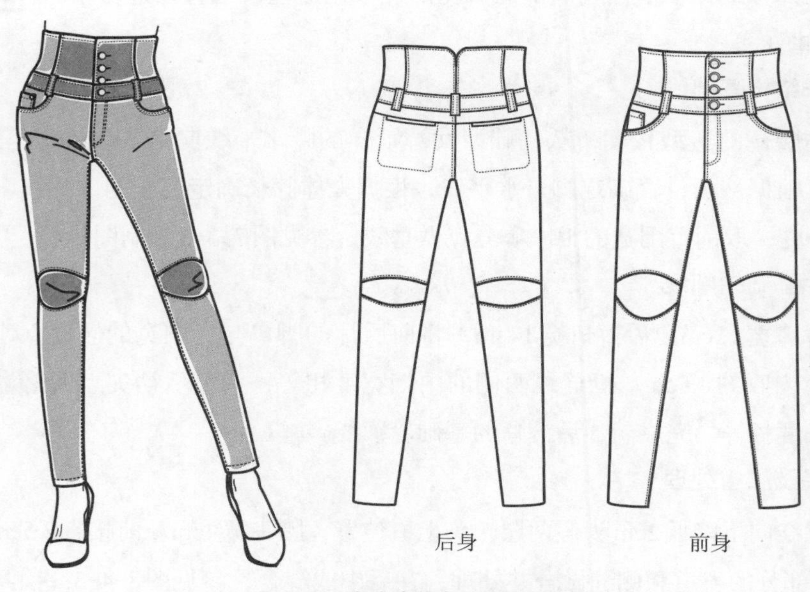

图8-4-1 紧身高腰牛仔裤的造型

2. 用料

（1）面料：采用弹力牛仔面料或者弹力斜纹纺棉质面料，两种不同颜色的面料搭配，浅色部分宽幅143，用料110cm；深色部分宽幅143或110cm，用料40cm。

（2）袋布：近似色的细密薄棉布，幅宽143或110cm，用料40cm。

（3）其它辅料：无纺黏合衬40cm；13cm长拉链一根；纽扣4粒。

3. 成品规格

以女装标准中码160/68 A号型为例，紧身高腰牛仔裤的成品规格设计参见表8-4-1。

表8-4-1　紧身高腰牛仔裤的成品规格表（160/68A）　单位：cm

	腰围W	臀围H	裤长	直裆长	裤口宽	高腰量
成品规格	约70	94	101	28	13	10
对应净体尺寸	W*=68	H*=90	91（基础裤长） +10（高腰量）	28（股上长）	/	/

二、结构制图（视频8-4）

本款高腰紧身牛仔裤如果去掉高腰部分的话，呈现的是一条低腰紧身牛仔裤的款式，裤长在足踝以上接近于九分裤，也可以根据造型需要适当加长。紧身的裤腿造型和基础型女裤差异很大，因而制图时仅采用基础型女裤横裆线以上的部分纸样，横裆线以下的裤腿部位根据造型尺寸直接进行结构制图，如图8-4-2。

视频8-4

1. 裤子结构基础线

根据高腰裤的造型长度，从基础型女裤纸样的腰水平线向上10cm作为高腰位置水平线，向下根据裤长位置确定脚口水平线，根据人体膝长确定裤子的中裆线。前、后挺缝线位置不变，取前臀围宽的5/12等分点做垂线，参见图7-3-3的制图步骤。

2. 裤片基础轮廓线

取前裤口宽12cm，后裤口宽14cm，将前后片的脚口与臀围宽的侧缝点连直线。中裆线的交点内收约0.5cm，挺缝线两侧的中裆宽度相等，调整后裆尖点下落量使内侧缝线的前后长度相等，完成前、后裤片的基础轮廓线。

3. 腰头及腰省处理

从中腰线向下降低2cm为假两层腰头上口位置，腰头宽4cm。前腰省2.5cm，后腰省3cm，腰头部分的省道和侧缝做合并处理，在后中线缝合，参见图8-4-3。前身腰头之下剩余的部分省量，等分转移到口袋和侧缝。

4. 前高腰分割

从基础型女裤侧腰点向上做垂线，向外扩展0.5cm，绘制高腰侧缝线。绘制高腰上口造型弧线与前中线延长线相连。高腰上边的腰省量仅保留0.5cm，将前身高腰部位纸样分割为两片，分割线两边长度相等。

5. 后高腰分割

从基础型女裤侧腰点向上做垂线，向外扩展0.5cm，绘制后高腰侧缝线。绘制高腰

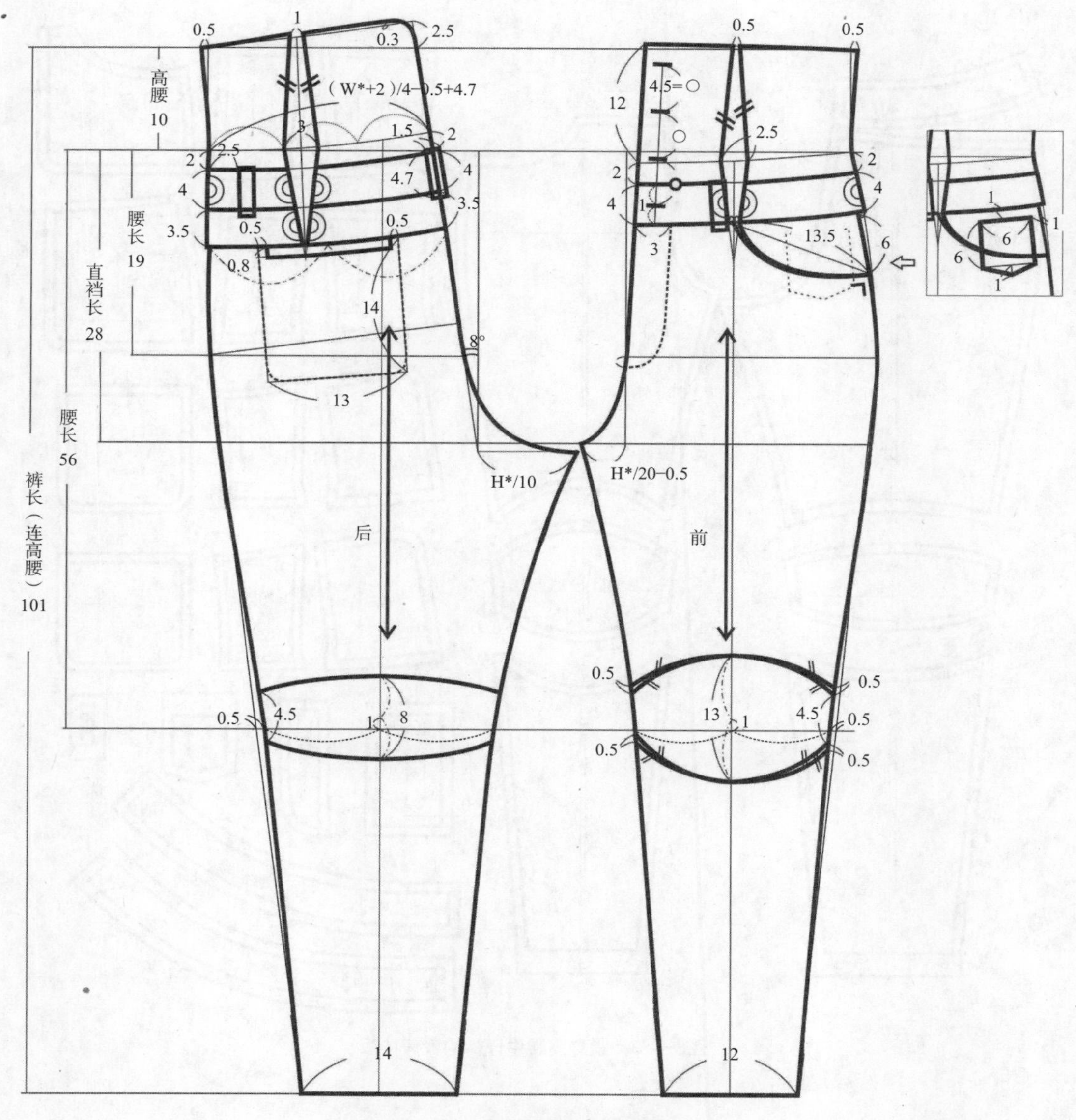

图8-4-2　紧身高腰牛仔裤结构图

上口造型线与后中线延长线相连，起翘量2.5cm与基础型女裤相似。高腰上边的腰省量保留1cm，将后身高腰部位纸样分割为两片，分割线两边长度相等。

6. 后育克分割

在后身腰头下3.5cm根据造型绘制育克分割线，将育克部位的腰省合并，拼合后形成曲线育克形态，参见图8-4-3。育克分割线以下剩余的省量在侧缝减去并修正局部弧线。

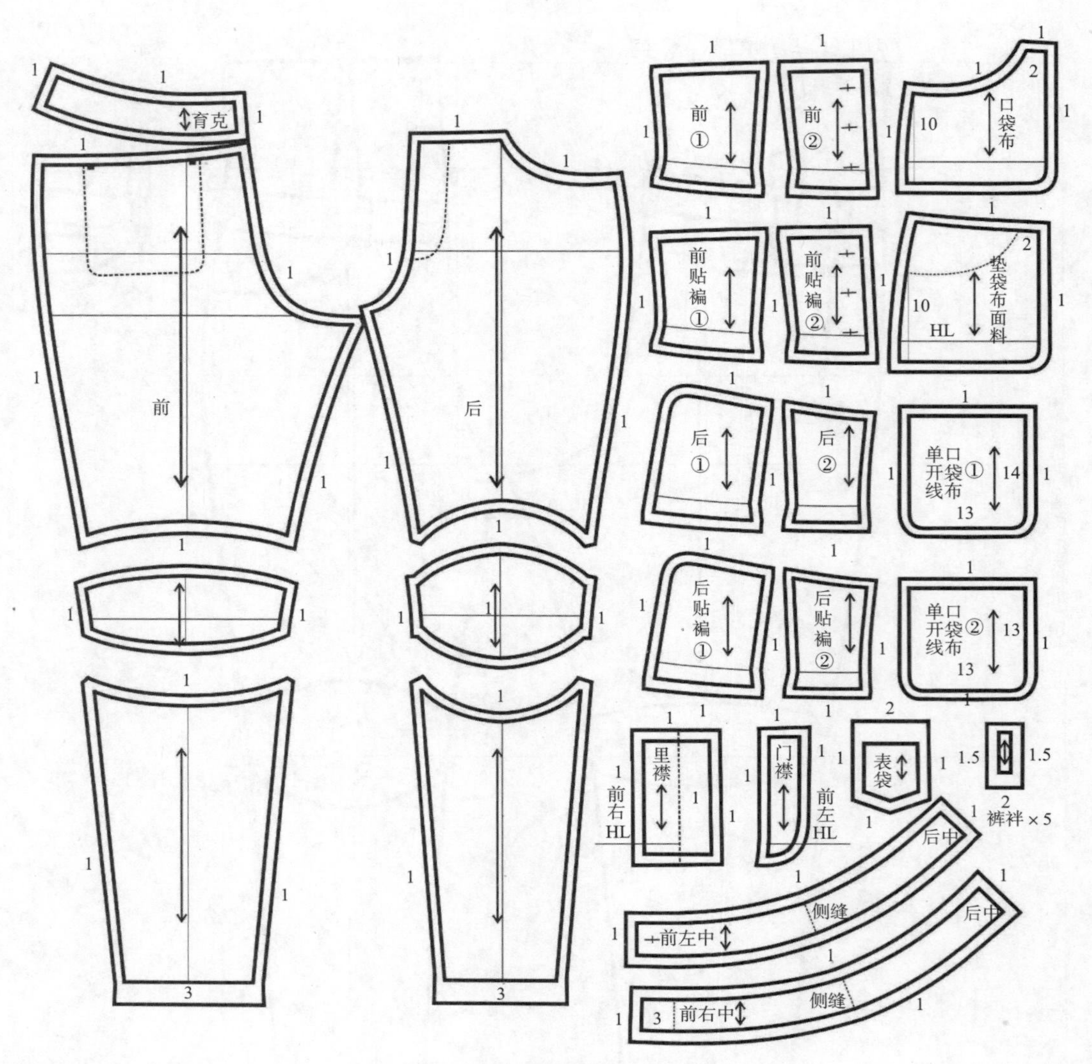

图8-4-3 紧身高腰牛仔裤的裁剪样板

7. 前身口袋

从裤身侧缝取6cm作为袋口深，从该点向腰头下口线做斜线长度为袋口宽13.5cm，绘制弧形插袋口造型线。原腰省转移到袋口线两边包含的省量通常不超过1cm。右前身加一个表袋，表袋下部藏在袋口内，结构尺寸参见图8-4-2侧面小图。

8. 后身口袋

在后片育克线上根据造型做单开线插袋，沿袋布三边缉缝明线，使袋布平展贴合于后身，兼具有加固和装饰作用。

9. 膝盖分割线

膝盖部位根据造型做弧形分割线，前片分割线两边的上下纸样略有重叠，使膝盖分割后的小片略加大一些，与后裤片缝合制作时做归拢处理，可以增加前片膝盖的立体感和活动舒适性。

10. 门襟拉链和纽扣

腰头以下的门襟、拉链设计与基础型女裤相似，腰头和高腰部位设计4粒扣，扣子间隔4.5cm，最下端的纽扣位于腰头宽的中点，扣眼距离腰头边1cm的距离。

11. 裤襻

5个裤襻分别位于后中线、挺缝线旁和侧缝线靠后2.5cm处，腰襻宽1.5cm，长4cm，固定方法和第一节商务低腰女西裤的裤襻制作方法一样。

三、 裤片和零部件样板

紧身高腰牛仔裤的分割线多，样板较为复杂，工艺样板的制作方法如图8-4-3。

（1）前裤片分割为三片，后裤片包括育克共分割为四片，基本缝头1cm，裤脚口缝头3cm。

（2）高腰分割成为多片结构，采用双层里料贴褊，里料裁片形态与面料基本保持一致。

（3）腰头纸样为左、右各一片，前右中线增加里襟宽3cm，根据面料的不同厚度，腰头采用单层或双层面料制作均可。

（4）门襟、里襟、裤襻的纸样和女西裤工艺样板接近，参见“商务型低腰女西裤”图8-1-4。

（5）本款女裤的口袋较多，确保外观形态不变，袋布等零部件纸样根据实际面料特点和缝制工艺而确定，前插袋、表袋、后单开线袋的袋布样板如图8-4-3。

第五节 | 背带工装裤

一、造型与规格

1. 款式特点

背带工装裤是源于职业工装连体裤的变化款式，将裤子与上身结构巧妙地结合在一起，整体结构较为宽松，内搭休闲上衣，活泼时尚，适合青少年日常穿着。

本款背带工装裤采用略低腰的拖地长裤，穿着时可以将裤脚口卷起更加休闲自然，裤腿部分为直板裤造型，结构与普通宽腿裤基本相同。裤子前中使用装饰性明门襟不加拉链，腰头和侧缝位置使用金属纽扣固定，前片两个弧形横插袋，后片两个贴袋，腰头装腰带襻4只。背带工装裤的上身增加了梯形护胸和背挡，前身加装饰性贴袋，肩部以背带固定，整体休闲时尚，如图8-5-1。

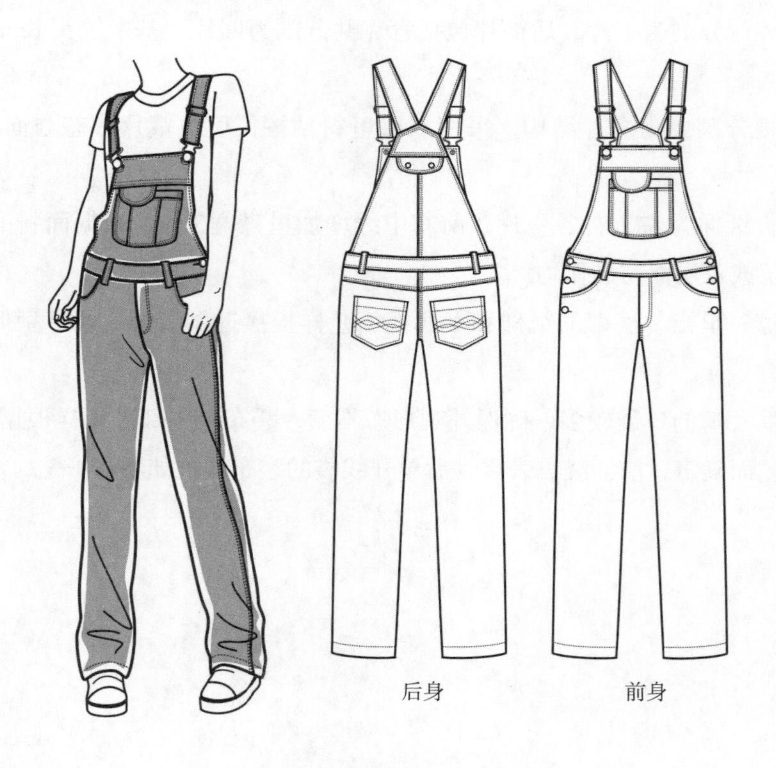

图8-5-1 背带工装裤的造型

2. 用料

（1）面料：适合采用厚实的牛仔布，为了增加穿着的舒适性，牛仔布通常会经过水洗工艺使之变软，还可以使用较厚的斜纹棉和卡其布等。面料幅宽143cm，用料160cm。

（2）袋布：原色薄棉布，幅宽143或110cm，用料40cm。

（3）其它辅料：无纺粘合衬用料20cm；金属四合扣4粒；背带调节扣两个；背带金属挂扣两副。

3. 成品规格

以女装标准中码160/68 A号型为例，本款背带工装裤的成品规格设计参见表8-5-1。

表8-5-1　背带工装裤的成品规格表（160/68A）　单位：cm

	腰围W	臀围H	裤长	直裆长	裤口宽	腰头宽	腰节长
成品规格	约72	96	138	29	25	3	40
对应净体尺寸	W*=68	H*=90	3/5号+1+上衣量41	28（股上长）+1	22~24（足长）	/	/

二、结构制图（视频8-5）

背带工装裤是由裤子纸样和上身纸样组合而成，上衣结构包括背带、前护胸和后护背，中间有腰头，腰头以下是宽松直板裤，裤子部分的结构设计与基础型女裤的纸样制图方法基本相同，如图8-5-2。

视频8-5

1. 裤子基础线

从基础型女裤的腰水平线向下取裤长97cm做裤脚口水平线，根据人体膝长确定中裆线，取直裆长29cm做横裆线，腰长19cm做臀围水平线。背带裤为了增加活动舒适度，腰围放松量设置为4cm，臀围放松量为6cm，后中线的倾斜角度设为10°，前裆宽和后裆宽根据净臀围H*计算确定。前、后挺缝线的位置不变，取前臀围宽的中点略向中线偏移做垂线，参见图7-3-3的基础型女裤制图步骤。

2. 裤片基础轮廓线

从基础型女裤纸样的腰线平行向下1.5cm作为前、后腰围线，绘制裤子的前裆弯弧线、后裆弯弧线。取裤脚口宽前片为24cm，后片为26cm，中裆线宽度略大于裤口宽，绘制裤子的内侧缝线、外侧缝线，后裆尖点略下降保持前、后内侧缝线的长度相等，完成裤子的基础结构轮廓线。

3. 前腰省和插袋

根据造型绘制前插袋开口约13cm；将基础型女裤纸样预留的前腰省量3cm等分，一

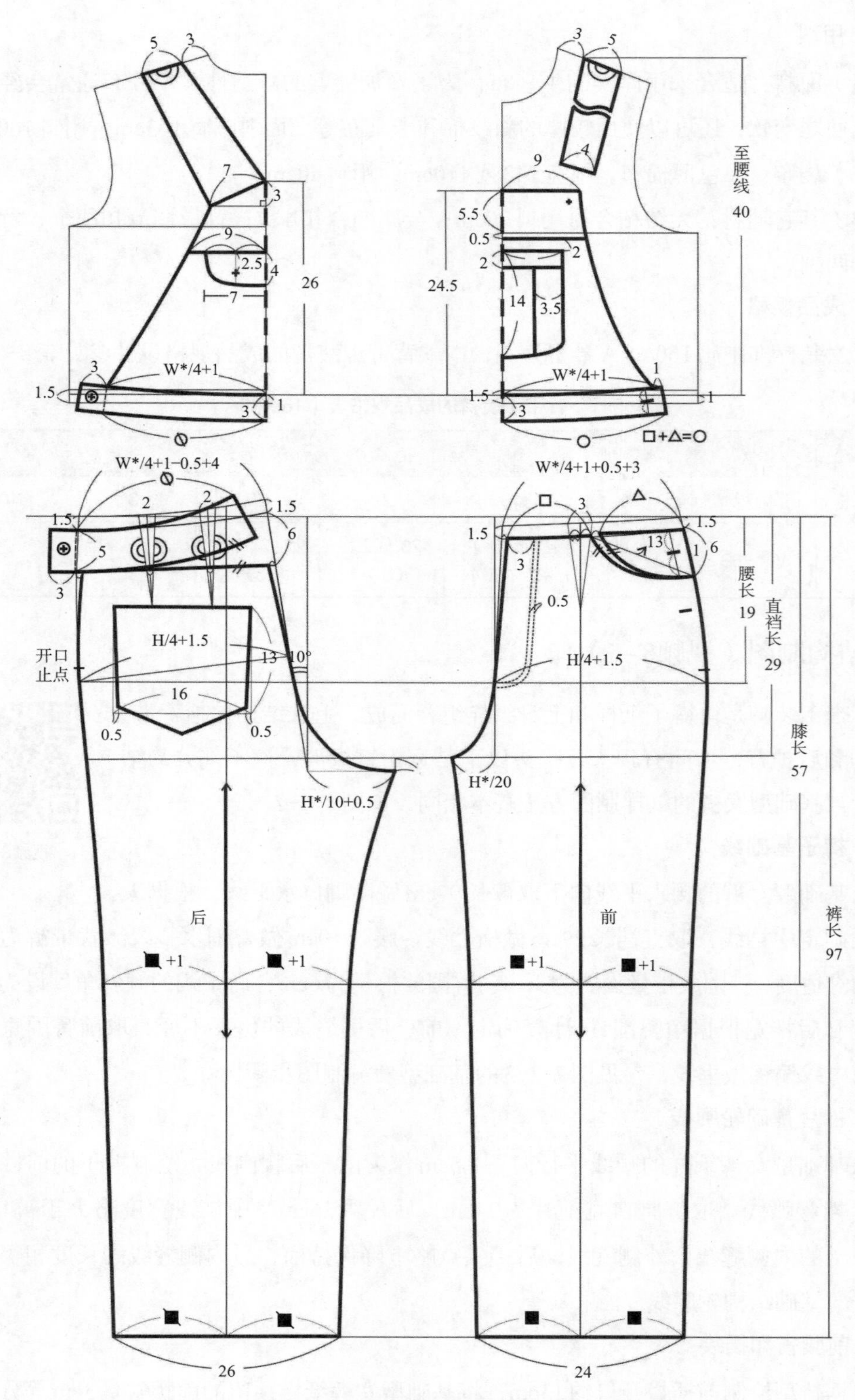

图 8-5-2　背带工装裤的结构制图

半省量转移至插袋开口位置，另一半转移到前中线和侧缝。

4. 后腰省和育克分割

从后裤片中线向下6cm、侧缝向下5cm，根据造型做后育克分割线。将育克分割线之上的后腰省量合并，形成曲线育克形态，参见图8-5-3。育克分割线之下剩余的省量分别转移到侧缝及后中线。

5. 腰头

由于背带工装裤的腰头位于人体腰线中部，从基础型女裤纸样的腰线上下各取1.5cm为腰头宽3cm，制图时从上装原型腰线向下连接绘制，略呈弧线造型。腰头下边长度和裤片腰线长度相等，腰头侧边内收与下边弧线保持垂直。后腰头和育克在侧缝加3cm叠门宽，开口至臀围线上2cm，前身两侧锁扣眼，后腰头、育克和里襟对应位置固定金属四合扣三粒。

6. 前后衣身

前片护胸接近梯形，下底边宽度略小于前腰头长。前护胸上的分割线和贴袋根据造型确定，分割线以上可以采用双层面料不容易变形。后片护背呈宝剑头造型，分割线加装饰性袋盖。

7. 背带

沿原型肩线从侧颈点向下量3cm确定肩带位置，背带宽5cm，后片背带向下直接与护背连接；前片背带向下增加适当的长度，用调节扣和金属挂扣进行调整，与护胸上固定的扣件相连接。

三、裤片和零部件样板

背带工装裤的工艺样板取基础缝头1cm，裤脚口缝头4cm，贴袋口缝头3cm，具体零部件样板如图8-5-3。

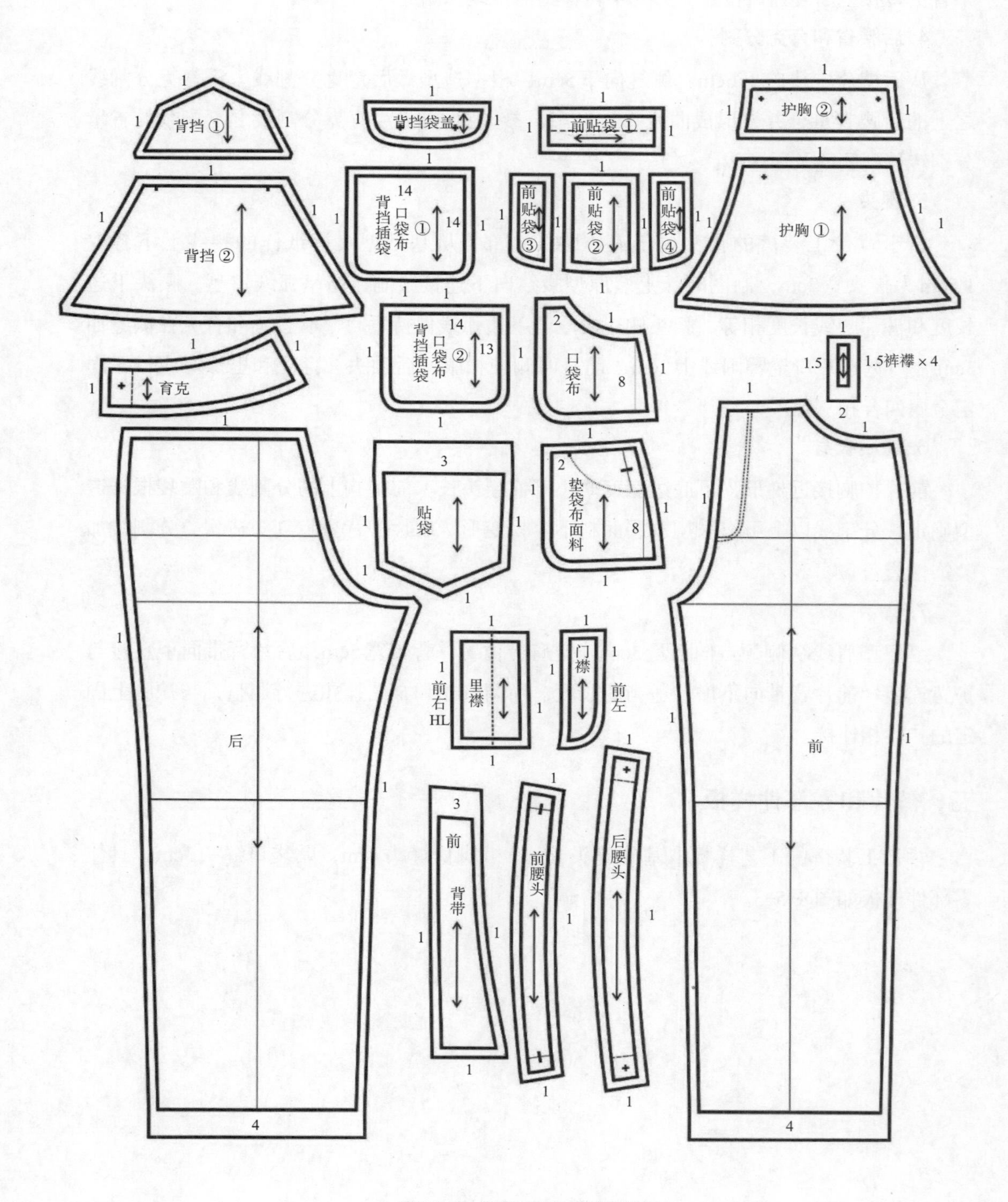

图8-5-3 背带工装裤的裁剪样板

第六节 ｜ 圆摆裙裤

一、造型与规格

1. 款式特点

圆摆裙裤是裤摆最大化的一种裤型，从外观上看很接近360° 圆摆裙，下摆形成均匀的波浪形，具有很强的立体效果和层次感，整体风格优雅灵动。本款裙裤采用中腰腰头，后中线开拉链，侧缝位置可以如图8-6-1进行分割缝合，也可以在裁剪时将前后裤片连为一体。

图8-6-1 圆摆裙裤的造型

2. 用料

（1）面料：适合采用柔软、悬垂性好的的面料，春夏季可选用化纤混纺的棉织物、聚酯纤维面料等，在秋冬季可以使用精纺毛料、薄的呢料，也可以选择不易起皱的柔软型牛仔面料。面料幅宽152cm，用料160cm。

（2）其它辅料：无纺粘合衬用料20cm；15cm长拉链一根；纽扣1粒。

3. 成品规格

以女装标准中码160/68 A号型为例，本款圆摆裙裤的成品规格设计参见表8-6-1。

表8-6-1 圆摆裙裤的成品规格表（160/68A） 单位：cm

	腰围W	臀围H	裤长	直裆长	腰头宽
成品规格	69~70	/	75	27	3
对应净体尺寸	W*=68	H*=90	/	股上长28+1−2/3腰头宽	/

二、结构制图（视频8-6）

视频8-6

圆摆裙裤的结构和之前介绍的裤型结构存在很大的区别，该款式在处理腰线及裤摆的时候，运用了几何学中圆周的算法和公式，和圆裙的结构制图方法一致（参见“女装结构设计Ⅰ”教材中的圆裙腰围计算方法）。在圆裙结构的基础上，增加前、后裆宽，后中线开装拉链，如图8-6-2。

1. 计算腰围半径

本款圆摆裙裤的两个裤脚口都为180°半圆，左右裤脚的下摆与腰线呈180°半圆环形态，则成品腰围等于腰线内侧圆的周长。将预设的成品腰围尺寸作为腰线圆弧的周长，计算腰围半径r=成品腰围/2π。

2. 绘制前后腰线

按照腰围半径r做圆，为了制图方便通常只画90°的1/4圆为前腰线，后片腰线在圆弧基础上将中线降低1cm重新绘制弧线圆顺，以适应人体后腰部形态。

3. 绘制下摆弧线

做1/4圆两条半径的延长线，延长增加的长度为裙长75cm；以绘制腰线时的圆心至延长线末端做1/4圆弧即为裙裤的下摆弧线，水平延长线作为外侧缝线，纵向延长线是前、后片的中线辅助线。

4. 绘制前裆弯弧线

从前中线辅助线向下量取直裆长27cm，向外做水平线，取前横裆宽为净臀围H*/12=◎。将上裆长三等分，取最下面的等分点作为臀围线的位置，由前横裆宽端点向臀围线位置绘制前裆弯弧线。

5. 绘制后裆弯弧线

从后中线辅助线腰围向下量取直裆长27cm，向外做水平线，取后横裆宽比前横裆宽◎增加1/3◎。将上裆长三等分，取最下面的等分点作为臀围线的位置，由后横裆宽端点向臀围线位置绘制后裆弯弧线，从后中线臀围线向上2cm为隐形拉链止点。

6. 绘制前、后内侧缝线

从前横裆尖点和后横裆尖点做垂线与裙裤下摆弧线相交，分别做出前、后裤片的内侧缝线。

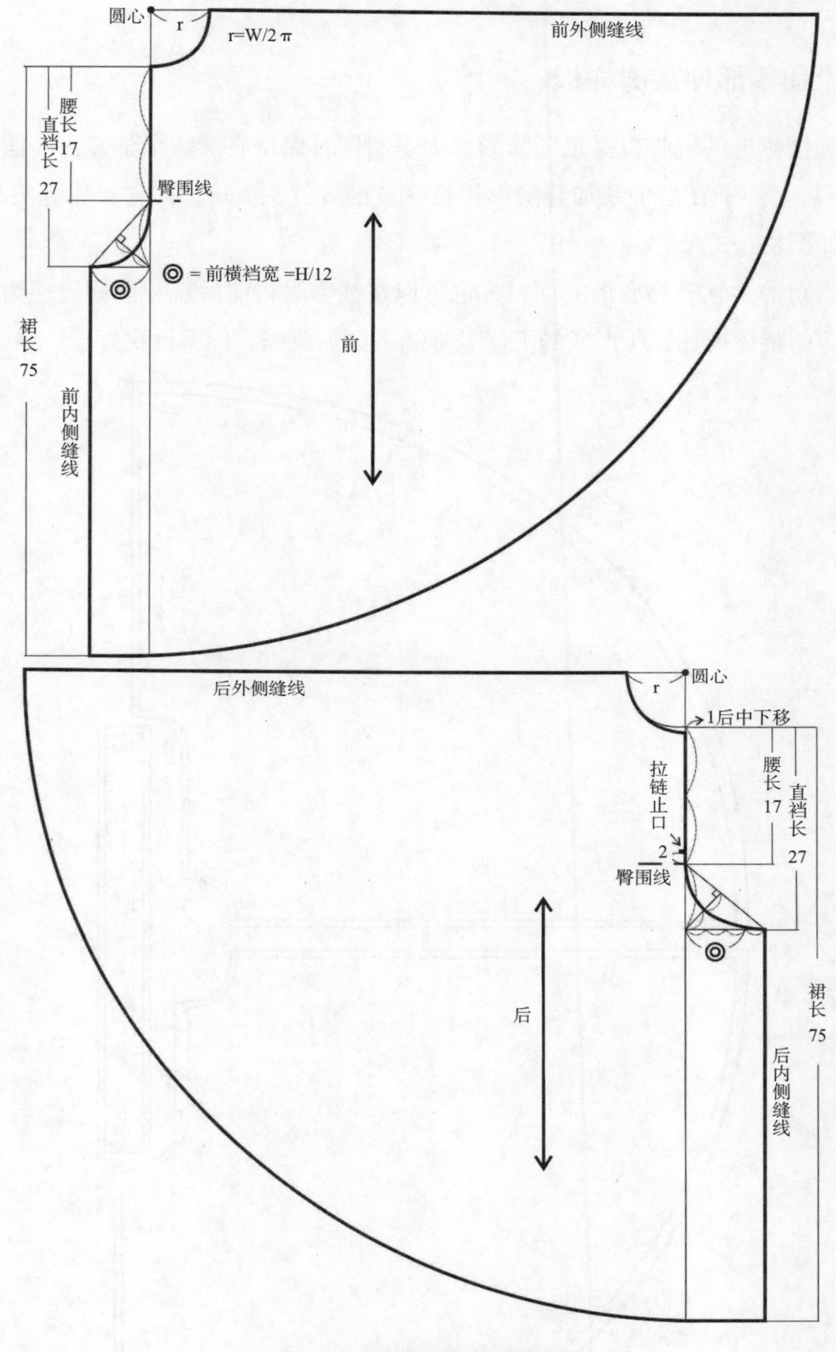

图8-6-2　圆摆裙裤的结构制图

7. 腰头

腰头为3cm宽的直线造型，长度在腰围基础上增加3cm叠合量用于锁眼钉扣，参见图8-6-3。

三、 裤片和零部件裁剪样板

由于圆摆裙裤的裤脚口呈正圆弧形，为了制作时保持底摆的平整性，底摆缝头只留1~1.5cm即可。裤子在后中线加装隐形拉链，拉链处缝头2cm，其它衣片缝头都是1cm。具体样板如图8-6-3。

对于雪纺等柔软容易变形的面料，也可以在裁剪时将前后裤片的侧缝连为一体，成为前后一体的整体裤片，所形成的下摆悬垂线条更加流畅，保型性更好。

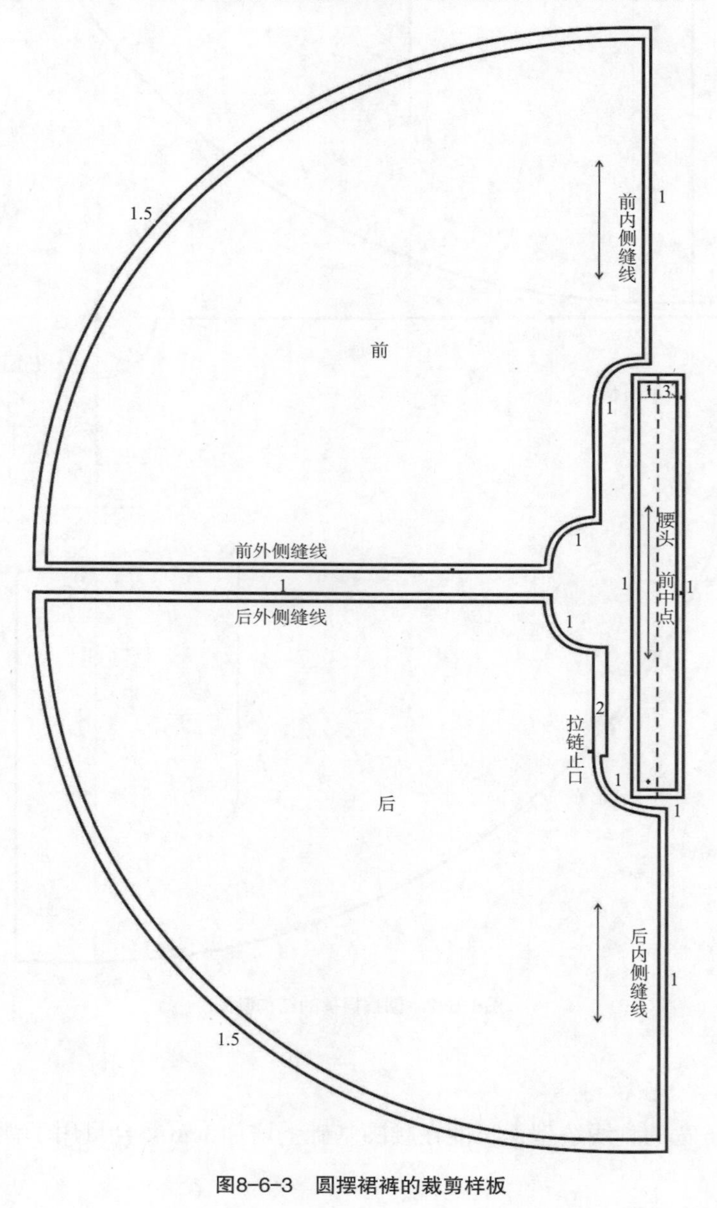

图8-6-3　圆摆裙裤的裁剪样板

第七节 | 翻边热裤

一、造型与规格

1. 款式特点

本款翻边热裤为紧身短款，贴合人体曲线，低腰腰头，前中门襟拉链，前身弧形插袋，后身育克分割并加贴袋，整体风格时尚活泼，适合身材匀称的年轻女性夏季穿着，如图8-7-1。

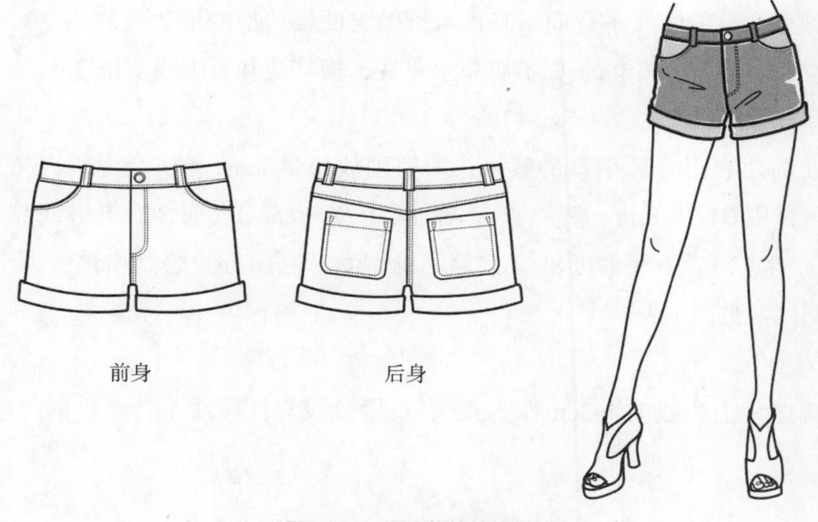

图8-7-1 翻边热裤的造型

2. 用料

（1）面料：本款适合选择有一定厚度的面料，为了增加穿着舒适性，面料最好略有弹性，如牛仔面料、弹力斜纹棉等。面料幅宽143cm，用料50cm。

（2）其它辅料：无纺粘合衬用料20cm；门襟拉链12cm一根；纽扣1粒。

3. 成品规格

以女装标准中码160/68 A号型为例，本款翻边热裤的成品规格设计参见表8-7-1。

表8-7-1　翻边热裤的成品规格表（160/68A）　　单位：cm

	腰围W	臀围H	裤长	直裆长	裤口宽	腰头宽
成品规格	约76	94	30	24	27.5	3
对应净体尺寸	W*=68	H*=90	/	股上长28-低腰量4	/	/

二、结构制图（视频8-7）

视频8-7

本款翻边热裤结构和第二节“低腰微喇牛仔裤”相似，采用基础型女裤纸样作为制图基础，各部位的具体尺寸略有差异，如图8-7-2。

1. 水平基础线

将基础型女裤的腰线平行向下降低4cm确定低腰造型的上边线。从低腰侧缝位置向下取裤长30cm做裤脚口水平线，横裆线和臀围线的位置不变。

2. 上裆基础结构

为了使前片有更合体平整的效果，取臀围放松量4cm，前、后臀围宽的差量1cm，前裆宽=净臀围H*/20-1cm，后裆宽=净臀围H*/10-0.5cm。前、后挺缝线位置接近前、后横裆宽的中点，后中线斜度8°。按照基础型女裤制图方法绘制横裆线以上的基础结构，腰省制图参见图7-3-5。

3. 腰头

从低腰造型上边线向下3cm作为腰头宽,做弧线与低腰线平行。将前、后腰头部分

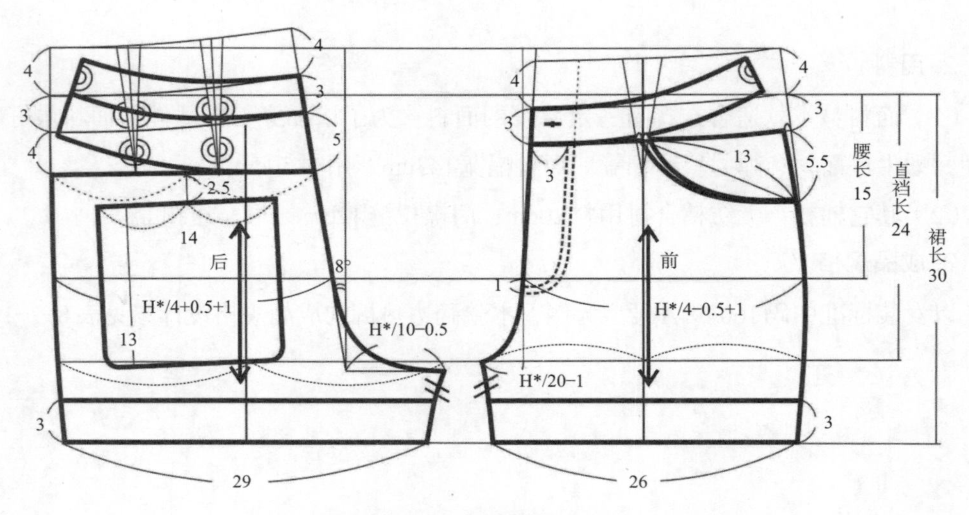

图8-7-2　翻边热裤结构图

的省道合并，制图方法参见图7–5–3；将前、后腰头部分的侧缝合并，得到前后相连的腰头纸样，制图方法参见图8–1–3；制作时在后中线缝合。

4. 前片轮廓线

前脚口宽=脚口大–1.5cm，腰头以下剩余省量的一半转移到侧缝线之中，完成前裤片的轮廓线。

5. 前插袋

从前腰沿外侧缝线向下量取5.5cm，向腰口弧线量取袋口斜线长13cm，弧线连接画出前插袋口，腰头以下剩余省量的一半转移到插袋分割线之中。

6. 前中门襟

根据造型确定左侧门襟明线位置，宽3cm，长度略超过臀围线。

7. 后片轮廓线

后脚口宽=脚口大+1.5cm，完成后裤片的轮廓线。

8. 后育克

育克分割线尽量经过两个省尖点，将腰头以下剩余的省量合并，转移到育克分割线中，转移后的育克纸样呈现图8–7–2中粗线所示的曲线形态。

9. 后贴袋

根据造型需要确定后贴袋尺寸，贴袋上口中点距离育克线下2~3cm，贴袋下口位于横裆线附近。

9. 脚口翻边

根据造型需要确定裤口翻边造型线，较厚的面料可以将翻边上口略加松量0.3cm。

三、裤片和零部件样板

该款翻边热裤的前、后片和育克样板的基本缝头为1cm，需要注意的是裤脚口翻边造型是双层结构，再加缝头1cm。左、右腰头在后中线缝合，前右中线向外延伸3cm与里襟缝合。门里襟、袋布等工艺裁剪样板的具体制作方法如图8–7–3。

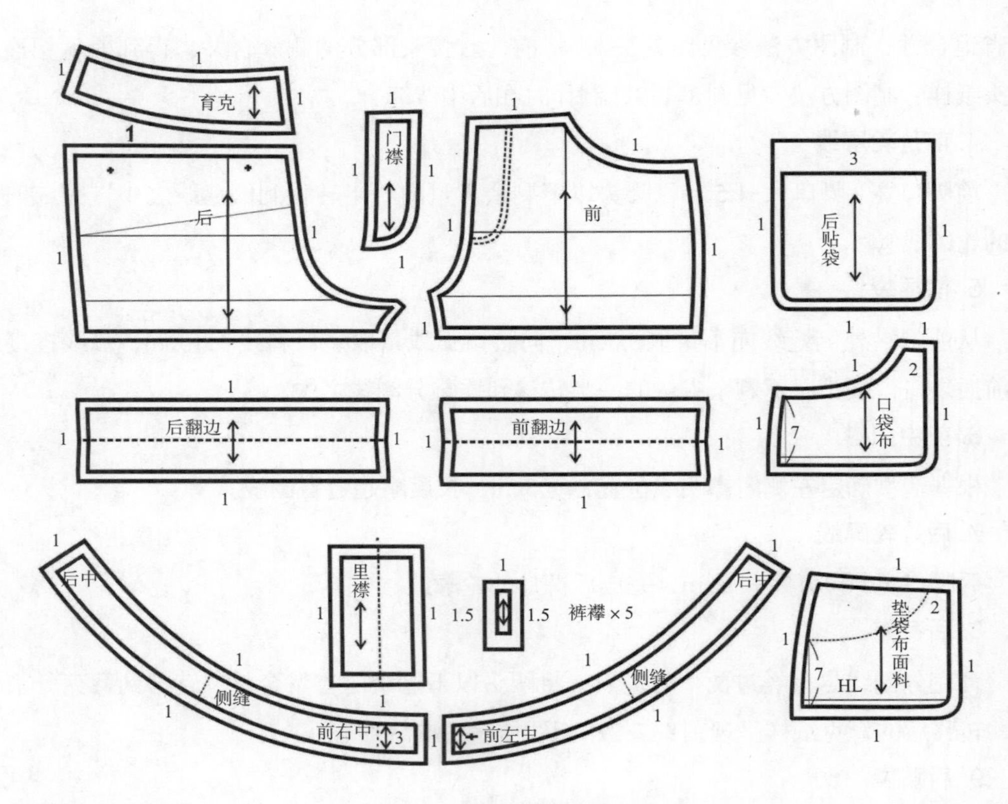

图8-7-3　翻边热裤的裁剪样板

第八节 | 褶皱哈伦裤

一、造型与规格

1. 款式特点

本款褶皱哈伦裤属于带有异域风情的款式，九分裤长，在大腿两侧分别有四个渐变效果的塔形褶，使大腿处极其宽松。在膝盖部位做分割线，小腿造型合体，整体极具个性和层次感，尤其是走动的时候，丰富的褶皱显得灵动有趣，适合休闲时穿着，如图8-8-1。

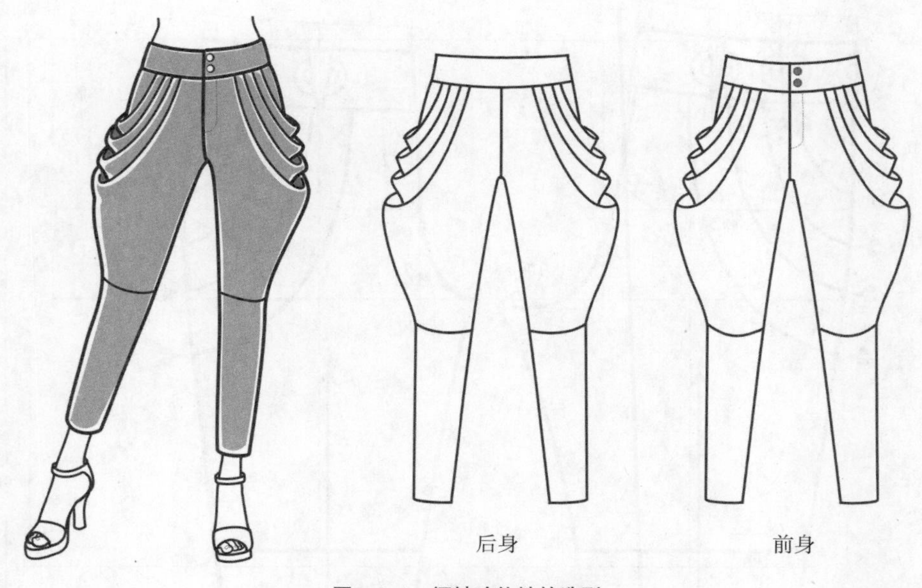

图8-8-1 褶皱哈伦裤的造型

2. 用料

（1）面料：适合采用柔软、悬垂性好的面料。可选择再生纤维类化纤面料，如醋酸丝、针织面料等。因为要制作层次较多的塔形褶，面料不宜过厚。幅宽143cm，用料180cm。

（2）其它辅料：无纺粘合衬用料30cm；15cm门襟拉链一根，纽扣两粒。

3. 成品规格

以女装标准中码160/68 A号型为例，褶皱哈伦裤的成品规格设计参见表8-8-1。

表8-8-1　褶皱哈伦裤的成品规格表（160/68A）　单位：cm

部位名称	腰围W	臀围H	裤长	直裆长	裤口宽	腰头宽
成品规格	约72	94+褶量	90	29.5	14	6
对应净体尺寸	W*=68	H*=90	3/5号-6	28（股上长）+1.5	/	/

二、结构制图（视频8-8）

视频8-8

本款褶皱哈伦裤的造型宽松，先按照基础型女裤的结构设计方法完成裤片基础轮廓线，各部位的具体尺寸略有差异，然后用纸样剪切的方式增加褶皱松量，如图8-8-2。

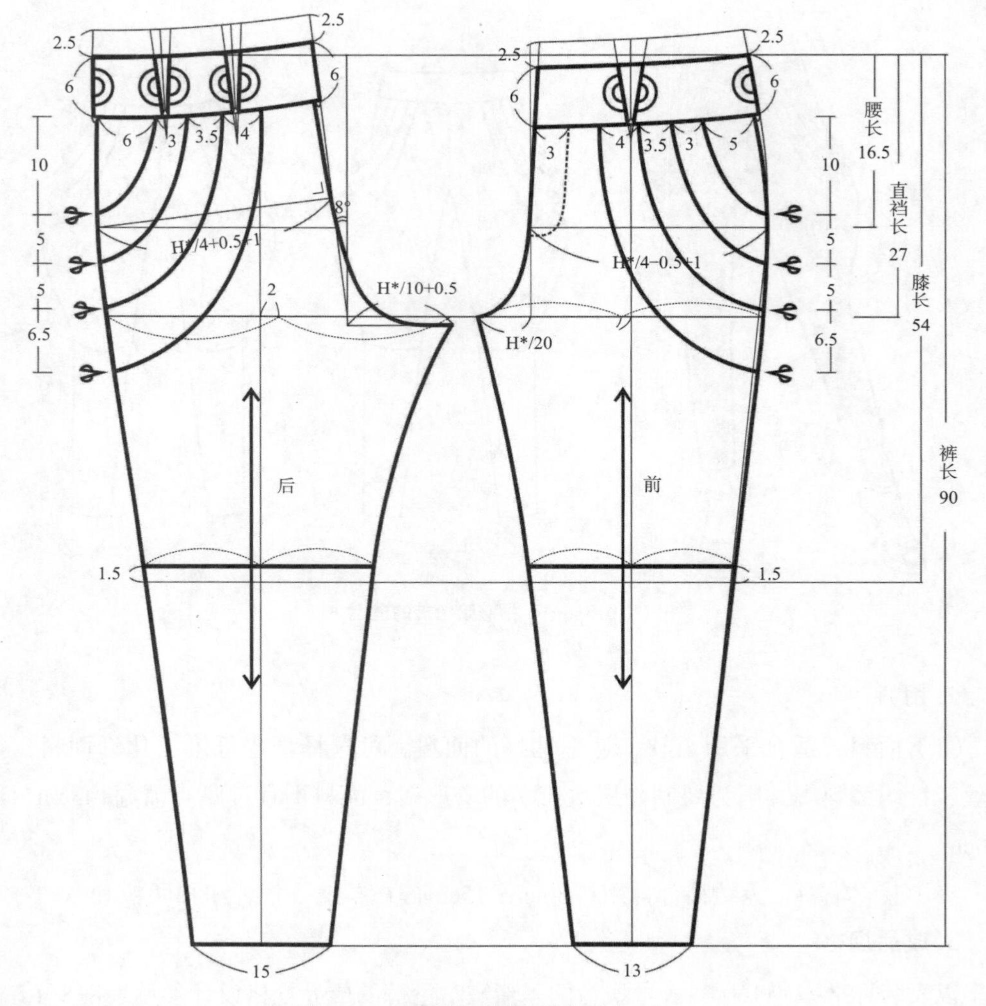

图8-8-2　褶皱哈伦裤的结构制图（一）

1. 结构基础线

本款哈伦裤将直裆长适当增加，使裤子裆下的松量增加而更加宽松舒适。按照基础型女裤的腰线向下平行降低2.5cm确定低腰造型，从低腰侧缝位置向下取裤长90cm，膝长54cm做中裆线。设定臀围放松量4cm，前、后臀围宽的差量1cm，前裆宽=净臀围H*/20−1cm，后裆宽=净臀围H*/10−0.5cm。前、后挺缝线位置从前、后横裆总宽度的中点略向外侧移动，后中线斜度8°，参照基础型女裤的制图方法绘制裤子结构基础线。

2. 腰省和腰头

腰省的制图方法与基础型女裤相同，参见图7−3−5。从低腰线向下6cm做平行线确定腰头宽；将前、后腰头部分的省道和侧缝纸样合并，前后相连得到完整的曲线腰头纸样，如图8−8−3。

3. 前片基础轮廓线

取前脚口宽=裤口宽−1cm，腰头以下剩余的省量转移到侧缝线，中裆宽度在挺缝线左右两边相等，完成前裤片的基础轮廓线。

4. 后片基础轮廓线

取后脚口宽=裤口宽+1cm，中裆宽度在挺缝线左右基本相等，内侧缝长度前、后相等，完成后裤片的基础轮廓线。

5. 膝部分割线

根据造型需要，在中裆线上方1.5cm确定前、后片膝部的分割线，分割线以下的裤腿为合体造型。

6. 做褶皱剪切的纸样辅助线

根据褶皱的线条方向，在前、后片上分别从腰线到侧缝绘制4条曲线，沿曲线剪开作为增加褶皱量的纸样分割辅助线，如图8−8−2。

7. 加褶皱的裤片纸样

在膝部位置画一条水平线，长度为前、后裤腿的膝部分割线长度之和，直线两端分别对准裤子基础纸样的前、后内侧缝线，使裤片成为前后相连的整片，如图8−8−3。设置塔形褶的每个腰线褶量为5cm，将剪开后的各部分纸样向两侧依次打开，剪切打开的幅度依造型和面料性能而定，打开幅度越大则侧缝部位的塔形褶量越大。纸样切展并加褶皱后的裤片轮廓线参见图8−8−3。

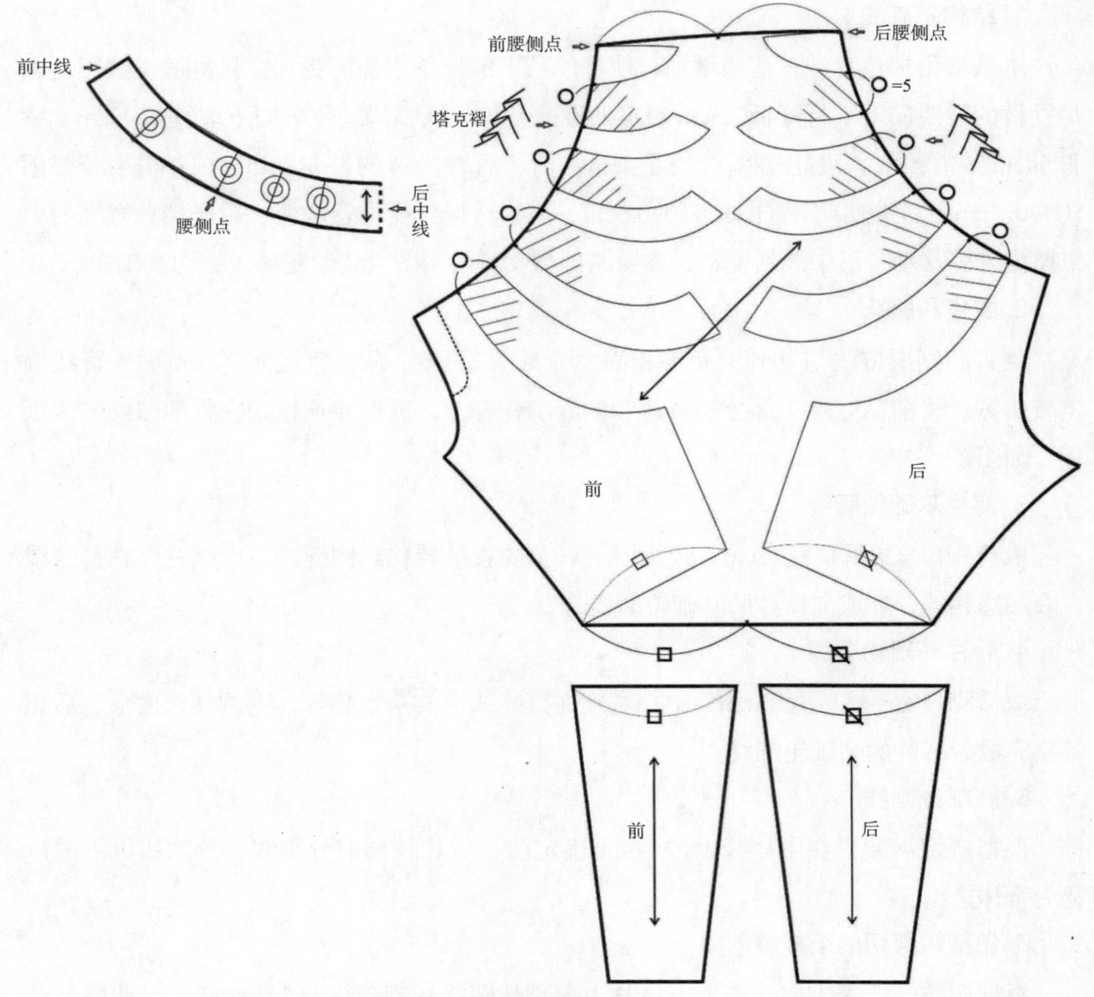

图8-8-3　褶皱哈伦裤的结构制图（二）

第九节 | 抽褶休闲裤

一、造型与规格

1. 款式特点

本款抽褶休闲裤为七分裤，裤型较合体，低腰腰头，在前片裤腿两侧有细密的抽褶，后片贴袋的两角也有抽褶装饰，整体款式简洁中有细节，适合夏季休闲时穿着，如图8-9-1。

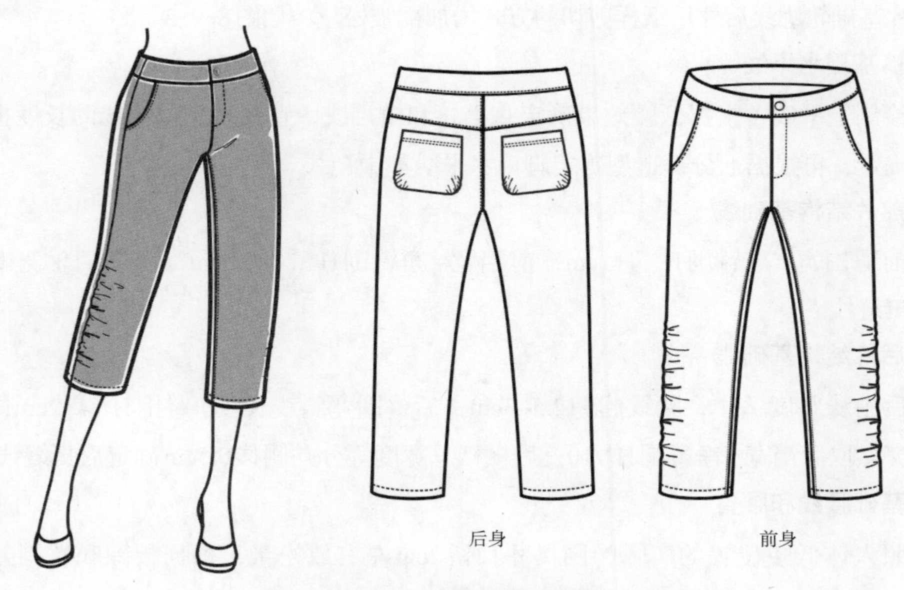

图8-9-1 抽褶休闲裤的造型

2. 用料

（1）面料：本款裤子有多处抽褶处理，不宜使用太厚实硬挺的面料，适合选择中等厚度的水洗牛仔面料、弹力斜纹棉或者化纤混纺的面料等。幅宽143cm，用料100cm。

（2）其它辅料：无纺黏合衬用料20cm；13cm门襟拉链一根，纽扣一粒。

3. 成品规格

以女裤标准中码160/68 A号型为例，本款抽褶休闲裤的成品规格设计参见表8-9-1。

表8-9-1 抽褶休闲裤的成品规格表 单位：cm

号型	部位名称	腰围W	臀围H	裤长	直裆长	裤口宽	腰头宽
160/68A	成品规格	约74	96	70	24.5	17.5	4
	对应净体尺寸	W*=68	H*=90	2/5号+6	股上长28	/	/

二、结构制图（视频8-9）

视频8-9

本款抽褶休闲裤的结构制图与第一节“商务型低腰女西裤”的制图方法相似，不使用基础型女裤纸样，而是采用人体和造型尺寸直接制图，在完成前片基础轮廓线后才用纸样剪切的方式增加褶皱松量，如图8-9-2。

1. 裤基础水平线

先绘制上平线，根据低腰效果确定直裆长和横裆线，臀围线到横裆线的长度根据人体尺寸确定，再根据七分裤造型确定脚口水平线和中裆线。

2. 前片结构基础线

取前臀围宽=净臀围H*/4+1cm，前裆宽=净臀围H*/20−0.5cm，前横裆总宽度等分确定前挺缝线。

3. 后片结构基础线

取后中线斜度适中，腰线起翘2.5~3cm，后臀围宽斜线长=净臀围H*/4+2cm，从后中斜线交点取后裆宽=净臀围H*/10，后横裆总宽度等分并侧移0.5cm确定后挺缝线。

4. 基础腰线和腰省

按照人体低腰位置的实际腰围尺寸预留2cm左右放松量，根据腰围和臀围差确定总腰省量，前、后腰省量均衡分配。确保前中线收腰量为1~1.5cm，前侧缝线收腰量为1.5~2cm，后侧缝线收腰量为1~1.5cm，每个省量通常为1.5~2.5cm，绘制基础腰围弧线和腰省。

5. 前片基础轮廓线

从基础腰线向下取腰头宽4cm，根据造型确定前裤口宽=裤口宽−1.5cm，从臀围线向脚口连直线适当内收确定前中裆宽，挺缝线两侧的中裆宽度相等，画顺前裤片的纸样基础轮廓线。

6. 后片基础轮廓线

从基础腰线向下取腰头宽4cm，根据造型确定后裤口宽=裤口宽+1.5cm，后中裆宽根据前中裆宽测量后的尺寸确定，降低后裆尖点使前、后内侧缝长度相等，画顺后裤片

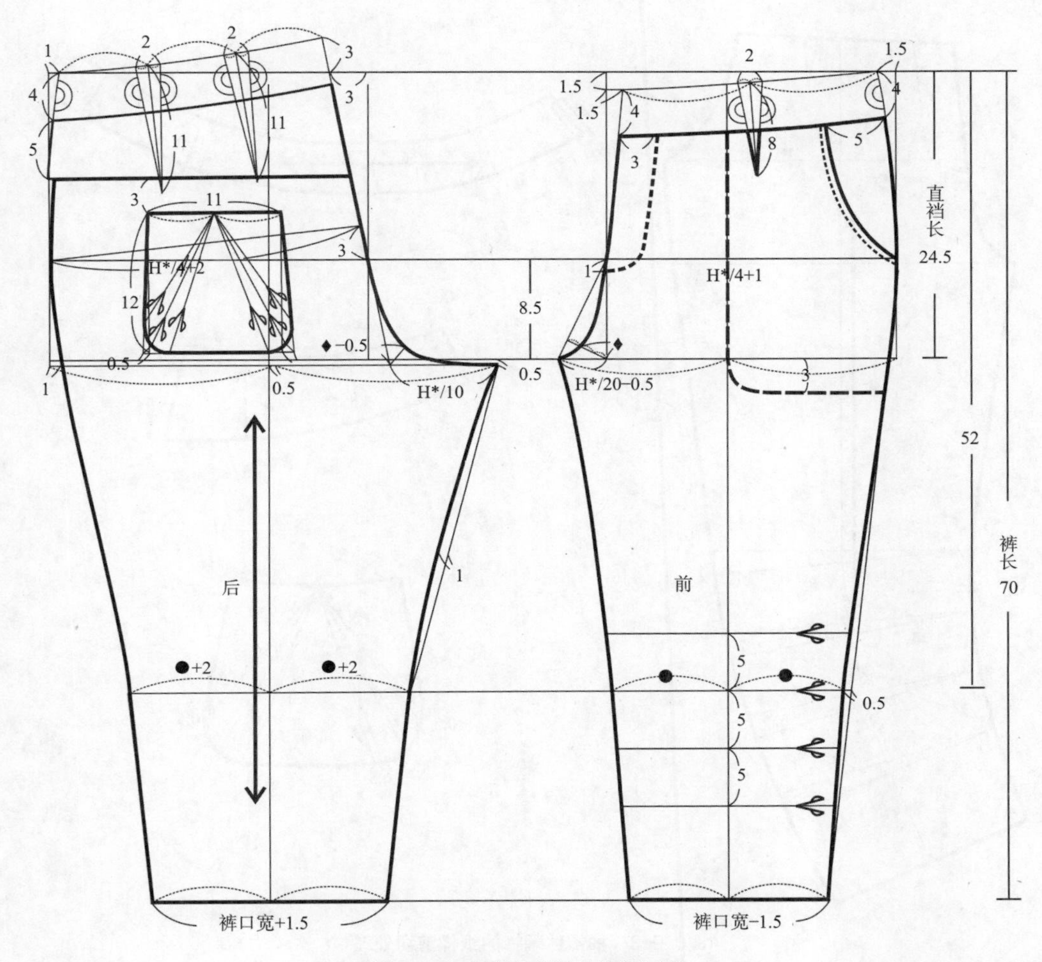

图8-9-2　抽褶休闲裤的结构制图

的纸样基础轮廓线。

7. 腰头

将4cm宽的腰头位置进行纸样拼合，前后侧缝和所有省道都合并，画顺后确定前后相连的曲线腰头形态，前中线右侧增加里襟宽3cm，参见图8-9-3。

8. 前门襟

将腰头以下剩余的前腰省量转移至前中线和侧缝；根据左侧明线造型确定门襟，长度略超过臀围线。

9. 前插袋

根据袋口造型绘制前插袋位置，袋口下方至臀围线，袋布下口略低于横裆线。

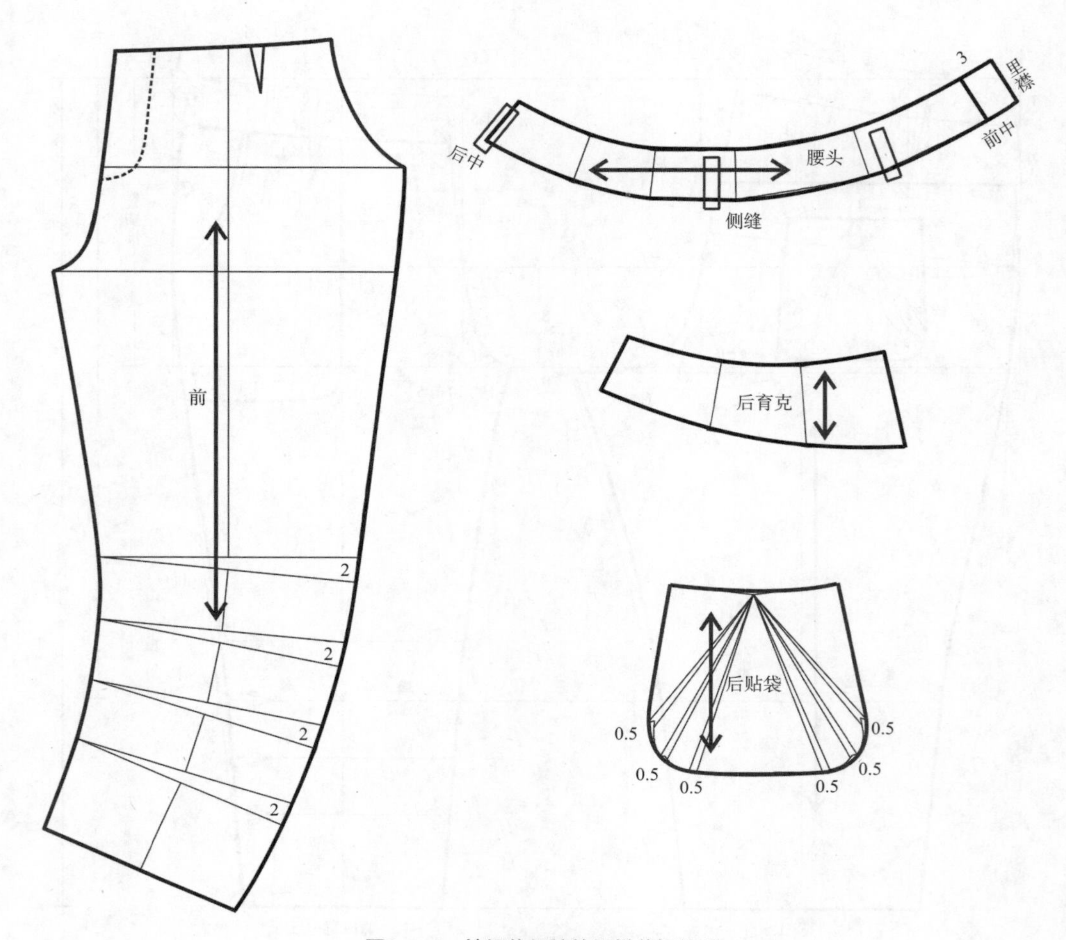

图8-9-3　抽褶休闲裤的纸样剪切处理

10. 前片褶皱设计

根据褶线的位置和方向，从膝线上5cm处开始，以5cm间距共设计四条纸样切展分割线，每条线切展的褶量为2cm，最终完成的前片裤腿纸样为弧线造型，如图8-9-3。

11. 后育克

育克分割线尽量接近两个省尖点，将育克位置的省道进行拼合，获得曲线形态的育克分割纸样，如图8-9-3。

12. 后贴袋

根据造型确定后贴袋基础结构如图8-9-2，从袋底两侧向袋口中点做纸样剪切的辅助线，根据面料特性确定适当的褶皱切展量，获得增加褶皱后的贴袋纸样，如图8-9-3。

三、裤片和零部件样板

抽褶休闲裤的裁剪工艺纸样设定基础缝头为1cm，裤脚口缝头3cm，裤片和零部件裁剪样板如图8-9-4。在前片侧缝抽褶的起止点做好定位标记。后贴袋开口为弧线，取1.5~2cm缝头，先将袋角的褶皱缝合熨烫定型，然后再和后裤片缝合固定。

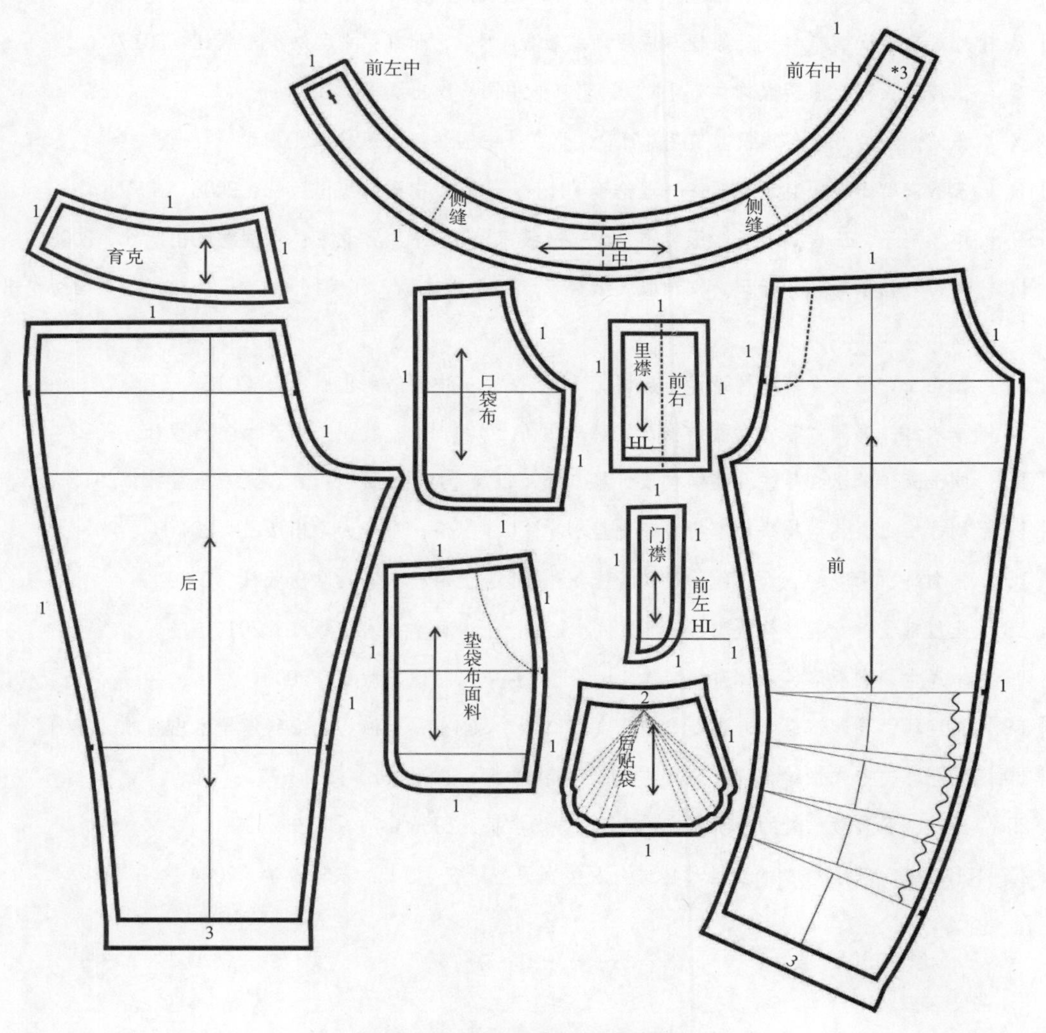

图8-9-4　抽褶休闲裤的裁剪样板

参考文献

[1] 张文斌．服装结构设计 [M]．北京：中国纺织出版社．2017
[2] 陈明艳．女装结构设计与纸样 [M]．上海：东华大学出版社．2013
[3] 张文斌．成衣工艺学 [M]．北京：中国纺织出版社（第三版）．2008
[4] 刘瑞璞．女装纸样设计原理与应用 [M]．北京：中国纺织出版社．2017
[5] 刘瑞璞．女装纸样设计原理与应用训练教程 [M]．北京：中国纺织出版社．2017
[6] 王传铭．英汉服装服饰词汇 [M]．北京：中国纺织出版社．2007
[7] 戴鸿．服装号型标准及其应用 [M]．北京：中国纺织出版社．2009
[8] 三吉满智子．服装造型学——理论篇 [M]．北京：中国纺织出版社．2008
[9] 中屋典子，三吉满智子．服装造型学——技术篇Ⅰ [M]．北京：中国纺织出版社．2008
[10] 帕特˙帕瑞斯，杨子田．欧洲服装纸样设计：立体造型˙样板技术 [M]．北京：中国纺织出版社．2015
[11] 孙兆全．经典女装纸样设计与应用 [M]．北京：中国纺织出版社． 2015
[12] 章永红，郭阳红等．女装结构设计第二版（上）[M]．杭州：浙江大学出版社．2012
[13] 阎玉秀，章永红等．女装结构设计第二版（下）[M]．杭州：浙江大学出版社．2012
[14] 刘咏梅．服装结构平面解析（基础篇）[M]．上海：东华大学出版社．2010
[15] 张向辉，于晓坤．女装结构设计（上）[M]．上海：东华大学出版社．2009
[16] 土屋郁子．女装结构版型修正 [M]．上海：上海科学技术出版社．2012
[17] 中泽愈，袁观洛．人体与服装 [M]．北京：中国纺织出版社．2000
[18] 吴经熊，吴颖．最新时装配领技术（第二版）[M]．上海：上海科学技术出版社．2001
[19] 吴厚林．中式袖结构设计研究 [J]．纺织学报．2007（4）：91-94
[20] 王璇．服装放松量的分析研究 [J]．纺织学报．2005（4）：126-128
[21] 王花娥．基于MTM 的女性形体细分及类别原型研究 [D]．东华大学．2004